全国应用型高等院校（高职高专）土建类“十一五”规划教材

GONGCHENG ZHAOTOUBIAO YU HETONG GUANLI

工程招投标与合同管理

主　编　汪　洋　李洪军
副主编　杨志刚　王　玲
马光鸿　李　泽

中国水利水电出版社
www.waterpub.com.cn

内 容 提 要

本书属“全国应用型高等院校（高职高专）土建类‘十一五’规划教材”之一，依据我国现行的规程规范，结合院校学生实际能力和就业特点，根据教学大纲及培养技术应用型人才的总目标来编写。本书充分总结教学与实践经验，对基本理论的讲授以应用为目的，教学内容以必需、够用为度，突出实训、实例教学，紧跟时代和行业发展步伐，力求体现高职高专、应用型本科教育注重职业能力培养的特点。

本书共分9章，内容包括：建筑市场，建筑工程招标，建筑工程投标，建设工程开标、评标与定标，国际工程招标与投标，合同管理概论，建设工程施工合同管理，建设工程相关合同管理，工程索赔和参考文献。

本书图文并茂、深入浅出、简繁得当，可作为高职高专院校、应用型本科院校土建类建筑工程、工程造价、建设监理等专业教材；亦可为工程技术人员的参考借鉴，也可作为成人、函授、网络教育、自学考试等参考用书。

图书在版编目（CIP）数据

工程招投标与合同管理/汪洋，李洪军主编．—北京：中国水利水电出版社，2008

全国应用型高等院校（高职高专）土建类“十一五”规划教材

ISBN 978-7-5084-5522-8

Ⅰ.工… Ⅱ.①汪…②李… Ⅲ.①建筑工程-招标-高等学校：技术学校-教材②建筑工程-投标-高等学校：技术学校-教材③建筑工程-合同-管理-高等学校：技术学校-教材 Ⅳ.TU723

中国版本图书馆CIP数据核字（2008）第085479号

书　　名	全国应用型高等院校（高职高专）土建类“十一五”规划教材 **工程招投标与合同管理**
作　　者	主　编　汪　洋　李洪军 副主编　杨志刚　王　玲　马光鸿　李　泽
出版发行	中国水利水电出版社 （北京市海淀区玉渊潭南路1号D座　100038） 网址：www.waterpub.com.cn E-mail：sales@waterpub.com.cn 电话：（010）68367658（发行部）
经　　售	北京科水图书销售中心（零售） 电话：（010）88383994、63202643、68545874 全国各地新华书店和相关出版物销售网点
排　　版	中国水利水电出版社微机排版中心
印　　刷	北京市北中印刷厂
规　　格	184mm×260mm　16开本　16印张　379千字
版　　次	2008年7月第1版　2013年2月第4次印刷
印　　数	10001—13000册
定　　价	**27.00**元

编 写 委 员 会

本 册 主 编： 汪　洋　李洪军

本册副主编： 杨志刚　王　玲　马光鸿　李　泽

本 册 参 编： 李　伟　杨　莉　杨　昆

序

随着我国建设行业的快速发展，建筑行业对专业人才的需求也呈现出多层面的变化，从而对院校人才培养提出了更细致、更实效的要求。我国因此大力发展职业技术教育，大量培养高素质的技能型、应用型人才，教育部也就此提出了实施要求和教改方案。快速发展起来的高等职业教育和应用型本科教育是直接为地方或行业经济发展服务的，是我国高等教育的重要组成部分，应该以就业为导向，培养目标应突出职业性、行业性的特点，从而为社会输送生产、建设、管理、服务第一线需要的专门人才。

在上述背景下，作为院校三大基本建设之一的高等职业及应用型本科教育的教材改革和建设必须予以足够的重视。目前，技术型、应用型教育的办学主体多种多样，各种办学主体对培养目标也各有理解，使用的教材也复杂多样，但总体来讲，相关教材建设还处于探索阶段。

有鉴于此，中国水利水电出版社于2007年组织了全国几十所院校共同研讨土建类高职高专、应用型本科教学的现状、特点和发展，启动了《全国应用型高等院校土建类“十一五”规划教材》的编写和出版工作。

本套教材从培养技术应用型人才的总目标出发予以编写，具有以下特点：

(1) 教材结合当前院校生源和就业特点、以培养“有大学文化水平的能工巧匠”为教学目标来编写。

(2) 教材编写者均经过院校推荐、编委会资格审定筛选而来，均为院校一线骨干教师，具有丰富的教学和实践经验。

(3) 教材结合新知识、新技术、新工艺、新材料、新法规、新案例，对基本理论的讲授以应用为目的，教学内容以“必需、够用”为度；在教材的编写中加强实践性教学环节，融入足够的实训内容，保证对学生实践能力的培养。

(4) 教材编写力求周期短、更新快，并建立新法规、新案例等新内容的网上及时更新地址，从而紧跟时代和行业发展步伐，体现高等技术应用性人才的培养要求。

本套教材图文并茂、深入浅出、简繁得当，可作为高职高专院校、应用型本科院校土建类建筑工程、工程造价、建设监理等专业教材使用，其中小部分教材根据其内容特点明确了适用的细分专业；该套教材亦可为工程技术人员的参考借鉴，也可作为成人、函授、网络教育、自学考试等参考用书使用。

《全国应用型高等院校土建类“十一五”规划教材》的出版是对高职高专、应用型本科教材建设的一次有益探索，限于编者的水平和经验，书中难免有不妥之处，恳请广大读者和同行专家批评指正。

编委会

2008年5月

前　言

高职高专教材建设工作是整个高职高专教学工作中的重要组成部分。目前，市场上的高职高专教材种类繁多，但是从整体上看，真正能够满足目前我国高职高专教育发展需要的教材为数极少，整个高职高专教材的建设落后于国家高职高专教育发展的需要。本书是高职高专土建类专业系列规划教材之一，是根据全国几十所高职高专院校工程造价专业、建筑经济管理等专业人才培养方案编写的，力求体现以工作岗位为出发点，基于工作过程的、以工作任务为载体的新型高等职业教育理念。

本教材主要讲述了建筑市场，建设工程招标，建设工程投标，建设工程开标、评标与定标，国际工程招标与投标，合同管理概论，建设工程施工合同管理，建设工程相关合同的管理，工程索赔等内容，同时选编了一些典型的工程案例。

本书导言部分和第1章、第2章由浙江工商职业技术学院汪洋编写；第3章、第4章、第5章由山东日照职业技术学院李洪军、杨志刚编写；第6章、第7章、第8章、第9章分别由河南商丘职业技术学院王玲、李伟、杨莉、杨昆编写。本书由浙江工商职业技术学院汪洋、山东日照职业技术学院李洪军担任主编，杨志刚、王玲、马光鸿、李泽担任副主编，并由汪洋对全书进行统稿。

本书在编写过程中得到了浙江工商职业技术学院、山东日照职业技术学院等院校领导和同仁的大力支持和帮助，也得到了编者家人和朋友的理解、支持和帮助，在此一并谨向他们表示深深的感谢！同时，本书参考了众多的参考文献，在此向其作者表示感谢！最后，向为本书付出辛勤劳动的编辑同志表示谢意！

由于本书编写时间仓促，加之作者水平所限，书中疏漏和不妥之处，恳请读者批评指正。

编者

2008年5月

导　言

中国加入WTO，激烈的市场竞争已是事实，企业将面临残酷的、国际化的市场竞争，为了与国际社会接轨和企业的生存、发展，培养通晓国际惯例尤其是招投标与合同管理的人才已刻不容缓。建设工程招标与投标活动是利用市场经济的价值规律和竞争机制形成合同的过程，也是保证建设项目能够达到预期投资效益的有力措施。

1. 本课程的地位、作用和任务

建设工程招投标活动是一项专业性很强，程序比较复杂的系统工程，编制招标文件、组织评标定标和起草合同等，都需要具备丰富的专业知识和实践经验的专门人员去完成。

本课程是一门综合性、实践性较强的专业课，它在工程建设中起着重要的作用，它是工程建设过程中的一项重要内容，它使工程建设的投资、质量和进度得到有效的控制。

本课程的基本任务：

(1) 了解工程招投标的基本知识及基本程序。

(2) 掌握工程招标文件的编写原则及方法。

(3) 掌握工程施工投标书的编写原则及方法。

(4) 掌握工程施工承包合同的编制原则及签订的程序。

2. 本课程与其他课程的关系

本课程的学习需要具备《建筑施工技术》、《建筑工程概预算》、《工程量清单计价》、《建设工程法规》等相关课程的知识。

3. 本课程的主要内容

本课程的主要内容包括：

(1) 建筑市场主客体和建筑市场的管理。

(2) 建设工程招标文件的编制及对投标人的资格审查。

(3) 建设工程投标文件的编制及投标报价技巧。

(4) 建设工程开标、评标与定标的程序与方法。

(5) 国际工程招标与投标。

(6) 建设工程合同管理。

（7）建设工程索赔。

4. 本课程的学习方法

针对本课程特点，提出以下几点要求和建议，供同学们参考：

（1）上课前预习，上课时认真听课，做好笔记，上课后应有复习、提出疑难处，共同探讨。

（2）认真、独立完成作业，作业应整洁有条理。

（3）课程结合行业、市场的特点与现状，对教学内容进行补充，望做好记录。

（4）对本课程有何建议或意见课后向科代表、学习委员、任课教师或系里反映，以便改进教学，提高教学效果。

（5）请同学们尽量多阅读参考书或杂志，以增加对教学内容的消化吸收。

目　录

第1章　建　筑　市　场

本章要点

1. 建筑市场的含义和分类
2. 建筑市场的主题和客体
3. 建筑企业的资质管理和专业人士的资格管理
4. 建设工程交易中心的运行程序
5. 国际建筑市场

1.1　我国建筑市场概述

1.1.1　市场的含义、特征和功能

1.1.1.1　市场的含义

市场有狭义和广义之分。狭义的市场是指商品买卖双方发生交易行为的固定场所，仅指有形市场。广义的市场是指不同需求者通过买卖方式实现商品相互转移的商品交换关系的总和，包括有形市场和无形市场。

1.1.1.2　市场的特征

市场具有如下特征。

1. 平等性

平等性是指参与市场活动的各方在法律上具有平等的市场地位。各方都有平等的机会进入市场、占领市场，平等的承担税负。平等性是市场活动得以顺利进行的根本保证。

2. 自主性

市场的自主性主要体现在企业拥有独立的商品生产经营权，拥有是否进入市场进行交易的自主权，自主的对市场供求状况、竞争状况等作出反应。

3. 竞争性

竞争性是市场最突出的特征。参与市场活动的各方凭借自身的资金、技术、管理、经济等综合实力展开全方位竞争，经过公平竞争，实现市场上的优胜劣汰。

4. 完整性

市场必须有比较完善的市场体系，才能有效发挥资源配置的功能。完善的市场应该具有齐全的商品市场、要素市场、众多的买者和卖者、市场价格能真实反映供求状况、与国际市场密切联系等特征。

5. 开放性

市场的开放性是指任何性质、任何规模、任何形式的企业都可以自由进出市场、参与

市场活动。市场的开放性是竞争性的前提条件，是社会资源实现合理化配置的必要条件。

1.1.1.3 市场的功能

市场具有如下功能。

1. 交换功能

市场的主要功能就是进行商品的交换，实现商品的使用价值和价值的转移。

2. 信息导向功能

市场是最重要、最灵敏的经济信息源和汇集点。市场可以向商品生产者、经营者、需求者发布各种信息，以指导他们的经济活动。其信息主要包括供求信息、价格信息、信贷信息、利率信息等。

3. 资源配置功能

市场的开放性、竞争性决定了市场具有社会资源配置的功能。商品生产者和经营者必然要按照市场需求来组织生产经营活动。当市场需求过剩，原材料价格就会上涨，导致商品生产成本增加，商品生产者和经营者的盈利欲望也会增加，商品售价就会提高，如此就会抑制市场的需求；反之，当市场需求不足，原材料价格就会下降，商品成本也会降低，商品的售价就会降低，如此就会刺激市场的需求。如此反复，实现市场的供需平衡和社会资源的合理化配置。

4. 调节功能

市场的调节功能是指在市场机制作用下，市场自动调节社会经济的运行过程和社会资源在国民经济各部门、各地区、各企业之间的分配。主要通过价值规律、供求规律、竞争规律、价格机制等来实现。

5. 经济联动功能

市场是国民经济的桥梁和纽带，它将社会各部门、各地区、各行业、各企业联系在一起，使各行业的生产、服务和最终的消费形成完整的链条结构，以保证国民经济的正常运转。

1.1.2 建筑市场的含义、特征和分类

1.1.2.1 建筑市场的含义

对应于市场的两种含义，建筑市场也有狭义和广义之分。狭义的建筑市场是指建筑产品需求者与生产经营者的交易关系和交易活动，包括由买方、卖方和为建设服务的中介服务方以及各种不同形态的建筑产品。广义的建筑市场除了狭义的建筑市场以外，还包括生产要素市场、社会保障体系、建筑法律法规、监督管理体系、市场运行机制等。

1.1.2.2 建筑市场的特征

由于建筑商品是一种特殊的商品，建筑市场具有不同于其他产业市场的特征。

1. 建筑市场交换关系复杂

建筑商品的形成过程涉及买方、勘察设计、施工、分包商、中介机构等单位的经济利益，建筑产品的位置、施工和使用，对城市的环境等产生重要影响，这就要求各方按照基本建设程序和国家法律法规组织实施，同时，各方相互联系、相互制约，关系复杂。

2. 建筑市场范围广、变化大

只要有人群生活的地方就会有建筑产品，建筑产品具有广阔的市场，但是，建筑产品

的需求还要受到消费者的消费观念和国民经济发展状况的影响，具有动态性。

3. 建筑产品生产和交易的统一性

建筑市场的生产和交易活动互相交织，虽然确立了买卖关系、价款支付方式后才进行建筑产品的生产，但是买方常在生产过程中按照工程进度支付工程进度款，最后通过竣工结算完成交易。可见建筑产品的生产与交易活动具有统一性。

4. 建筑产品交易的长期性和阶段性

建筑产品生产周期长，需要几个月到若干年。在这么长的时间内，各种因素都会发生变化，因此要求建筑产品的价值分阶段实现。

5. 建筑市场交易的特殊性

建筑市场的交易对象具有单件性、整体性、社会性、相对独立性，同时交易活动具有不可逆转性。

6. 建筑市场竞争激烈

建筑市场竞争非常激烈，包括价格的竞争、质量的竞争、工期的竞争、企业信誉的竞争等各个方面。

1.1.2.3 建筑市场的分类

(1) 按照交易对象可以分为建筑产品市场、生产要素市场等。

(2) 按照市场覆盖范围分为国内建筑市场和国际建筑市场。

(3) 按照有无固定交易场所分为有形建筑市场和无形建筑市场。

(4) 按照投资主体分为国家投资形成的建筑市场、企事业单位自有资金投资形成的建筑市场、私人投资形成的建筑市场和外商投资形成的建筑市场等。

(5) 按照建筑产品的性质分为工业建筑市场、民用建筑市场、农业建筑市场。

1.1.3 狭义的建筑市场

如前所述，狭义的建筑市场是指建筑产品需求者和生产者进行买卖活动的场所，即建筑产品市场。它具有以下特点。

1. 交易的性质是需求者和生产者之间的直接订货交易

由于建筑产品具有单件性和生产过程必须在其使用地点完成的特点，因此，建筑产品不可能预先生产出来，然后像日用百货一样进入市场流通，而是必须按照客户的需求，在指定地点建造某种特定的建筑。可见，建筑产品的生产和交易是生产者和需求者直接见面，先成交，后生产，不经过中间环节，是一种直接订货交易。

2. 竞争的主要方式是招投标

建筑市场中竞争的主要方式是招投标，即需求者通过招标方式提出购买要求，而供给者通过投标的方式对需求者的需求作出响应。需求者可以从若干供给者中选择满意的投标人，双方达成订货协议，供给者便开始组织生产。当然，招投标并非建筑市场竞争的唯一途径，除此之外，还有其他的竞争方式，比如议标、比价等。

3. 竞争的性质属于特定条件下的不完全竞争

虽然完全竞争是最理想的市场竞争模式，但是由于各方面的原因，现实生活中很难有完全竞争的市场。建筑产品本身的诸多特点、需求者对生产者的各种要求以及政府主管部门对建筑产品的规定和要求，都为建筑市场的竞争设置了约束条件，因此，建筑市场的竞争具有局限性，是一种不完全竞争，并且竞争程度的大小随着约束条件的不同而不同。

4. 建筑市场独特的定价方式

建筑产品的价格同一般商品的价格不同，在建筑产品生产的不同阶段，人工、材料、机械等各种因素都会发生变化，因此建筑产品价格不是一成不变的，而是一个动态调整的过程。在项目建议书和可行性研究阶段有估算造价；在初步设计阶段有概算造价；技术设计阶段有修整概算造价；施工图阶段有预算造价；招投标阶段有合同价；竣工阶段有结算价。直至建设项目竣工验收，才能最终完全确定建筑产品的价格。

1.1.4 广义的建筑市场

广义的建筑市场除了狭义的建筑市场以外，还包括生产要素市场、社会保障体系、建筑法律法规、监督管理体系、市场运行机制等。其中，生产要素市场主要包括勘察设计市场、生产资料市场、劳动力市场、资金市场、技术市场等。

1. 勘察设计市场

工程勘察包括工程测量、工程地质勘察和水文地质勘察等主要工作内容。进行工程勘察工作主要是因为建筑产品（包括建筑物和构筑物）一旦建成之后是要长期使用的，不能随便移动的，为此，必须进行工程勘察，以便查明建设地点的地形、地貌、水文、地质等条件，作为选址、设计、施工等的依据。

勘察结束就需要进行工程设计，包括项目的建设规模、建设内容、如何组织实施等。在现代建筑市场中，勘察设计行业已经成为重要的专业市场之一。无论是个人、企业、各种机构和各种团体、政府，为了所需要的建筑产品，无不需要进行勘察设计。随着勘察设计的对象的不同，勘察设计市场的竞争状况也不同。一般民用建筑需求较大，而多数勘察设计单位都能够胜任，因此竞争范围广、激烈；而一些技术复杂、专业性强的大型项目，有能力完成的仅限于少数技术力量雄厚、管理水平高的勘察设计单位，因此竞争就不完全，甚至会形成垄断。

2. 生产资料市场

建筑产品的生产资料包括生产建筑产品所需要的各种原材料、构配件、建筑设备以及工具器具等，品种多、数量巨大。生产资料的需求者与供给者都是大量的，竞争范围非常广泛、激烈，近似于完全竞争市场，价格变化对于供求关系的反应非常敏感。

3. 劳动力市场

建筑业属于劳动密集型产业。据统计，目前，我国建筑从业人数已经超过 3500 万人，劳动力在建筑产品生产中的地位是不言而喻的。在市场体系中，有专为建筑业服务的劳动力市场。这个市场的需求者就是建筑企业。供给者则有不同的情况：发达国家一般由行业工会的地方组织通过集体谈判提供劳动力；发展中国家由于行业工会不健全，建筑工人处于无组织状态，劳动力往往就地招募，或由国际市场上经营劳务输出的机构提供。我国改革开放以来，农村出现了大量剩余劳动力，在有关部门的统筹安排下，在相关地区成立了建筑劳动力培训基地，并根据市场的需求提供给建筑企业，这些剩余劳动力逐渐形成了我国建筑业的主力军。

4. 资金市场

建筑产品生产需要 3 部分资金：第一部分是完成建设项目所需的固定资产投资；第二

部分是建筑产品生产者即承包商购买机械设备等所需的资金；第三部分是生产过程所需的流动资金。没有这些资金，建筑市场就会陷于停顿，所以建筑资金市场是建筑市场体系的一个重要组成部分。

5. 技术市场

“科学技术是第一生产力”、“科技成果是商品”等概念，近年来已被普遍接受，技术市场也逐步发展起来。进入技术市场交易的商品主要包括各种新材料、新结构、新工艺、新设备等“硬技术”，也包括生产组织管理方法等“软科学”，建筑市场的需求者主要是为解决勘察设计或施工中需要解决的某些技术问题的勘察设计和施工单位，供给者主要是科研设计机构，或科技力量强大的建筑企业。我国的建筑技术市场还处于探索阶段，需求和供给都不够旺盛，还需要充分发挥技术市场在科研与施工生产之间的桥梁作用，从而促进建筑市场的兴旺发达。

1.2 建筑市场的主体和客体

1.2.1 建筑市场的主体

建筑市场的主体包括：发包工程的政府部门、企事业单位、房地产开发公司和个人组成的发包人，承担工程的勘察设计、施工任务的建筑企业组成的承包人，为市场主体服务的各种中介机构。

1.2.1.1 发包人

发包人又称建设单位、业主、甲方，是既有进行某项工程建设要求，又具有该项工程建设相应的建设资金和各种准建手续，在建筑市场中发包工程建设的勘察、设计、施工任务，并最终得到建筑产品，达到其经营使用目的的法人、其他组织和自然人。他们可以是政府部门、企事业单位和个人。他们在发包工程和组织工程建设时进入建筑市场，成为建筑市场的主体。

发包人是由投资方代表组成，从建设项目的筹划、设计、建设实施直至生产经营、归还贷款等全面负责并承担风险的项目管理班子。负责对建设过程中的各个环节进行统筹安排，实行权、责、利的统一。为了规范发包人行为，我国建立了投资责任约束机制，即项目法人责任制，又称为业主责任制，由项目业主对项目建设全过程负责。项目业主的产生，主要有 3 种方式。

(1) 业主即原企业或单位。政府部门、企事业单位投资的新建、改扩建工程，该政府部门、企事业单位就是项目业主。

(2) 业主是联合投资董事会。由不同的投资方参股或共同投资的项目，则业主是共同投资方组成的董事会或管理委员会。

(3) 业主是各类开发公司。开发公司自行融资或由投资方协商组建或委托开发的工程管理公司也可以称为业主。

由于长期计划经济体制的约束，多数工程建设的发包人还不是合格的市场主体，主要表现在以下 4 个方面。

(1) 有的发包人不是完全的法人主体，对于建设资金的使用、建筑物的标准和承包方的选择等方面，没有完全的自主权，经常收到其行政主管部门的干预，无法承担发包方应该承担的义务和责任。

（2）有的发包人同时享有对承包方行为进行干预的权力，缺乏平等互利、协商一致的市场意识，破坏了与承包方的平等交易关系。

（3）投资责任机制不健全，发包人对工程建设的投资效益不负责任，不能发挥对发包人的约束作用。建筑管理体制不完善和发包人内部管理制度薄弱，造成了工程发包中的不正之风和腐败现象。

（4）部分发包人没有相应的工程技术、经济管理人员，不具备承担发包和组织工程建设的能力，造成了工程发包和管理等工作中的不科学、不合理、不完善等问题。

1.2.1.2　承包人

承包人，又称为乙方，是指有一定生产能力、机械装备、流动资金、工程技术经济管理人员及一定数量的工人，具有承包工程建设任务的营业资格，在建筑市场中能够按照发包人的要求，提供不同形态的建筑产品，并最终得到相应的工程价款的建筑企业。根据生产形式的不同，主要包括勘察、设计单位，建筑安装企业，混凝土预制构件、非标准件制作等生产厂家，商品混凝土供应站，建筑机械租赁单位以及专门提供劳务的企业等。

承包人从事建设生产，一般需要具备 4 个方面的条件。

（1）拥有符合国家规定的注册资本。

（2）拥有与其资质等级相适应且具有注册执业资格的专业技术和管理人员。

（3）拥有从事相应建筑活动所需的技术装备。

（4）拥有营业执照和资质等级证书。

承包人在市场经济条件下，需要通过市场竞争取得施工项目，需要依靠自己的实力去赢得市场。承包人的实力主要包括以下 4 个方面。

（1）技术实力。有精通本行业的工程师、造价师、经济师、会计师、项目经理等专业队伍；有施工专业装备；有承揽不同类型项目施工的经验。

（2）经济实力。具有足够的周转资金用于工程准备，具有一定的融资和垫付资金的能力；具有相当的固定资产和为完成项目需购入大型设备所需要的资金；有承担风险的能力等。

（3）管理实力。承包人为了获得建设项目，往往需要低利润报价，因此，需要严格控制成本、严格管理，采用先进的施工方法、施工技术、先进的管理经验，必须具有一批高水平的管理人员。

（4）信誉实力。承包人一定要有良好的信誉，信誉将直接影响建筑企业的生存和发展。要想建立良好的信誉，就必须遵守法律法规，保证工程质量、安全、工期及文明施工。承包人招揽工程必须根据自身的实力，量体裁衣，选择适合发挥自己优势的项目，扬长避短，避免给企业带来不必要的风险和损失。

1.2.1.3　中介机构

中介机构是指具有一定注册资金和相应的专业服务能力，持有从事相关业务的资质等级证书和营业执照，能对工程建设提供估算测量、管理咨询、建设监理等智力型服务或代理，并取得服务费用的咨询服务机构和其他为工程建设服务的专业中介组织。中介机构作为政府、市场和企业之间联系的纽带，具有政府行政管理不可替代的作用。从市场中介组织的工作内容和作用来看，建筑市场中的中介组织主要有以下 5 种类型。

1. 自律型组织

自律型组织的主要作用就是协调和约束市场主体行为，主要包括建筑业协会及其下属的设备安装、机械施工、装饰、产品厂商等专业分会，建设监理协会等。其主要任务包括：调查收集行业发展中存在的问题和情况、企业的愿望和要求，并及时向政府反映，作为政府相关部门制定政策的依据；贯彻执行国家的方针、政策和制度，加强对企业的引导；规范和约束企业行为，协调企业之间的关系，调解企业纠纷，维护建筑市场秩序；收集发布行业动态和市场信息，促进交流；为企业开展各类培训等。

2. 公证机构

公证机构主要保证建筑市场的公平交易、公平竞争，包括为工程建设服务的专业会计师事务所、审计师事务所、律师事务所、资产评估机构、公证机构、仲裁机构等。这些机构独立于承发包双方之外，其工作人员大部分具有较高的教育背景，有丰富的专业工作经验。中介机构通过技术服务，使企业了解自己的权力，帮助企业追究侵权者的责任，保障企业自身的合法权益，帮助企业提高法制观念和法律意识，避免违法乱纪。

3. 咨询代理机构

咨询代理机构的主要作用是促进建筑市场发育、降低交易成本、提供各种服务，包括建设工程交易中心，工程技术咨询公司，招标投标、编制标底和预算、审查工程造价的代理机构、监理公司，信息服务机构等。随着我国生产力的发展、经济管理的进步以及政府职能的转变，咨询服务正在逐步成为企业的经常性要求，成为工程建设的必要程序，各类咨询代理机构也得到了前所未有的发展。

4. 检查认证机构

监督建筑市场活动，维护建筑市场正常秩序的检查认证机构，主要包括质量检查、监督、认证机构，计量检查、检测机构及其他建筑产品检测鉴定机构。如 ISO9000 认证机构等。由于承发包双方利益的相对对立，双方对建筑产品质量认证标准的不同和争议也在所难免，因此需要建立一个中立、公正的机构来检测认定。通过检查认证机构，发包方可以事先了解建筑企业的技术、管理水平。

5. 公益机构

公益机构主要是指为保证社会公平、建筑市场竞争秩序正常的以社会福利为目的的基金会、保险机构等。它们既可以为企业意外损失承担风险，又可以为安定企业职工情绪提供保障。

1.2.1.4 各主体之间的关系

1. 承发包双方的关系

承发包双方作为独立的商品生产单位，具有独立的利益，必然要追求自身利益的最大化，这是市场经济的必然结果。发包人要追求自身利益的最大化，必然要求以最低的成本、最短的工期，得到质量等级高、功能齐全的建筑产品；承包方则希望以最少的人力、物力、财力，获得尽可能多的收益。建筑产品质量等级的提高，必然要增加更多的人力、物力。反过来，减少人力、物力的投入，又会降低工程的质量。工期的缩短超过一定限度，不仅会增加工程成本，还可能影响工程质量。相反，工期的拖延，会造成成本的增加。因此，承发包双方的对立关系形成了双方的互相制约、互相监督，这样有利于保证工程质量、工期和控制工程造价。承发包双方的关系具有复杂性、长期性、交叉性、重叠性等特点。

2. 中介机构与承发包双方的关系

中介机构可以为双方种的任何一方服务，它们与服务对象之间是委托与被委托的关系，是平等的。它们之间的关系是由合同约定的市场中的交易关系，受市场机制的调节和市场法规的制约。中介机构对于承发包双方而言是公正的。这是因为它独立于承发包双方之外，经济利益不受双方盈亏的影响；它以合同为依据工作，不会偏向任何一方；它还受到行业管理组织的约束，以取得行业组织的认可、指导和保护。

1.2.2 建筑市场的客体

建筑市场的客体一般称为建筑产品，包括有形的建筑产品和无形的建筑产品。有形的建筑产品主要是指建筑物和构筑物，无形的建筑产品主要是指各类智力服务。在不同的生产交易阶段，建筑产品表现为不同的形态。它可以是中介机构提供的咨询报告、咨询意见或其他服务；可以是勘察设计单位提供的勘察报告、设计方案、设计图纸；可以是生产厂家提供的混凝土构件、非标准预制构件等。

1. 建筑产品的特点

(1) 建筑产品的固定性和生产过程的流动性。建筑物或构筑物与土地相连，不可移动，具有固定性的特点，而施工人员、施工机械等随着建筑物流动，因此施工过程具有流动性特点。

(2) 单件性。由于发包人对建筑产品的用途、性能要求等不同以及建设地点的差异，决定了大多数建筑产品只能单独设计、施工，不能批量生产。所有建筑产品具有单件性特点。

(3) 建筑产品的整体性和分部分项工程的相对独立性。随着经济的发展和建筑技术的不断进步，施工生产的专业性越来越强。工程的土建、安装等分部分项工程分别由各种专业的施工企业承担，这样有利于生产技术和效率的提高。

(4) 不可逆性。建筑产品一旦进入生产阶段，其产品不可退换，也难以重新建造，否则双方都将承受极大的损失，具有不可逆性。

(5) 社会性。建筑产品的社会性主要是指建筑产品的建造、使用等涉及公众利益和安全，影响社会环境。政府应该加强对建筑产品的规划、设计、建造等的管理。

(6) 商品属性。随着建筑企业成为独立的生产单位，市场竞争代替行政分配任务，建筑产品的价格走向市场，参与市场竞争，建筑产品的商品属性日益显著。

2. 工程建设标准的法定性

建筑产品的质量不仅关系到承发包双方的利益，也关系到国家和社会的公共利益。因此，建筑产品的质量标准是以国家标准、规范等形式颁布实施的。工程建设标准主要是指对工程勘察、设计、施工、验收、质量检验等各个环节的技术要求。包括5个方面的内容。

(1) 工程建设勘察、设计、施工及验收等的质量要求和方法。

(2) 与工程建设有关的安全、卫生、环境保护的技术要求。

(3) 工程建设的术语、符号、代号、单位、建筑模数等。

(4) 工程建设的试验、检验和评定方法。

(5) 工程建设的信息技术要求。

工程建设标准的作用在于一方面为专业技术人员提供了需要遵循的技术要求和方法；另一方面保证了从事工程建设有关人员必须按照规定执行，从而保证了工程质量。

1.3 建筑市场的管理

1.3.1 建筑市场的资质管理

建筑市场的资质管理包括两类：一是对从业企业的资质管理；二是对专业人士的资格管理。

1.3.1.1 企业的资质管理

《中华人民共和国建筑法》规定："对从事建筑活动的勘察设计单位、施工企业、工程咨询机构实行资质管理。"

1. 工程勘察、设计单位资质管理

建设工程勘察、设计资质分为工程勘察资质、工程设计资质。

工程勘察资质分为工程勘察综合资质、工程勘察专业资质、工程勘察劳务资质。工程勘察综合资质只设甲级；工程勘察专业资质根据工程性质和技术特点设立类别和级别；工程勘察劳务资质不分级别。取得工程勘察综合资质的企业，承接工程勘察业务范围不受限制；取得工程勘察专业资质的企业，可以承接同级别相应专业的工程勘察业务；取得工程勘察劳务资质的企业，可以承接岩土工程治理、工程钻探、凿井工程勘察劳务工作。

工程设计资质分为工程设计综合资质、工程设计行业资质、工程设计专项资质。工程设计综合资质只设甲级；工程设计行业资质和工程设计专项资质根据工程性质和技术特点设立类别和级别。取得工程设计综合资质的企业，其承接工程设计业务范围不受限制；取得工程设计行业资质的企业，可以承接同级别相应行业的工程设计业务；取得工程设计专项资质的企业，可以承接同级别相应的专项工程设计业务。取得工程设计行业资质的企业，可以承接本行业范围内同级别的相应专项工程设计业务，不需再单独领取工程设计专项资质。见表1-1。

表1-1　　我国勘察设计企业业务范围

企业类别	资质分类	等级	承担业务范围
勘察企业	工程勘察综合资质	甲级	承接工程勘察业务范围和地区不受限制
	工程勘察专业资质	甲级	承接本专业工程勘察业务范围和地区不受限制
		乙级	承担本专业工程勘察中、小型项目，承担工程勘察业务的地区不受限制
		丙级	承担本专业工程勘察中、小型项目，承担工程勘察业务限定在省、自治区、直辖市范围内
	工程勘察劳务资质	不分级别	承接岩土工程治理、工程钻探、凿井工程勘察劳务工作

续表

企业类别	资质分类	等级	承担业务范围
设计企业	工程设计综合资质	甲级	承接工程设计业务范围不受限制
	工程设计行业资质	甲级	承接相应行业设计业务范围和地区不受限制
		乙级	承接相应行业的中小型项目的设计业务范围和地区不受限制
		丙级	承接相应行业的小型项目的设计业务范围和地区限制在省、自治区、直辖市范围内
	工程设计专项资质	甲级	承接大、中、小型专项工程设计业务，地区不受限制
		乙级	承接中、小型专项工程设计业务，地区不受限制

建设工程勘察、设计资质标准和各资质类别、级别企业承担工程的范围由国务院建设行政主管部门商国务院有关部门制定。

2. 建筑业企业资质管理（表1－2）

建筑业企业是指从事土木工程、建筑工程、管道工程、安装工程等的新建、改扩建活动的企业，包括施工总承包企业、专业承包企业和劳务分包企业。施工总承包企业资质等级分为特级、一级、二级、三级，包括房屋、公路、铁路等12个类别；施工专业承包企业资质等级分为一级、二级、三级，共60个类别；劳务分包企业资质等级分为一级、二级，共13个类别。

表1－2　　我国建筑业企业承包工程范围

企业类别	等级	承包工程范围
施工总承包企业	特级	（以房屋建筑工程为例）可承担各类房屋建筑工程的施工
	一级	（以房屋建筑工程为例）可承担单项建安合同额不超过企业注册资本金5倍的下列房屋建筑工程施工：①40层及以下、各类跨度的房屋建筑工程；②高度240m及以下的构筑物；③建筑面积20万m^2及以下的住宅小区或建筑群体
	二级	（以房屋建筑工程为例）可承担单项建安合同额不超过企业注册资本金5倍的下列房屋建筑工程施工：①28层及以下、各类单跨跨度36m以下的房屋建筑工程；②高度120m及以下的构筑物；③建筑面积12万m^2及以下的住宅小区或建筑群体
	三级	（以房屋建筑工程为例）可承担单项建安合同额不超过企业注册资本金5倍的下列房屋建筑工程施工：①14层及以下、各类单跨跨度24m以下的房屋建筑工程；②高度70m及以下的构筑物；③建筑面积6万m^2及以下的住宅小区或建筑群体
专业承包企业	一级	（以土石方工程为例）可承担各类土石方工程的施工
	二级	（以土石方工程为例）可承担单项合同金额不超过企业注册资金5倍且60万m^2及以下的石方工程的施工
	三级	（以土石方工程为例）可承担单项合同金额不超过企业注册资金5倍且15万m^2及以下的石方工程的施工
劳务分包企业	一级	（以土木作业为例）可承担各类木工作业分包业务，但单项合同金额不超过企业注册资金的5倍
	二级	（以土木作业为例）可承担各类木工作业分包业务，但单项合同金额不超过企业注册资金的5倍

建筑业企业的资质等级标准，由建设部统一组织制定和发布。

3. 工程咨询单位的资质管理（表 1-3）

表 1-3　　工程咨询单位承包工程范围

企业类别	等级	承包工程范围
工程监理	甲级	跨地区、跨部门监理一等、二等、三等工程
	乙级	本地区、本部门的二等、三等工程
	丙级	本地区、本部门的三等工程
招标代理机构	甲级	承接工程的范围和地区不受限制
	乙级	承接工程投资额 3000 万元以下的工程招标代理业务
工程造价咨询机构	甲级	承接工程的范围和地区不受限制
	乙级	承接本省、自治区、直辖市中小型项目的造价咨询业务

1.3.1.2 专业人士的资格管理

在建筑市场中，把具有从事工程咨询资格的专业工程师称为专业人士。由于专业人士的工作水平对工程项目建设成败具有重要的影响，所以对专业人士的资格条件要求严格，许多国家和地区对专业人士进行资格管理。我国专业人士制度是从国外引进的，目前，已经确定专业人士的种类有建筑工程师、结构工程师、监理工程师、造价工程师、建造工程师等。对每种专业人士的任职资格和注册条件都有严格的要求。

1.3.2 建设工程交易中心

1.3.2.1 建设工程交易中心的含义

建设工程交易中心是依法成立，为建设工程交易活动提供相关服务，依法自主经营、自负盈亏、独立核算，具有法人资格的服务性经济实体，它是一种有形的建筑市场。建设工程交易中心不是一般意义上的服务机构，其设立需要得到政府或政府授权主管部门的批准，它不以营利为目的，旨在为建立公平、公开、公正的建筑市场体系服务，在此可以收集、发布工程建设有关信息，办理工程建设有关手续，提供和获取政策法规及咨询服务。

1.3.2.2 建设工程交易中心的功能

建设工程交易中心作为有形的建筑市场，主要具备如下功能。

1. 场所服务功能

建设部《建设工程交易中心管理办法》规定，建设工程交易中心应具备信息发布大厅、洽谈室、开标室、会议室及相关设施，为工程承发包双方的招标、评标、定标、合同谈判等提供设施和场所服务。同时，为政府有关部门进驻集中办公，办理有关手续和依法监督招投标活动提供场所服务。

2. 信息服务功能

主要包括收集、存储和发布工程信息、法律法规、造价信息、建材价格、承包商信息、咨询单位和专业人士信息等与建设工程交易和工程建设活动有关的各类信息。

3. 集中办公功能

建设工程交易中心可以为工程报建、招标登记、承包商资质审查、合同登记、质量报监、申领施工许可证等相关管理部门在此集中办公提供场所，有利于建设行政主管部门提供更好、更快捷的服务和实施监督管理。

4. 咨询服务功能

建设工程交易中心可以为建设工程承发包交易活动等提供各类技术、经济、法律等中介咨询服务。

1.3.2.3 建设工程交易中心运作的一般程序

建设工程交易中心的一般运行程序如图 1-1。

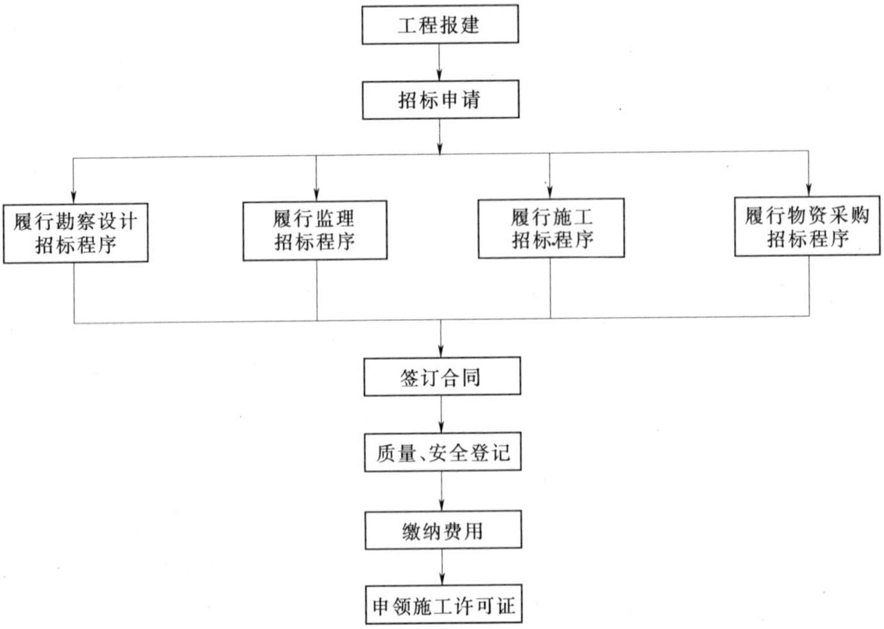

图 1-1 建设工程交易中心运行程序

1.3.3 招投标办事机构

为了适应社会主义市场经济体制的需要，加强政府对工程建设施工招标投标的管理，使建设单位和施工企业进入建筑市场进行公平交易、平等竞争，达到控制建设工期、确保工程质量和提高投资效益的目的，省、自治区、直辖市建设行政主管部门可以报请同级人民政府批准，设置各级招标投标办事机构。其主要职责如下：

(1) 审查招标单位的资质。

(2) 审查招标申请书和招标文件。

(3) 审定标底。

(4) 监督开标、评标、定标和议标。

(5) 调解招标投标活动中的纠纷。

(6) 否决违反招标投标规定的定标结果。

(7) 处罚违反招标投标规定的行为。

(8) 监督承发包合同的签订、履行。

1.3.4 评标专家库

评标专家库是指各级招标投标管理机构设立的由具有较高理论知识水平和招标评标经验的各类建设工程技术、经济及相关专业人员组成的群体。其主要作用是为建设工程招标评标工作提供相应专业的评标专家。入选评标专家库的专家，必须具备如下条件：

(1) 从事相关专业领域工作满8年并具有高级职称或同等专业水平。

(2) 熟悉有关招标投标和政府采购的相关法律法规和业务知识。

(3) 能够认真、公正、诚实、廉洁地履行职责。

(4) 身体健康，能够承担评标工作。

(5) 符合法律、法规和规章规定的其他条件。

各专业评标专家的具体条件，由当地人事部门会同政府有关部门制定并向社会公布。

评标专家享有下列权利：

(1) 接受招标人或其招标代理机构聘请，担任评标委员会成员。

(2) 依法对投标文件进行独立评审，提出评审意见，不受任何单位或者个人的干预。

(3) 接受参加评标活动的劳务报酬。

(4) 法律、行政法规规定的其他权利。

评标专家同时负有下列义务：

(1) 有《中华人民共和国招标投标法》第37条和《中华人民共和国评标委员会和评标方法暂行规定》第12条规定有下列情形之一的，应当主动提出回避。

(2) 遵守评标工作纪律，不得私下接触投标人，不得收受他人的财物或者其他好处，不得透露对投标文件的评审和比较、中标候选人的推荐情况以及与评标有关的其他情况。

(3) 客观公正地进行评标。

(4) 协助、配合有关行政监督部门的监督、检查。

(5) 法律、行政法规规定的其他义务。

1.4 国际建筑市场

一个国家的业主，通过国际招标发包建设工程和建筑企业，进入他国从事工程承包的经营活动形成的承包市场，即国际建筑市场或称国际承包市场，承包的范围很广，包括各种建筑和土木工程的勘测、规划、设计、咨询、施工和劳务。

1.4.1 国际建筑市场的形成与发展

经济全球化是从商品流通领域即对外贸开始的，但是随着世界经济的发展，这种仅仅局限在流通领域的商品的交换已经远远不能适应经济发展的要求。由于自然地理条件（地理位置、资源）和经济、技术、生产力发展的不平衡，各国为了节约时间，降低费用、加速本国经济的发展，必然谋求国际的经济合作，使生产要素在国际重组与合理配置。伴随着资本国际化、生产国际化和跨国公司的迅速发展，信息、交通、运输、通信、科技、劳务的国际化也相继获得迅速发展，由于生产要素从一个国家流向另一个国家，生产要素包括资源、土地、资本、劳动力、技术、管理和信息等。一个国家或地区的经济优势，取决于它所拥有的生产要素条件的优势，而任何一个国家和地区的生产要素都是一个动态感念，都会随时间、经济、技术而不断发展和变化。在一个时期，某一生产要素可能只在这个国家里有优势，而在另一个国家缺少这种优势，经济发展的不平衡促进了生产要素的跨国流动；同时供需因素直接造成在各国市场上的价格差别，在价值规律作用下，生产要素必然会为了获得更高的价格而流动。生产要素在国际的流动，取他国之长补己国之短，这种很大程度上缓和了由于生产要素条件对其经济发展的限制。这种根据双方的需要与可能有来有往地互惠合作，在国际合理配制了生产要素，既有利于各国也有利于世界经济的发展，符合人类社会发展的进步趋势，是经济生活日益国际化的必然结果，使国际经济合作迅速发展。

国际经济合作涉及的领域很广，按业务性质可分为国际投资合作、国际贷款合作、国际科技合作、国际劳务合作和国际经济援助。国际工程承包是国际经济合作的一个方面，而且有时一项承包工程综合了各种业务性质的合作。

随着经济的日益国际化，各国之间在经济上的互相依赖逐渐成为普通的国际现象。甲国经济建设的项目由于缺乏必要的技术、管理能力而无法实施；乙国具有建筑技术和管理的优势，希望承包工程获得收益。它们要实现各自的发展，必须借助国际承发包，甲国通过国际招标把工程项目委托给乙国建筑公司实施，乙国建筑公司通过国际投标发包工程，输出技术、管理，获得收益。这种国际的相互依赖，就成为推动国际建筑市场发展的直接力量。建筑企业跨国经营的方式早在 19 世纪后期即已开始出现，第二次世界大战后，随着战后重建，大规模的经济开发和国际直接投资的迅速增加，国际建筑市场开始逐步形成，自 20 世纪 70 年代以来有了较快的发展。

国际建筑市场同世界形势密切相关，从实际政治经济的发展和国际建筑市场的兴衰来看，两者基本是一致的。经济的发展、用于建设资金的多少取决了国际建筑市场的兴衰。整个国际建筑市场是在第二次世界大战后转入和平建设时期而逐渐兴起。进入 20 世纪 70 年代，海湾石油输出国获得巨额的“石油美元”，掀起了大规模的建设高潮，通过国际招标实施建设，中东地区成为 70 年代世界最大的国际承包市场；东南亚地区政局稳定，外贸兴旺，国际投资不断增加，经济保持稳定增长，国际承包市场日趋活跃。1981 年世界 250 家国际大承包商的合同成交额达到了 1299 亿美元。1982 年以后，世界石油供过于求，价格暴跌，中东政局不稳，两伊战争旷日持久，产油国收入锐减，经济发展受到严重影响被迫压缩建设规模；西方发达国家经济低速增长，美元大幅度贬值，西方国家特别是美国固定资产投资一直处于停滞状态；拉美发展中国家债务沉重，初级产品供过于求，价格下跌；非洲地区连续遭受自然灾害，经济困难。世界经济处于低潮，国际承包市场逐渐收缩。世界 250 家国际大承包商的合同成交额，1980 年 1083 亿美元，1981 年 1299 亿美元，1982 年 1231 亿美元，1983 年 936 亿美元，1984 年 805 亿美元，1985 年 816 亿美元，1986 年 739 亿美元，1987 年 739 亿美元。1981～1987 年，除 1985 年有微弱回升外，呈直线下落，6 年减少了 43.5%。1988 年世界经济增长率达到 4.5%的较高水平，世界贸易超前增长，增幅达到 8.5%，国际金融市场十分活跃，在国外设厂、开发房地产以及收购公司的国际直接投资迅猛增长。1987～1988 年度世界国际直接投资比上年度跃升 26.1%。在世界经济好于往年、国际直接投资大量增长的形势下，1988 年国际承包商市场有了较大的增长，250 家国际大承包商的合同成交额达 941 亿美元，比上年增长 27.3%，走出低谷。1985～1990年，无论是在发达国家还是在发展中国家，外国直接投资的流入量都相当于国内产值的4倍，相当于国内投资的两倍，使国际承包商出现了稳定发展的兴盛时期。250家国际大承包商的合同成交额1989年增至1126亿美元，1990年增至1203亿美元，1991年尽管世界经济出现衰退，但由于国际直接投资增长受周期性经济波动的影响日以减小，跨国公司越来越着眼长期的全球战略等原因，225家国际大承包商的合同成交额达到了国际承包市场的历史最高纪录1519亿美元。

20世纪90年代，世界进入了一个新的和平发展时期，各国纷纷将重心转向经济建设，许多国家在经济改革与对外开放方面迈出了更大的步伐，实行鼓励外贸的开放政策，国际直接投资持续增长，国际贸易、国际经济合作继续发展，对世界经济发挥着日益重要的作用，把国际工程承包推向新的高潮。但是在90年代初期，由于西方国家处于经济衰退和恢复之中，独联体、东欧各国的经济正经历一个艰难的调整时期，尤其是西方经济衰退带来国际经济环境恶化，世界经济处于低潮，因此，90年代前期的发展速度低于后期，国际承包市场受到世界经济发展的影响，合同成交额90年代前期也低于后期，但整个90年代的规模大于80年代。亚洲、欧洲增长的因素大，美国和拉美国家相对活力不足，整个发展中国家90年代好于80年代，东亚、南亚地区的经济最具活力，在21世纪将会是大有作为的国际承包市场。

1.4.2 国际建筑市场的特点

国际建筑市场以跨国承包工程形成了自己的特点。

1.4.2.1 国际工程承包具有广泛的国际性

国际工程承包具有广泛的国际性，主要表现在以下7个方面：

（1）语言国际化。国际承包合同、协议、文件所用语言多为英文，有的采用两种以上的语言，则需明确不同语言文本是否具有同等效力，如果不具等效力则应规定哪种语言文本作为正式文本，哪种语言文本只用为译文。

（2）法律国际化。承包商在不同国家法人（或自然人）间签订，涉及双方甚至第三方国家的法律，受多个国家法律制约，发生争议时通常需提交国际仲裁机构仲裁或向东道国法院、国际法院起诉。

（3）资金国际化。建设资金除本国投资外，往往由联合国国际发展援助组织、国际开发银行、团证或金融组织提供资金，或由跨国公司直接投资或由外国承包商筹借资金。付款条件大多数规定使用当地货币和国际通用货币。招标国际化。为充分利用国际承包商的技术和人才，保证工程的顺利实施和节约资金，大型项目往往由几个国家的承包商组成承包集团，联合承包。

（4）设计国际化。委托拥有世界同类项目先进技术的设计咨询公司规划设计，保证项目的先进性、合理性。

（5）技术标准国际化。国际承包要采用业主在合同中指定的技术标准与规程，常采用东道国或承包商国或第三国的技术标准与规程。

（6）劳务国际化。使用价格较低、素质较高的外国劳务和本国短缺的技术劳务。

（7）采购国际化。在国际市场寻求价廉物美的材料、设备。

在工程建设国际化工程中，世界各国的财界、建筑界、制造业及劳务层都积极参与，发挥自己的优势，在竞争中寻找自己的位置，并获得相应的效益。

从历史世界250家国际大承包商的情况看：国际大承包商分属于30多个国家和地区，几乎包括西欧的全部及美洲、亚太地区的主要国家。发达国家承包公司占有资金、技术和管理上的优势，因而在国际承包市场占据主导地位。1992年在225家国际大承包公司的前30名中，美国11家，法国6家，德国和意大利各3家，英国和日本各2家，荷兰、希腊、韩国各1家。这30家公司国外合同成交额总计达1043.42亿美元，占当年225家大承包商合同总额的71%。发展中国家承包公司是利用技术和价格便宜等特点承揽项目，在国际建筑市场也争得一席之地。印度、巴基斯坦、埃及、也门等国家把劳务输出作为重要国策，同样也获得了成功。

1.4.2.2 国际工程承包是一项复杂的系统工程，具有很强的专业技术性

国际工程承包于一般商业贸易不同，要求承包商具有较高的专业技术能力和经营管理能力。凡进行国际招投标的工程项目，一般都要对参加投标的承包商进行严格的资格预审，承包商需提供资产、财务、技术人员、机械设备和承建类似工程经历等情况。国际工程承包的投标报价也较一般商品贸易的报价复杂得多。在国际承包项目中，很多是技术密集型工程，除一般工业用建筑、公路、桥梁、港口等土木工程和基础设施外，还有海水淡化、核电站、电子通信、宇航等精尖项目，要求具有相应的技术能力和专业水平。不少国家根据承包商的专业范围和能力，分专业、等级颁发营业许可证书。国际承包要求承包商具有较高的经营管理水平，熟悉当地有关法律、外汇管理、税收、保险及有关社会状况、自然条件、习俗习惯等。就具有工程项目的经济技术特征和业主要求，进行精心的调查分析，探讨技术上的可行性和最佳选择，进行详细的工期、成本计算，研究确定自己的实施方案。如果是“交钥匙”工程，还包括后期的试生产和技术工人培训。因此，国际工程承包是一项多因素、多目标（质量、工期、效益）的系统工程，其特点是价值高、周期长、一次运筹量大。承包商必须有较强的适应能力和较高的技术、管理、组织水平。

1.4.2.3 国际工程承包是一项综合输出

国际工程承包不同于一般的国际商品贸易，输出的不是已完成的商品，而是通过输出人才、技术和管理，努力组织物化劳动，完成建筑产业，实现交换价值。国际工程承包通过工程实施，可以带动设备、施工机具、材料和劳务出口，并带动相关行业的发展。承包商要完成项目的建设，就要承担物资的采购、运输，提供安装机电设备及其他服务，这可带动银行、保险、海运、航运、商贸等部门业务的发展。特别是最近几年来，国际承包市场上盛行实物支付和延期付款—带资承包等方式，承包商必须了解支付商品的价格、规格、产品质量、需求地域、异域差价及关税、配额等销售行情，才能消化实物换取现汇。承包商还必须能够准确预测未来国际金融市场的发展趋势和利率变化，避免风险。此外，资金输出项目无论是政府的中长期贷款或赠款，或金融组织以营利为目的的资金输出，都可使本国承包商获得优先工程的权利。承包商可采用资金输出与国际承包相结合的方式开拓市场。

1.4.2.4 国际工程承包是一项具有风险的事业

一项工程从签约到竣工，往往需要几年的时间，具有占用资金量大、运转周期长、可变因素多等特点。近几年，由于股市风潮迭起、汇率变化无常、局部地区战火连绵、政局动荡不稳等因素影响，国际承包商受了巨大的损失。如阿拉伯也门在1984～1987年间，当地货币里亚尔兑换美元，由4.75兑1贬到9.96兑1；同时美元兑西得马克由1兑2.61贬到1兑1.82。由于货币双重贬值给在阿拉伯也门承包工程的公司造成了巨大的汇率损失。除金融风险外，还有政治风险，如战争、政变、罢工等，1979年，伊朗发生政权更迭，据估计给在伊朗承包工程的外国承包商造成的损失总计超过30亿美元；1990年发生的海湾战争，也给国际承包商造成了巨大的损失。除人为风险外，还有自然风险，如恶劣的地质条件、自然灾害、不利的气候，承包商必须采取避免风险损失和对付各种风险的有效的措施，如加强市场调研、作好预测分析、进行工程保险、在合同中争取加入保值条款、作好各种索赔工作、报价中记入不可预见费等。

1.4.2.5　国际工程承包是技术和知识的输出，相对来说资金投入少

国际工程承包同出口汽车、电视机、钢铁等商品贸易不同，输出的主要部分是管理和技术，一般用工程项目合同总价的1/3的资金即可完成项目。有的项目可获得一定比例的预付工程款、工程施工周转金和设备款，可随工程施工、安装交货进度结算，只要按期按质完工，一般可及时收回资金。国际承包的交易对象绝大部分是外国政府，一般不必担心发生贸易摩擦等问题。工程承包范围广泛，可带动的行业多，能够取得较好的经济效益。因此，尽管国际承包市场竞争激烈、条件苛刻，但建筑企业谋求向跨国经营发展的却越来越多，许多国家政府积极扶持建筑企业发展国际承包。

1.4.3　促进国际建筑市场发展的直接因素

国际建筑市场一方面随世界形势发生变化，同时又受到一些直接因素的制约，从历史的、长远的观点来看，促进国际建筑市场发展的直接原因主要如下。

1.4.3.1　国际经济的相互依赖

国际经济相互依赖是指国际平等互利的方向、双方面的相互依赖，而不是片面依赖更不是单方面的依附。一方面，一些国家缺乏建设工程所需资金、技术、劳务和管理能力。而另一方面，资金、技术、劳务和管理能力占有优势的国家希望向别国输出这些以取得收益，从而双方通过工程发包进行平等互利的合作。国际这种相互依赖的深化与发展，直接推进了国际建筑市场的兴旺发展。分析国际建筑市场发展的历程，可以明显看到，20世纪70年代到80年代初期，国际承包市场是随中东产油国进行大规模经济建筑，由于本国缺乏技术、管理、劳工而采取国际招标，依赖国际承包商实施建设而繁荣起来的；进入80年代以后也是随中东产油国压缩建设规模，发包工程日益减少，相对减落依赖而逐渐收缩的。相反，日本1987年以来扩大内需，大兴土木，计划投资2000亿美元进行基础设施的建设，国内建筑市场日趋活跃。但是日本自身有较强的建筑力量，是国际上发展国际承包的主要国家，不存在对国际承包商的依赖，因此，除因劳工短缺以研修生方式吸收少量外国劳工外，并未敞开建筑市场的大门。这已引起了国际上的经济摩擦，最终，他们在世界贸易组织的原则规范下被迫逐步开放建筑市场。

1.4.3.2　国际直接投资的发展

国际直接投资是指在国外直接开办各种企业或在有当地资本、别国资本参加的合营企业进行投资，不包括证券投资和借贷资本的输出。国际的直接投资意味着国际建设项目增

多。跨国公司在外国投资建厂时，由于当地技术、管理能力的限制或为保护本国的利益，一般都委托本国承包商或本国公司与当地公司联合承建。这是推进国际市场发展的重要因素之一。20 世纪 80 年代后期以来，出现了国际直接投资的高潮，发达国家、发展中国家的对外投资不断增加，到 1992 年全球范围的国际直接投资额累计已达 2 万亿美元。进入 90 年代许多国家已经取消了妨碍跨国投资的法律壁垒，并积极改善投资环境，制定吸引外资的优惠政策。20 世纪 90 年代是国际直接投资起飞的年代，国际直接投资的兴起将把国际工程承包推向新的高潮。国际直接投资的变化和动向，将是国际工程承包市场兴衰的晴雨表。

1.4.3.3 国际经济援助的发展

国际经济援助是指一国政府及其所属机构或国际组织或金融机构以及一些区域性、集团性的多边机构，出自各自的政治、军事、经济目的，向另一国家或地区提供用于经济和社会发展方面的赠与、中长期无息或低息贷款。国际经济援助大都规定必须采取国际竞争性招标的方法实施，对活跃国际承包市场起着不可忽视的作用。

在第二次世界大战后，美国向西欧各国和日本提供了援助。20 世纪 50 年代中期，英、法也开始提供部分外援，以后各发达国家、社会主义国家和部分发展中国家也都对外提供援助。1961 年成立了发达国家经济合作与发展组织，各种多边和双边援助机构纷纷建立，随着一系列经济政策的制定和机构的设立，国际经济援助逐步体系化、制度化，国际经济援助有了很大的发展。

1970 年联合国规定，发达国家对发展中国家提供的官方发展援助占国民生产总值的比重，应在 1975 年达到 0.7%，后又推迟到 20 世纪 80 年代末期达到。但仅有荷兰、瑞典等少数国家做到了这一点。尽管如此，经济合作与发展组织发展援助委员会 18 个成员国的对外援助仍然有很快发展，1970 年为 68 亿美元，1980 年达 273 亿美元，1990 年达 541 亿美元。当前世界约有数百个对外提供援助的双边、多边机构，其中的多边国际机构世界银行、联合国开发计划署、亚洲开发银行等在提供贷款或援助方面发挥了日益重要的作用。全球每年的国际经济援助是一个不小的数目，对活跃国际工程承包市场将发挥越来越大的作用。

1.4.3.4 采取 BOT 方式实施建设的发展

BOT 方式即建设—运营—转让的方式。采取这种方式，由国外或本国公司融通筹备资金或以股份制形式组建合资公司进行建设，项目建成后在合同规定期间进行经营，回收投资并获得利润，期满后移交当地政府（业主）。BOT 方式最早在土耳其实行，如土耳其加齐热电站，由澳大利亚、美国、日本公司组成股份公司，集资 14 亿美元进行建设，建成后的电力按业主担保卖给土耳其电力局，经营 26 年后移交土耳其政府。土耳其沟通欧亚大陆的博斯普鲁斯海峡大桥也是采用这种方式兴建的。第一大桥是由日本公司筹集兴建的；第二大桥是由日本伊藤忠公司为首的集团筹集 502 亿美元兴建的；第三座大桥是由英国特拉法尔加尔公司筹集 8 亿美元兴建的。采取这种方式对所在国政府有以下好处：①可解决建设资金短缺问题，且不形成债务；②可解决本国或本地区缺乏建设、经管、管理能力等问题；③不用承担建设、经营中的风险。因此，这种方式在许多发展中国家受到欢迎并得到推广，促进了国际工程承包市场的发展。

1.4.3.5 国际建筑市场支付方式的发展

国际建筑市场盛行的实物支付、延期付款、带资承包等方式，有利于在业主资金短缺的情况下促成国际工程承包，也是直接影响国际工程承包市场发展的一个因素。

1.4.4 国际工程承包的契约和经济协调

国际工程承包的历史与国际商品贸易相比要短得多。商品贸易经过长期实践，有完整的贸易政策，有比较规范、完善的国际协议、条约、通则等，形成了共同遵循的国际贸易惯例和准则；有国际商会、联合国系统各国际经济和专门机构等发挥经济协调作用。国际工程承包，相对来说在完善、健全、规范的程度上还存在比较大的差距。

国际工程承包在完成建设项目过程所产生的关系，涉及国与国之间、经济组织之间、法人之间、自然人之间相互交叉的经济合作关系，是设计不同国际法律的一种法律关系，即合作主体的法定权利和义务关系。保护双方权利和保证义务的履行，使双方通过合作需求获得的物质利益能够得到确实保障，保持良好的合作环境和争议的合理解决，是国际工程承包的基础，否则合作就无法进行。因此，存在根据哪个国家的法律，或根据哪个国际条约，国际惯例来确定双方权利义务和解决争端的法律适用问题。现实中的国际工程承包，除了国与国之间的条约外，基本是通过签订国际工程承包合同来实现的，也就是由合同双方在签订合同时明确双方的权利义务和所适用的法律。在国际工程承包合同中均专门列有应遵守的法律、条款和条例，争端的解决，合同所适用的法律等的具体条款。

国际工程承包的全过程可以归结为签订合同和执行合同两大环节。签订合同是承包商经过投标报价正式获得承包工程项目的合法权，明确权利和义务；执行合同是承包商完成工程项目的实施过程。前一环节是后一环节的基础，是执行合同的准则，任何一方不按合同规定的义务和条件履行合同，就要承担由此造成的损失。因此，承包商必须十分重视合同条款，以保护自身的合法权益。对可能构成和造成风险的因素应进行慎重、认真的分析研究；在合同谈判中尽量避免风险性和有损承包商权益的条款。

国际工程承包合同的法律适用原则是：

(1) 适用当事人选择的法律。即合作主体经协商一致，共同选择某国的法律为保护主体权利，解决双方争执的依据。但是选择适用的法律不能违反主体国籍的基本原则及社会公共利益和法律的规定。

(2) 适用与合同有密切关系的国家的法律。由于法律的适用涉及各方主体利益，因而国际上对“最密切关系原则”有不同是主张，比较多是国家认为劳动实施地国家的法律，在国际司法和国际条约中都有这样规定。

(3) 适用东道国法律。发展国际经济合作要求国与国相互之间给予对方合作者以平等的民事权利（在法律上反映为国民待遇原则），即外国人同本国国民在享受权利和承担义务方面有同等地位。由于外国人在东道国取得的权利是依据东道国法律赋予的，它符合国家主权原则，公平合理，所以为大多数国所公认，国际工程承包劳务合作都在东道国内履行，经济合作适用东道国法律已成为普通的适用原则。

(4) 适用国际惯例或国际公约。根据法律适用原则应该适用某国法律，而该国实体法又没有这方面的法律规定，可以适用国际惯例或国际公约。我国经济合同法对使用法律问题规定如下：合同当事人可以选择合同争议所适用达到法律，当事人没有选择的，使用与合同有最密切联系的国家的法律。中国最高人民法院对“适用与合同有最密切联系的国家的法律”的解释为：银行贷款或担保合同，适用贷款银行或担保银行所在地的法律；保险合同适用保险人营业所在地的法律；加工承揽合同，适用加工营业所在地的法律；工程承包合同，适用工程所在地的法律；科技咨询或者设计合同，适用委托人营业所在地的法律；劳务合同，适用劳务实施地的法律。在中国境内履行的涉外经济合作，中华人民共和国法律未作规定，可以适用国际惯例。

国际工业承包合同签订之后，由于各种的经济利益不同，在合同分工中所处的地位不同，在具体进行过程中经常会发生各种分歧、利益纠纷和矛盾，因此需要通过经济协调来解决，使合作得以继续和发展。国际工程承包由于业主和其他方面的原因，或自然条件和社会原因，如地震、台风、洪水或战争、政变、罢工等，使承包商在工程实施中延误工期和承担额外的损失，承包商为了减少损失就要通过合法的途径和程序要求业主承担其损失，即工程索赔。在国际工程承包中，由此产生的分歧和矛盾常常是经济协调的主要内容。经济协调要依据合同条款的规定，以国际通用的方式解决，具体形式如下。

1.4.4.1　协商、谈判

协商是指签订合同的双方当事人直接进行接触、切磋，在互谅互让的基础上，以彼此都可接受的条件达成和解协调。

谈判是指发生争端的有关国家政府派出代表进行外交谈判，解决分歧和矛盾。

1.4.4.2　调解

双方当事人在第三者的参与、主持下，由第三者进行斡旋和调停，协调当事人之间的意见，提出解决条件，以求达成解决争议的协议。调解争端的第三者不能对争议双方施加压力，调节协议完成取决于当事人的自愿。

调节有仲裁、司法诉讼外的调解，也有仲裁判决和司法判决前仲裁机关，法院的调解。

1.4.4.3　仲裁

仲裁也称“公断”，是双方当事人根据有关规定和双方协议，通过仲裁组织按照仲裁程序，对所发生的争议在事实撒谎能够作出判断，在权利义务上作出具有约束力的裁决。与调解不同，仲裁裁决的作出不以当事人的自愿为基础。

仲裁有专门的仲裁组织与仲裁程序。仲裁组织有两种形式：①“临时仲裁委员会”，由双方当事人根据仲裁协议，在一国法律规定或允许的范围内，各自选出仲裁委员会组成；②常设仲裁机构，是国际上专门从事仲裁业务的专业组织，它有自己的组织章程、仲裁程序、规划和仲裁人员，如国际商会仲裁院。

采用仲裁方式解决争端必须有双方当事人订立的书面协议，否则国际上各种仲裁组织不予受理。仲裁协议可以是：①合同中仲裁条款；②仲裁协议书；③往来函电或其他有关文件内所作的有关仲裁特别约定。

仲裁协议的基本内容为：①规定仲裁地点，一般有三种，一是在原告国，二是被告国，三是双方同意的第三国；②规定仲裁机构；③规定仲裁事项；④规定仲裁的效力，指仲裁是否是终局的，对双方当事人的约束力，能否向法院起诉要求变更裁决等。

1.4.4.4 司法诉讼

在双方争端中任何一方当事人都有权管辖权的法院起诉。如属民事经济纠纷可向东道国法院起诉；如国家间的经济争议引起国家之间的权利义务关系时，可向国际法院起诉。法院判决具有法律约束和强制性，无任何商量的余地。通过司法程序解决争端，所需费用较多，时间较长，又不利于保守商业秘密，很少被采用。

国际经济协调作为一种经济现象，是伴随世界经济国际化而日益受到重视并发展的。在国际工程承包中双方发生争执时，大多数情况下都能可通过友好协调、协商的方法解决，只有各执己见、无法达成妥协时，才会提交仲裁或诉讼法律。仲裁是国际上广泛使用的协调方式，与诉讼相比，具有许多优点，仲裁费用一般较低，处理问题比较及时，双方当事人在指定仲裁机构，选择仲裁程序、规则和指定仲裁员方面有较大的选择自由，而且仲裁一般是不公开进行的，有利于保守商业机密。因此，当双方通过友好协商或调节仍不能解决分歧时候，一般都宁愿提交仲裁解决，而不愿提起司法诉讼。

1.4.5 国际工程承包的基本程序、合同和营业注册

1.4.5.1 国际工程承包的基本程序

国际工程承包是通过国际公开或选择性的招标投标实现的，其程序和主要内容经过长期实践已逐渐规范化。按照国际惯例其程序可分为：招标、投标、开标、评标、判标、签订承包合同，组织工程实施，验收付款，与国内工程招标投标程序基本相同。

1. 招标

招标的主要程序是：发出招标通告或邀请，审查投标者资格，发售投标文件，领勘施工现场。

（1）招标方式。按照是否向社会招标可分为公开招标和邀请招标。公开招标是通过新闻媒介刊登招标启事公开进行的，是国际工程承包的常用方式。邀请招标则由招标人有选择地邀请有信誉、有实力的承包商进行投标。对军事、保密、高科技等特殊工程，业主常常直接委托其最信任的承包商直接报价，协商议标承包。

（2）制定招标文件。由发包单位（业主或招标委员会）把拟建工程的情况、与工程有关的经济技术条件写成书面材料，供承包商了解工程情况和条件，决定是否投标。

国际公开招标的招标文件的组成部分的格式都已规范化，一般由投标人须知、投标书、合同条件、图纸、技术规范或标准、工程量表等组成。其中投标人须知是投标指南，生命投标书应提交各种文件、份数、如何填写装封；关于投标保函、投标书的修改、更正或撤回；现场的考察与检查、投标开标日期、报价以何种货币计价、工程费用以何种货币支付、投标书的接受和拒绝等的规定。招标书主要内容包括：业主、工程项目名称、中标人承包工程范围说明、预定工期、购买招标文件的时间地点和价格、截标时间、开标时间地点、投标保证金金额项目资金来源等。合同条件包括：具体规定承包人、业主和业主工程师的责任和权利；发生分歧时经三方认证的合同条款。

（3）通过资格预审。业主对申请参与投标的承包商进行资格审查，审查通过的承包商才有投标权。预审的主要内容包括；承包商所属国籍、公司章程和简介、资本、拥有的施工设备、公司的信誉、经历、近5年来的经营和承包类似工程的情况以及主要管理人员和工程技术人员的职务、资历等，承包商在申请资格预审要提供有关资料。

2. 投标

承包商通过预审获得投标资格后，即可在规定时间购置标书和有关资料，进行投标准备工作。主要包括：进行业主资信、市场、施工现场调查，办理投标保函，制订施工规划、计算与确定标价、编制标书，按照招标文件的要求填写装封好标书，在规定时间内将标书送到指定地点。

3. 开标、评标、判标

开标分公开和秘密开标。公开开标是按标书规定的时间、地点，由招标机构当众开启全部标书，公布各投标人的报价，所有投标者均可参加；秘密开标是不当众开各投标人的报价。开启后即转入幕后评标，由招标人组织评标小组进行，对所有投标书逐一进行评审比较，选出符合招标要求条件和价格的最理想的承包公司，确定中标人。确定中标人后，招标人即向中标人发出书面通知，同时通知未中标的投标人。承包公司中标后，按国际惯例立即向业主履约保证金，并与业主谈判，签订合同。

4. 签订承包合同

承包合同的订立过程可分为"要约"和"承诺"两个阶段，"要约"是招标人以缔结工程承包合同为目的，通过标书明确提出合同的主要条款，向对方表达意愿，以便对方考虑是否接受要约，承包工程中的中标即是要约，业主为要约人，投标是受要约人。"承诺"是承包公司按要约人规定的方式，通过投标对象要约的内容表示同意的行为。因此，合同的主要条款在承包公司投标时就已作出承诺，发出中标通知，业主和中标的承包公司，要进一步谈判，把双方达成的协议具体化或作出某些删改和增补，最后签订承包合同。

5. 组织工程施工

承包合同签订后，承包公司应立即进行施工准备，在监理工程师下达开工命令后，及时开工。双方严格遵守合同各项条款的要求和规定，认真履行各自的义务。

6. 验收、付款

工程完工后办理验收手续，验收合格，建立工程师发给承包人竣工证书，工程交付业主使用。但承包人履行合同义务并未结束，在合同规定的维修保证期内，尚负担有工程维修责任，在维修保证期满后，进行最终验收，验收合格，承包人获得最终验收证书，承包任务即告完成。

按国际惯例，在签订承包合同后，按合同规定期限，业主应付给承包公司一部分预付工程款，以便承包公司订购材料进行开工准备工作，开工后按合同规定根据工程进度每月结算工程款，在付款中按一定比例扣还工程预付款，并留一定比例保留金，作为保修期内工程维修费用。工程竣工后业主要求将承包人提交的履约保证金或保函退还承包人，最终验收后，在规定期限内向承包人付清包括保留金在内的全部应付款。

1.4.5.2 国际工程承包合同

国际工程承包合同是国际经济关系发展的产物，是超越一国领域的经济合同，属于一国领域的经济合同，属于涉外经济合同类型。

合同是一种法律行为，缔约双方当事人依照国家的法律订立合同，合同一经签订就在当事人之间产生合同规定的权利义务关系，受到国家法律制约，合同的订立必须合法，违反法律的合同是无效合同；同时合同的执行者不能违反法律，否则当事人要承担法律责任。

1. 国际工程承包合同的作用

国际工程承包是通过经济合同来实现，对承包商和业主来说，双方所有的联系和权利义务都离不开合同内容，都要受合同内容的制约。具体地讲，合同在国际工程承包中的作用表现为：

(1) 合同是双方行为的准则。合同的订立双方是双方的法律行为，双方都要受法律的约束，其一切和工作都是以合同为依据的，双方都必须按合同的规定办事。

(2) 合同双方都受合同制约。合同的订立是双方的权利和义务，是一种法律关系，受到有关缔约方国家法律（或国际惯例）的制约、保护和监督，双方都必须履行合同。

(3) 违背合同要受到惩罚。合同一经签订，任何一方都无权擅自变更、维修，任何一方不履行或不完全合同规定履行合同，都要受到惩罚，承担由此而造成的损失。

(4) 合同是解决双方争议的依据。双方在执行合同过程中发生争议、纠纷，不论双方自行协商解决，或第三方调解，都要以合同所规定的条款内容为依据。

(5) 合同决定承包工程的成败。承包商的一切活动，都是以合同的内容为依据的，合同的签订与履约状态，对工程的成败起着关键性作用。合同条款是否合理，能否保护承包商的合法权益，承包条件是否苛刻，直接关系承包合同的实施。

2. 合同的签证或公证

有的国家规定工程承包合同签订要经过有关管理部门进行行政监督予以鉴证，或经司法部门进行法律监督予以公证，然后合同才具有法律效力。合同是否要签证或公证，各个国家的要求不同，要根据所在国的规定办理，这是一项十分重要的工作。合同经过签证或公证才具有双方必须执行合同的法律保证，一旦出现单方面撕毁合同或未履行合同规定的情况，才有条件提出上诉，迫使对方赔偿损失或执行合同。

3. 合同条款

国际工程承包合同虽然多种多样，但各类合同有其共同的通用条款，即常用条款，一般可分为基本条款、主要条款、保证条款、法律条款和其他条款5类。基本条款包括合同文件、合同语言、通知条款、保密条款等内容；主要条款包括工作范围、价格、支付条件、工期、劳务、施工机械和材料等内容；保证条款包括保险、保函、误期罚款等内容；法律条款包括使用法律、税捐、不可抗力、合同生效、终止合同、仲裁等内容；其他条款包括场地勘察、临时工程、指定分包人、转包和分包、工程量计量方法、现场秩序、工程师及其代表人如现场等内容。其中主要条款和保证条款所含的内容是合同的实质性内容部分，合同条款之间错综复杂的关系主要集中在这两部分内容。

国际工程承包合同的主要条款经过长期的实践、推敲，日益严谨标准，已国际化、标准化。国际通过的建筑工程合同范本主要有：海牙国际咨询工程师联合会与欧洲国际建筑与公共土木工程联合会共同拟定的《土木建筑工程（国际）合同条件》（简称FIDIC合同），得到美国总承包协会、美洲国家工业建筑联合协会、等赞同，适合于世界各地；英国土木工程师协会编写、经土木工程师学会批准的《海外工程合同条件（土木建筑）》，一般适用于英联邦和采用英国法律制度的国家及中东地区国家；美国建筑师协会编写的《施工合同基本条款》。以上合同范本有的如《土木建筑工程（国际）合同条件》以为世界各国较广泛采用；有的如《海外工程合同条件（土木建筑）》则在部分国家和地区较多采用；有的国家在国际通用范本的基础上，结合本国情况进行修改后，作为自己的标准条件。合同条件通常分为一般条件和特殊条件两部分，一般条件适用于一般工程承包合同的基本条款，可直接套用；特殊条件是针对具体工程的不同需要额条款，需经过合同谈判，双方结合工程要求和承诺专门拟定。

1.4.5.3 国际工程承包的营业注册

承包商进入招标工程所在国开展业务，必须按该国的规定，提供公司章程、经过公证的营业证书、公司在世界各地的分支机构、董事会成员名单、申请注册公司的名称和地址、公司董事会颁发的申请、公司经理委任书等文件，申请办理注册手续，领取营业执照，取得合法地位。

有的国家，如海湾国家规定需先行注册才能展开业务；有的如叙利亚、伊拉克，则规定可先投标，待中标有了经营业务后，在一定期限内办理营业注册手续。有的国家将申请注册公司的经营范围分为公共工程和私人工程，公共工程只限承揽政府工程项目，私人工程则只限承揽私人工程项目。有的按工程性质、专业分类，每类又分为若干等级，视申请注册公司的专长和能力发给营业执照、限定承揽工程的范围。如香港地区工程分为楼宇建筑、海港工程、道路及渠道地盘开拓和水务工程 5 类，每类分 A、B、C 3 类，分别规定各级承揽单项工程的限额；印度尼西亚对承包公司分 A、B、C 3 类，各类又分为 2～3 个等级。分别规定各级承揽项目的地区和范围。也有的国家为了保护本国利益，对外国承包商有诸多限制，如科威特按当地法律规定，外国承包商只允许分包工程或提供劳务，不允许总包工程；泰国、阿联酋规定外国承包商必须于当地公司或合伙人组成合营公司才能承包工程，并明确规定当地公司或合伙人至少要拥有不少于 51%的股份；约旦法律规定，所有在约旦经营的承包商须加入约旦承包商协会，并规定必须雇用当地劳动力，外国承包商须向阿曼工业贸易部注册，凡参加承包非约旦资金资助的发展项目，必须同当地承包商组成合营企业才准许投标；印度尼西亚规定政府资助的发展项目不允许外国承包商承包，在当地注册后，方可参加投标和承包工程。因此，营业注册时要了解清楚各国的有关法律规定。

1.4.5.4 国际工程承包的代理制度

有的国家（如阿联酋、科威特、沙特阿拉伯等国家）规定，外国承包公司必须雇用代理人才能开展业务。代理人必须是具有所在国国籍的人，外国公司只有通过代理人才能在当地从事承包经营活动，代理人受外国承包商委托，帮助承包人开展经营活动。代理人可以是自然人，可也可以是一个公司或集团。代理人向委托人提供的服务主要有：

（1）协助委托人参加资格预审和获得招标文件。

（2）协助委托人办理出入签证、劳动证、居留证、驾驶执照和办理物资进出口许可和海关手续。

（3）在当地法律和规章制度方面提供咨询服务。

（4）提供当地市场行情、招标信息，帮助委托人与当地主管部门及商界建立友好关系。外国承包商雇佣代理人要签订代理合同，规定双方的权利和义务，向代理人支付代理费，一般为合同价的 1%～5%。

1.4.5.5 中国国际承包事业的发展

中国国际承包公司于1979年进入国际承包市场开拓业务，首先进入的是当时国际承包市场最活跃的中东市场和港澳地区，并利用经援的有利基础扩展到非洲许多国家；进入20世纪80年代，亚太地区政局稳定，外贸景气，国际直接投资不断增长，经济稳定增长，国际承包市场日益兴盛，中国国际承包公司逐步把经营重点转向了亚洲，积极开拓周边国家国际承包市场。在国家的大力扶持下，经过20多年的努力，中国的国际承包事业取得了长足的进步和显著的成绩。

在发展对外经营中，中国公司采取承包工程与房地产开发相结合，建安工程与成套设备输出相结合，建筑施工与勘察设计相结合，已能对外提供咨询、勘察、设计、施工、安装、维修、培训、管理等一系列服务，经营领域已扩大到建筑园林、冶金、港口、公路、电力、通信、机械、石油、化工、水利、煤炭、林业、农田、纺织、轻工、建材乃至核电站等行业的工程承包和劳务合作。对外承包公司从初期的提供劳务、分包工程，发展到总包和“交钥匙”一揽子总包等技术性较强的成套项目、大型项目，组织多家外国分公司在同一项目中合作，对项目的设计、施工、设备选购直至试生产全面负责，逐渐向高层次、高技术的大型项目发展。中国国际承包事业的发展，不仅为国家和企业增加了外汇收入，同时带动民航、外贸、海运、保险和银行等相关行业业务的发展。

国际承包事业的发展，必然受到市场发展变化的限制，必须掌握和分析市场变化，扬长避短，提高应变能力，及时调整经营战略。针对当前国际承包市场的发展趋势，从中国实际情况出发，应以市场为导向，采取“各级开拓，稳步发展”的方针。在经营布局上以亚洲为重点、积极拓展港澳和东亚地区市场；发展非洲，稳步开拓独联体、东欧各国市场；伺机重振中东市场，审慎探索北美市场，有选择地渗透欧洲市场。在提高竞争实力上，加强对外公司的人才开发和业务建设，加快由“窗口型”向窗口型与经营管理型相结合的经济实体发展，加强对外的联合，组建企业集团，集中管理、技术、资金、人才的整体优势，适应对外经营多层次、多样化和技术密集型、资本密集型的大型项目日益增多的趋势，增强在国际市场上的竞争能力。在经营结构上坚持一业为主、多种经营的战略，加快向实业化、集团化和国际化目标发展，走工、贸、技结合，对外承包与兴办实业结合，对外承包与海外投资相结合的道路，大力开拓咨询设计业务，扩大劳务输出，积极慎重地发展房地产开发，以工程承包为龙头，带动物资和技术出口，进一步增强创汇能力，提高国际承包事业的综合效益。

复习指导☞

> 通过本章教学，使学生明确建筑市场的概念、管理体制及其发展历史，掌握建设工程交易中心的性质与作用、基本功能、运行原则及一般程序；了解国际建筑市场的形成与特点，熟悉国家建筑市场工程承包的程序。

1.5 习　题

1. 什么是建筑市场？建筑市场具有哪些特征？

2. 建筑市场的主体、客体含义是什么？并举例说明。
3. 如何进行建筑市场的管理？有何措施？
4. 什么是建设工程交易中心？有何功能？
5. 国际建筑市场有哪些特点？
6. 简述国际建筑市场工程承包的基本程序。

第2章 建设工程招标

本章要点

1. 建设工程招标的含义、分类
2. 建设工程招标的方式
3. 建设工程招标的程序
4. 建设工程招标文件的内容与编制

2.1 建设工程招标概述

2.1.1 建设工程招标的含义

建设工程招标是指招标人在采购货物、发包建设工程项目或购买服务之前，以公告或邀请书的方式提出招标的项目、价格和要求，由投标人根据招标人的意图和要求提出报价，择日当场开标，以便从中择优选定中标人的一种经济活动。从法律意义上讲，建设工程招标一般是建设单位（或业主）就拟建的工程发布通告，用法定方式吸引建设项目的承包单位参加竞争，进而通过法定程序从中选择条件优越者来完成工程建设任务的法律行为。

招标人通过招标的手段，利用投标人之间的竞争，达到货比三家，优中选优的目的。

2.1.2 建设工程招标分类

建设工程项目招标按其建设程序、承包范围的不同进行分类。

1. 按建设工程项目建设程序分类

(1) 建设项目前期咨询招标。

(2) 建设工程勘察设计招标。

(3) 建设工程监理招标。

(4) 建设工程物资采购招标。

(5) 建设工程施工招标。

2. 按工程承包范围分类

(1) 建设工程项目总承包招标。

(2) 项目阶段性招标。

(3) 设计施工招标。

(4) 工程分承包招标。

（5）专项工程承包招标。

2.1.3 建设工程项目招标方式

1. 公开招标

公开招标又称为无限竞争招标，是由招标单位通过报刊、广播、电视等方式发布招标广告，有投标意向的承包商均可参加投标资格审查，审查合格的承包商可购买或领取招标文件，参加投标的招标方式。

公开招标方式的优点是：投标的承包商多、竞争范围大，业主有较大的选择余地，有利于降低工程造价，提高工程质量和缩短工期。其缺点是：由于投标的承包商多，招标工作最大，组织工作复杂，需投入较多的人力、物力，招标过程所需时间较长，因而此类招标方式主要适用于投资额度大、工艺、结构复杂的较大型工程建设项目。

2. 邀请招标

邀请招标又称为有限竞争性招标。这种方式不发布广告，业主根据自己的经验和所掌握的各种信息资料，向有承担该项工程施工能力的3个以上（含3个）承包商发出投标邀请书，收到邀请书的单位有权利选择是否参加投标。邀请招标与公开招标一样都必须按规定的招标程序进行，要制订统一的招标文件，投标人都必须按招标文件的规定进行投标。

邀请招标方式的优点是：参加竞争的投标商数目可由招标单位控制，目标集中，招标的组织工作较容易，工作量比较小。其缺点是：由于参加的投标单位相对较少，竞争性范围较小，使招标单位对投标单位的选择余地较少，如果招标单位在选择被邀请的承包商前所掌握信息资料不足，则会失去发现最适合承担该项目的承包商的机会。

2.2 建设工程招标程序

建设工程招标的一般程序见图2-1。

2.2.1 招标准备阶段

招标前，招标人应完成以下准备工作。

（1）确定招标范围。可以选择工程建设总承包招标、设计招标、监理招标、施工招标、物资采购招标等。

（2）工程报建。建设工程项目报建内容主要包括：工程名称、建设地点、投资规模、资金来源、工程规模、发包方式、竣工日期、工程筹建情况等。

（3）招标备案。招标人在发布招标公告或投标邀请书之前，应该向建设行政主管部门提交备案资料。

（4）选择招标方式。

（5）编制资格预审文件，主要包括：资格预审申请人须知、资格预审申请书格式、资格预审评审标准或方法等。

（6）设立招标组织或者委托招标代理人。

（7）提出招标申请。

（8）编制招标文件和标底。招标文件应该包括的主要内容有：投标人须知；招标项目

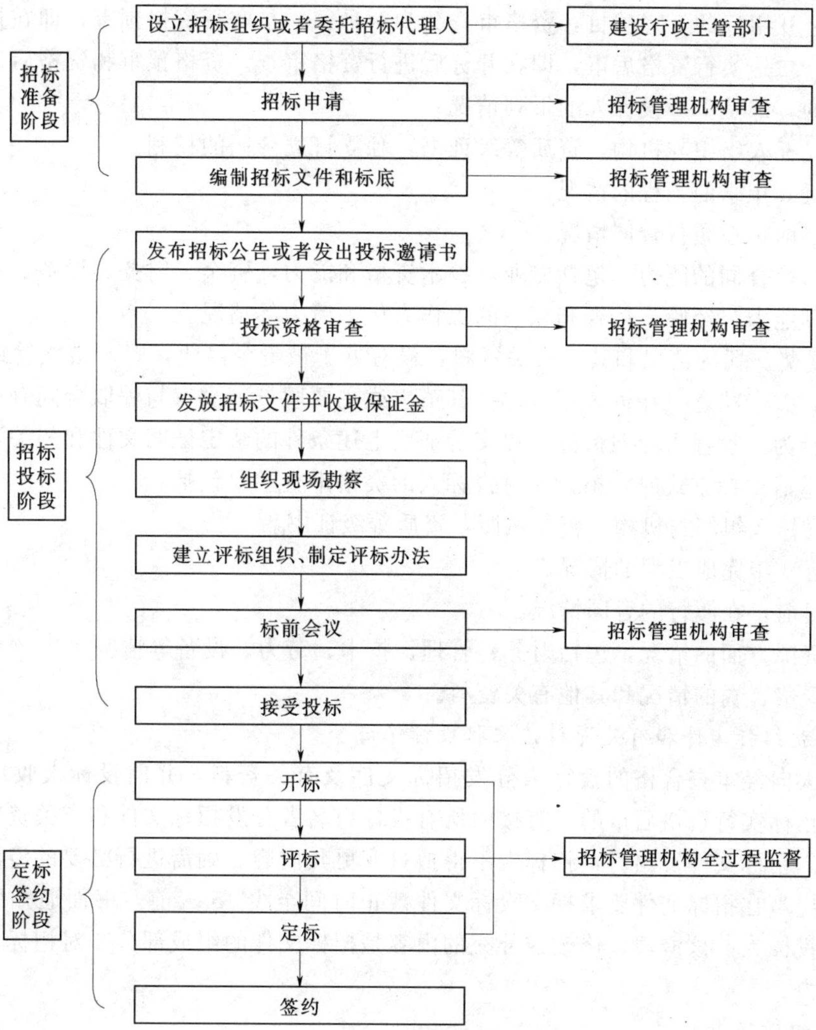

图 2-1　建设工程招标的一般程序

的性质、数量；技术规格；投标报价的要求；评标标准和方法；竣工日期；投标人应提供的资格文件；投标保证金；投标文件的编制要求；提交投标文件的方式、地点和截止日期；开标、评标、定标的日程安排；合同格式及主要条款；其他事项。

2.2.2　招标投标阶段

在招标投标阶段，主要包括的内容如下。

1. 发布招标公告或者发出投标邀请书

实行公开招标的工程项目，招标人要在报刊、杂志、广播、电视等大众传媒或工程交易中心公告栏上发布招标公告，招请一切愿意参加工程投标的不特定的承包商申请投标资格审查或申请投标。采用邀请招标方式的，招标人要向 3 个以上符合资质条件的、资信良好的承包商发出投标邀请书，邀请他们参加投标。

2. 投标资格审查

实行公开招标的工程项目，资格审查分为两种：一是实行资格预审，即在投标前进行资格审查；二是实行资格后审，即在开标后进行资格审查。资格预审和资格后审的主要内容是一样的，都是审查投标人的下列情况：

(1) 投标人组织与机构，资质等级证书，独立订立合同的权利。

(2) 近3年来的工程的情况。

(3) 目前正在履行合同情况。

(4) 履行合同的能力，包括专业，技术资格和能力，资金、财务、设备、和其他物质状况，管理能力，经验、信誉和相应的工作人员、劳力等情况。

(5) 受奖、罚的情况和其他有关资料，没有处于被责令停业，财产被接管或查封、扣押、冻结，破产状态，在近3年（包括其董事或主要职员）没有与骗取合同有关的犯罪或严重违法行为。投标人应向招标人提交能证明上述条件的法定证明文件和相关资料。

采用邀请招标方式时，招标人对投标人的资格审查主要包括：

(1) 投标人组织与机构，营业执照，资质等级证书。

(2) 近3年完成工程的情况。

(3) 目前正在履行的合同情况。

(4) 资源方面的情况，包括财务、管理、技术、劳力、设备等情况。

(5) 受奖、罚的情况和其他有关资料。

3. 发放招标文件和有关资料，收取投标保证金

招标人向经审查合格的投标人分发招标文件及有关资料，并向投标人收取投标保证金。公开招标实行资格后审的，直接向所有投标报名者分发招标文件和有关资料，收取投标保证金。招标文件发出后，招标人不得擅自变更其内容。确需进行必要的澄清、修改或补充的，应当在招标文件要求提交投标文件截止时间至少15天前，书面通知所有获得招标文件的投标人。该澄清、修改或补充的内容是招标文件的组成部分，对招标人和投标人都有约束力。

4. 组织现场勘察

招标文件分发后，招标人要在招标文件规定的时间内，组织投标人踏勘现场，以便让投标人了解工程现场和周围环境情况，获取必要的信息。现场勘察的主要内容包括：

(1) 现场是否达到招标文件规定的条件。

(2) 现场的地理位置和地形、地貌。

(3) 现场的地质、土质、地下水位、水文等情况。

(4) 现场气温、湿度、风力、年雨雪量等气候条件。

(5) 现场交通、饮水、污水排放、生活用电、通信等环境情况。

(6) 工程在现场中的位置与布置。

(7) 临时用地、临时设施搭建等。

5. 标前会议

标前会议又称招标预备会、答疑会，是指招标人为澄清或解答招标文件或现场踏勘中的问题，以便投标人更好地编制投标文件而组织召开的会议。标前会议一般安排在招标文

件发出后的7～28天内举行。参加会议的人员包括招标人、投标人、代理人、招标文件编制单位的人员、招标投标管理机构的人员等。会议由招标人主持。主要内容包括：

（1）招标人介绍招标文件和现场情况，对招标文件进行交底和解释。

（2）招标人解答投标人以书面或口头形式对招标文件和在现场踏勘中所提出的各种问题或疑问。

2.2.3 定标签约阶段

这个阶段的主要工作包括开标、评标、定标、签约等。详见本书第4章。

2.3 建设工程招标文件的编制

建设工程招标文件，是建设工程招标人单方面阐述自己的招标条件和具体要求的意思表示，是招标人确定、修改和解释有关招标事项的各种书面表达形式的统称。

建设工程招标文件是由一系列有关招标方面的说明性文件资料组成的，包括各种旨在阐释招标人意志的书面文字、图表、电报、传真、电传等材料。一般来说，招标文件在形式上的构成，主要包括正式文本、对正式文本的解释和对正式文本的修改3个部分。

2.3.1 招标文件正式文本

其形式结构通常分卷、章、条目，格式如表2-1所示。

表2-1　招标文件正式文本格式

卷	章	条　目	卷	章	条　目
第一卷		投标须知、合同条件和合同格式	第三卷		投标文件
	第一章	投标须知		第六章	投标书和投标书附录
	第二章	合同条件		第七章	工程量清单与报价表
	第三章	合同协议条款		第八章	辅助资料表
	第四章	合同格式	第四卷		图纸
第二卷		技术规范		第九章	图纸
	第五章	技术规范			

2.3.1.1 投标邀请书

投标邀请书应当载明以下内容：

（1）招标人名称、地址。

（2）招标项目的内容、规模和资金来源。

（3）招标项目的工期和地点。

（4）获取招标文件的时间、地点。

（5）对招标文件收取的费用。

（6）对投标人的资质等级要求。

2.3.1.2 投标须知

投标须知包括两部分：第一部分是投标须知前附表（见表2-2）；第二部分为投标须

知正文。投标须知前附表是投标须知正文部分的概括和提示。投标须知正文主要包括对总则、招标文件、投标文件、开标、评标、授予合同等诸方面的说明和要求。

表 2-2　　投标须知前附表格式

项　号	条款号	内　　容
1		工程综合说明 工程名称： 建设地点： 结构类型及层数： 建筑面积： 承包方式： 要求质量标准： 要求工期：　　年　　月　　日开工 　　年　　月　　日竣工 　　工期　　天（日历天） 招标范围：
2		合同名称：
3		资金来源：
4		投标单位资质等级：
5		投标有效期为　　天（日历天）
6		投标保证金数额为：　　%或　　元
7		标前会议 时间：　地点：
8		投标文件副本分数为：　　份
9		投标文件递交至 单位：　　地点：
10		投标截止日期：
11		开标 时间：　　地点：
12		评标办法

1. 总则

投标须知的总则通常包括以下内容：

（1）工程说明。主要说明工程的名称、位置、合同名称等情况。

（2）资金来源。主要说明招标项目的资金来源和支付使用的限制条件。

（3）资质要求与合格条件。这是指对投标人参加投标进而中标的资格要求，主要说明为签订和履行合同的目的，投标人单独或联合投标时至少必须满足的资质条件。

（4）投标费用。投标人应承担其编制、递交投标文件所涉及的一切费用。无论投标结果如何，招标人对投标人在投标过程中发生的一切费用不负任何责任。

2. 招标文件

招标文件是投标须知中对招标文件本身的组成、格式、解释、修改等问题所作的说明。在这一部分，要特别提醒投标人仔细阅读、正确理解招标文件。投标人对招标文件所作的任何推论、解释和结论，招标人概不负责。投标人因对招标文件的任何推论、误解以及招标人对有关问题的口头解释所造成的后果，均由投标人自负。如果投标人的投标文件不能符合招标文件的要求，责任由投标人承担。

3. 投标文件

投标文件是投标须知中对投标文件各项要求的阐述。主要包括以下几个方面：

(1) 投标文件的语言。

(2) 投标文件的组成。主要包括：投标书；投标书附录；投标保证金；法定代表人资格证明书；授权委托书；具有标价的工程量清单与报价表；辅助资料表；资格审查表（资格预审的不采用）；按本须知规定提交的其他资料。

(3) 投标报价。

(4) 投标有效期。

(5) 投标保证金。

(6) 投标预备会。

(7) 投标文件的份数和签署。

(8) 投标文件的密封与标志。

(9) 投标截止期。

(10) 投标文件的修改与撤回。

4. 开标

开标是投标须知中对开标的说明。主要包括开标的时间、地点，开标的程序及有关规定。

5. 评标

评语是投标须知中对评标的阐释。主要内容包括评标内容的保密、投标文件的澄清、投标文件的符合性鉴定、错误的修正、投标文件的评价与比较等。

6. 授予合同

授予合同是投标须知中对授予合同问题的阐释。主要内容包括合同授予标准、中标通知书、合同的签署、履约担保等。

2.3.1.3 合同条件和合同协议条款

招标文件中的合同条件和合同协议条款，是招标人单方面提出的关于招标人、投标人、监理工程师等各方权利义务关系的设想和意愿，是对合同签订、履行过程中遇到的工程进度、质量、检验、支付、索赔、争议、仲裁等问题的示范性、定式性阐释。

1. 通用合同条款

通用合同条款是运用于各类建设工程项目的具有普遍适应性的标准化的条件，其中凡双方未明确提出或者声明修改、补充或取消的条款，就是双方都要遵行的。

2. 专用合同条款

专用合同条款是针对某一特定工程项目对通用条件的修改、补充或取消。

通用合同条款和专用合同条款是招标文件的重要组成部分。招标人在招标文件中应说明本招标工程采用的合同条件和对合同条件的修改、补充或不予采用的意见。投标人对招标文件中的说明是否同意，对合同条件的修改、补充或不予采用的意见，也要在投标文件中一一列明。中标后，双方同意的合同条件和协商一致的合同条款，是双方统一意愿的体现，成为合同文件的组成部分。

2.3.1.4 合同格式

合同格式是招标人在招标文件中拟定好的具体格式，在定标后由招标人与中标人达成一致协议后签署。投标人投标时不填写。

2.3.1.5 技术规范

招标文件中的技术规范，反映招标人对工程项目的技术要求。通常分为工程现场条件和本工程采用的技术规范两大部分。

1. 工程现场条件

主要包括现场环境、地形、地貌、地质、水文、地震烈度、气温、雨雪量、风向、风力等自然条件和工程范围、建设用地面积、建筑物占地面积、场地拆迁及平整情况、施工用水、用电、工地内外交通、环保、安全防护设施及有关勘探资料等施工条件。

2. 本工程采用的技术规范

对工程的技术规范，国家有关部门有一系列规定。招标文件要结合工程的具体环境和要求，写明已选定的适用于本工程的技术规范，列出编制规范的部门和名称。技术规范体现了设计要求，应注意对工程每一部位的材料和工艺提出明确要求，对计量要求作出明确规定。

2.3.1.6 投标文件

招标人在招标文件中，要对投标文件提出明确的要求，并拟定一套投标文件的参考格式，供投标人投标时填写。投标文件的参考格式，主要有投标书及投标书附录、工程量清单与报价表、辅助资料表等。其中，工程量清单与报价表格式，在采用综合单价和工料单价时有所不同，并同时要注意对综合单价投标报价或工料单价投标报价进行说明。

2.3.1.7 工程量清单与报价表

工程量清单主要包括：工程量清单封面；填表须知；总说明；分部分项工程量清单；措施项目清单；其他项目清单；零星工作项目表等。

2.3.1.8 辅助资料表

辅助资料是要求投标人提交的其他材料。例如，分包商的资格、进口的施工设备及材料、投标单位财务状况、未拖欠民工工资证明等。

2.3.2 对招标文件正式文本的解释与澄清

对招标文件正式文本的解释与澄清，其主要形式是书面答复、投标预备会记录等。投标人如果认为招标文件有问题需要澄清，应在收到招标文件后以文字、电传、传真或电报等书面形式向招标人提出，招标人将以文字、电传、传真或电报等书面形式或以投标预备会的方式给予解答。解答包括对询问的解释，但不说明询问的来源。解答意见经招标投标管理机构核准，由招标人送给所有获得招标文件的投标人。

2.3.3 对招标文件正式文本的修改

对招标文件正式文本的修改，其主要形式是补充通知、修改书等。在投标截止到目前，招标人可以自己主动对招标文件进行修改，或为解答投标人要求澄清的问题而对招标文件进行修改。修改意见经招标投标管理机构核准，由招标人以文字、电传、传真或电报等书面形式发给所有获得招标文件的投标人。对招标文件的修改，也是招标文件的组成部分，对投标人起约束作用。投标人收到修改意见后应立即以书面形式（回执）通知招标人，确认已收到修改意见。为了给投标人合理的时间，使他们在编制投标文件时将修改意见考虑进去，招标人可以酌情延长递交投标文件的截止日期。

2.4 工程量清单的编制

2.4.1 工程量清单含义

工程量清单是指表示拟建工程的分部分项工程项目、措施项目、其他项目、零星工作项目的名称和相应数量的明细清单，由分部分项工程量清单、措施项目清单、其他项目清单、零星工作项目清单等内容组成。它是招标文件和工程合同的重要组成内容，也是编制招标工程标底价、投标报价、签订工程合同、调整工程量、支付工程进度款和办理竣工结算的依据。

2.4.2 工程量清单的主要内容

我国《建设工程工程量清单计价规范》（GB 50500—2003）把清单项目设置分为建筑工程、装饰装修工程、安装工程、市政工程、园林绿化工程 5 个专业。工程量清单的编制内容，包括封面、填表须知、总说明、分部分项工程量清单、措施项目清单、其他项目清单、零星工作项目表等。

1. 封面

封面包括工程名称、招标人（业主）、法定代表人、中介机构法定代表人、造价工程师及注册证号、编制时间等内容，并由招标人（业主）填写、盖章。其封面的格式详见表 2-3 所示。

表 2-3

______________工程

工程量清单

招标人：______________________（单位签字盖章）

法定代表人：____________________（签字盖章）

中介机构

法定代表人：____________________（签字盖章）

造价工程师

及注册证书号____________________（签字盖执业专用章）

编制时间：______________________

2. 填表须知

填表须知主要包括以下内容：

（1）工程量清单及其计价格式中所有要求签字、盖章的地方，必须由规定的单位和人员签字、盖章。

（2）工程量清单及其计价格式的任何内容不得随意删除或涂改。

（3）工程量清单计价格式中列明的所有需要填表的单价和合价，投标人均应填报；未填报的单价和合价，视为此项费用已包含在工程量清单的其他单价和合价中。

（4）金额（价格）均应以________币表示。

3. 总说明

总说明主要包括工程概况、工程招标和分包范围、工程量清单编制依据、对工程的特殊要求等内容。

4. 分部分项工程量清单

分部分项工程量清单的编制内容主要包括：工程名称、项目编码、项目名称、计量单位和工程数量等。其他项目清单如表2-4所示。

表2-4　　　　分部分项工程量清单

工程名称：　　　　　　　　　　　　　　　　　　　　第　页　共　页

序号	项目编码	项目名称	计量单位	工程数量

5. 措施项目清单

措施项目清单的内容主要包括：工程名称、序号、项目名称等。措施项目清单的格式详见表2-5所示。

表2-5　　　　措施项目一览表

序　号	项　目　名　称
1　通用项目	
1.1	环境保护
1.2	文明施工
1.3	安全施工
1.4	临时设施
1.5	夜间施工
1.6	二次搬运
1.7	大型机械设备进出场及安拆
1.8	混凝土、钢筋混凝土模板及支架
1.9	脚手架
1.10	已完工程及设备保护
1.11	施工排水、降水
2　建筑工程	
2.1	垂直运输机械
3　装饰装修工程	
3.1	垂直运输机械
3.2	室内空气污染测试
4　安装工程	
……	……
5　市政工程	
……	……

6. 其他项目清单

其他项目清单的内容主要包括：工程名称、序号、项目名称等。其他项目清单的格式详见表2-6所示。

表2-6　　其他项目清单

工程名称：　　第　页　共　页

序号	项目名称	序号	项目名称
1	招标人部分	2	投标人部分
1.1	预留金	2.1	总承包服务费
1.2	材料购置费	2.2	零星工作项目费
1.3	其他	2.3	其他

7. 零星工作项目表

零星工作项目表的内容主要包括工程名称、序号、项目、计量单位、数量等。零星工作项目表的格式详见表2-7所示。

表2-7　　零星工作项目表

工程名称：　　第　页　共　页

序号	名　称	计量单位	数　量
1	人工	工日	
2	材料		
3	机械	台班	
	合　计		

2.4.3 工程量清单的编制

2.4.3.1 分部分项工程量清单的编制

分部分项工程量清单根据《建设工程工程量清单计价规范》（GB 50500—2003）中的附录A、附录B、附录C、附录D、附录E统一规定的项目编码、项目名称、计量单位和工程量计算规则进行编制。

1. 项目编码的设置

项目编码是以五级编码进行设置，用12位阿拉伯数字表示。

各级编码的具体含义如下：

（1）第一级编码为分类码，设置2位数，如建筑工程为01、装饰装修工程为02、安装工程为03、市政工程为04、园林绿化工程为05。

（2）第二级编码为各章顺序码，设置2位数。

（3）第三级编码为各节顺序码，设置2位数。

（4）第四级编码为清单项目名称码，设置3位数。

（5）第五级编码为具体各分项工程清单项目码。

【例】 试列出实心砖墙砌筑工程的项目编码。

解 砌筑实心砖墙的项目编码结构如图 2-2 所示。

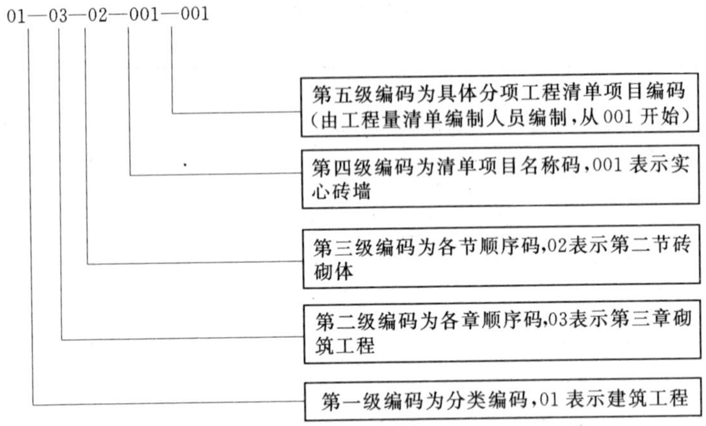

图 2-2 工程量清单项目编码结构图

2. 项目名称

项目名称应根据工程量清单项目设置和工程量计算规则的项目名称，结合项目特征中的描述，再按照不同的项目特征组合确定该具体分项工程项目名称。项目名称应表述详细、准确。计算规则中的项目名称如有缺陷，招标人（业主）可做补充，并报当地工程造价管理机构（省级部门）备案。

3. 计量单位

计量单位应按照《建设工程工程量清单计价规范》（GB 50500—2003）计算规则中的相应计量单位确定。

4. 工程数量

工程数量应按照《建设工程工程量清单计价规范》（GB 50500—2003）中规定的工程量计算规则进行计算。工程量清单项目中的工程量应以实体工程量为准，并以完成后的净值计算（另有说明的除外）。工程量的有效位数遵守以下规定：

（1）以“吨”为单位，保留小数点后 3 位数，第 4 位应四舍五入。

（2）以“立方米”、“平方米”、“米”为单位，保留小数点后 2 位数，第 3 位四舍五入。

（3）以“个”、“项”为单位，应取整数。

2.4.3.2 措施项目清单的编制

措施项目清单包括拟建工程在施工期间需要发生的施工技术措施和施工组织措施等项目内容，由招标人（业主）根据拟建工程的具体情况，以及合理的施工组织和施工方案，并参照措施项目一览表的列项进行编制。

2.4.3.3 其他项目清单的编制

其他项目清单应根据拟建工程的具体情况，并参照以下内容列项编制：

（1）招标人部分，包括预留金、材料购置费等。

（2）投标人部分，包括总承包服务费、零星工作费等。

2.4.3.4 零星工作项目表的编制

零星工作项目表是由招标人（业主）根据拟建工程的具体情况列项进行编制，要求详细列出人工、材料、机械的名称、计量单位和相应数量。

2.5 建设工程招标标底的编制

2.5.1 建设工程招标标底概述

1. 招标标底的含义

建设工程招标标底是建筑安装工程造价的一种重要表现形式，它是由招标人（业主）或委托具有资格和能力的工程咨询机构根据设计图纸、定额、取费标准等资料编制，并按规定报经当地建设主管部门和建设银行审定的招标工程的预期价格。

招标工程的标底是审核建设工程投标报价的依据，是评标、定标的标准，要求在招标文件发出之前完成。标底的编制是一项十分严肃的工作，标底在开标前要严格保密，不许泄漏。

2. 招标标底的组成内容

招标标底的组成内容主要包括：

第一章　标底报审表

第二章　标底正文

第一节　总则

第二节　标底的要求及其编制说明

第三节　标底价格计算用表

第四节　施工方案及现场条件

3. 编制标底的主要程序

（1）确定标底的编制单位。

（2）提供以下资料，以便进行标底计算：建设工程施工图纸；施工现场的有关资料；施工方案或施工组织设计；定额及取费标准、价格调整文件等。

（3）参加交底会及现场勘察。

（4）编制标底。

2.5.2 标底的编制方法

标底的编制方法与一般的概算或预算编制方法较为相似，但标底的要求要比概算或预算的要求具体确切得多。在实践中，编制标底时，一般不考虑概算、预算中包括的其他费用和不可预见费用，但要根据工程具体情况考虑相应的包干系数及风险系数，必要的技术措施费，甲方提供的和暂估的但可按实调整的设备、材料数量和价格清单，以及钢筋定额用量的调整等因素，而这些因素在编制概算或预算时由于条件不够等原因，一般是不予考虑的。工程招标标底编制的方法多种多样，当前，我国建设工程施工招标标底主要采用工料单价法和综合单价法来编制。

1. 工料单价法

工料单价法是以分部分项工程量的直接工程费（人工费、材料费、机械费）与措施费汇总为直接费，直接费汇总后另加间接费、利润、税金生成建筑安装工程造价。

采用工料单价法编制标底的主要特点是，只考虑预算定额的工、料、机消耗标准及预算价格，并据此确定工程量清单的单价与合价。至于措施费、间接费、利润等有关文件规定的调价、材料差价、设备价、现场因素费用、施工技术措施费、赶工措施费以及采用固定价格的工程所测算的风险金、税金等的费用，则计入其他相应标底价格计算表中。根据工料单价法编制标底，一般步骤是：

（1）确定采用预算定额、地区材料预算单价、单位估价表和各项取费标准。

（2）根据预算定额的工程量计算规则和设计图纸计算设计图纸实物工程量。

（3）将工程量汇总后套预算定额单价。

（4）计算总价、各项取费，汇总得出总造价。

（5）计算单位每平方米造价（总造价÷建筑面积）。

（6）分析主要材料需用量。

2. 综合单价法

综合单价就是各分项工程的单价包括人工费、材料费、机械费、管理费、利润、风险。综合单价确定后，再与各分项工程量相乘，并计算有关文件规定的调价、利润、税金以及采用固定价格的风险金等全部费用，然后汇总得到标底。

按综合单价方法编制标底应具备一定的条件。从实践来看，主要有以下 3 点：①确定招标商务条款；②工程施工图纸、编制工程量清单的基础资料、编制标底所依据的施工方案、工程建设地点的现场地质、水文以及地上情况的有关资料；③编制标底价格前的施工图纸设计交底及施工方案交底。

按综合单价方法编制标底的一般步骤，主要如下。

（1）确定标底价格计价内容及计价方法；编制总说明、施工方案或施工组织设计；编制（或审查确定）工程量清单、临时设施布置及临时用地表、材料设备清单、“生项”补充定额单价、钢筋铁件调整、预算包干费、按工程类别的取费标准等。

编制标底价格所依据的施工方案或施工组织设计指的是：大型工程、高层建筑、高级装饰装修工程以及采用新技术、新工艺、新结构的工程；施工现场作业环境特殊的工程；招标工程给定工期比定额工期缩短 20%以上（含 20%）的工程；工程质量要求达到优良的工程。钢筋、铁件调整包括：全现浇框架、框剪结构；现浇混凝土框轻结构；钢筋混凝土排架结构；升板、滑模、内浇外砌、内浇外挂、大模大板工程。

（2）确定材料设备的市场价格。

（3）采用固定价格的工程在测算的施工周期内人工、材料、设备、机械台班价格波动的风险系数。

（4）确定施工方案或施工组织设计中的计费内容。

2.5.3 建设工程标底的审定

工程标底的审定原则和标底的编制原则是一致的，标底的编制原则也就是标底的审定原则。这里需要特别强调的是编审分离原则。实践中，编制标底和审定标底必须严格分开，不准以编代审、编审合一。工程标底的送审时间通常在投标文件递交截止日至开标之日，以避免标底在审查过程中泄露。

审定标底是政府主管部门一项重要的行政职能。招标投标管理机构审定标底时，主要审查以下内容：

1. 对标底一般内容的审定

(1) 工程范围是否符合招标文件规定的发包承包范围。

(2) 工程量计算是否符合计算规则，有无错算、漏算和重复计算。

(3) 使用定额、选用单价是否准确，有无错选、错算和换算的错误。

(4) 各项费用、费率使用及计算基础是否准确，有无使用错误，多算、漏算和计算错误。

(5) 标底总价计算程序是否准确，有无计算错误。

(6) 标底总价是否突破概算或批准的投资计划数。

(7) 主要设备、材料和特种材料数量是否准确，有无多算或少算。

2. 对采用工料单价的标底价格的审定

关于标底价格的审定，在采用不同的计价方法时，审定的内容也有所不同。对采用工料单价的标底价格的审定内容，主要包括：

(1) 标底价格计价内容。发包承包范围、招标文件规定的计价方法及招标文件的其他条款。

(2) 预算内容。工程量清单单价、“生项”补充定额单价、直接费、其他直接费、有关文件规定的调价、间接费、现场经费、预算包干费、取费标准、利润、设备费、税金，以及主要材料设备数量等。

(3) 预算外费用。材料、设备的市场供应价格、措施费（赶工措施费、施工技术措施费）、现场因素费用、不可预见费（特殊情况）、材料设备差价、对于采用固定价格的工程测算的在施工周期人工、材料、设备、机械台班价格波动风险系数等。

3. 对采用综合单价的标底价格的审定

对采用综合单价的标底价格的审定内容，主要包括：

(1) 标底价格计价内容。发包承包范围、招标文件规定的计价方法及招标文件的其他有关条款。

(2) 工程量清单单价组成分析。人工、材料、机械台班计取的价格、直接费、其他直接费、有关文件规定的调价、间接费、现场经费、预算包干费、取费标准、利润、税金、采用固定价格的工程测算的在施工周期人工、材料、设备、机械台班价格波动风险系数、不可预见费（特殊情况）以及主要材料数量等。

(3) 设备市场供应价格、措施费（赶工措施费、施工技术措施费）、现场因素费用等。

2.6 建设工程招标案例

以下是某住宅小区房地产开发项目招标文件编制的案例。

某住宅小区房地产开发项目

施 工 招 标 文 件

（招标文件编号 **ZGZB200×—×××** ）

招标单位：×××有限公司

招标代理单位：×××工程造价咨询公司

某住宅小区房地产开发项目施工招标招标文件备案

意　　见

（招标文件编号 ZGZB200×—××× ）

招标单位名称：×××**有限公司**（盖章）

招标单位法定代表人：________________（签字或盖章）

招标代理单位名称：×××**工程造价咨询公司**（盖章）

招标代理单位法定代表人：________________（签字或盖章）

招标文件编制日期：____年____月____日

备案意见：

备案单位：×××**建设工程招标投标管理办公室**（盖章）

备案经办人：________________（签字或盖章）

备案日期：____年____月____日

总　目　录

第一章　投标须知及投标须知前附表

目　　录

一、投标须知前附表

前附表一

项号	条款号	内容	说明与要求
1	1	工程名称	**某住宅小区房地产开发项目**
2	1	建设地点	
3	1	建设规模	**项目总占地面积 91514m²，总建筑面积约 83673m²**
4	1	结构类型	**框架 3 层及多层**
5	1	工程造价（暂估）	**约 11000 万元**
6	1	承包方式	**包工包料总承包**
7	1	分包工程	允许内容：无
			暂估价：……
			发包方式：……
8	1	招标工程类别	**民用建筑，三类工程**
9	1	招标方式	**邀请招标**
10	2	招标范围	**建筑、安装及附属工程等**
11	2	质量等级标准	**按国家验收规范一次性验收合格**
12	2	安全等级要求	**合格**
13	2	工期要求	**招标工期：　270　日历天**
14	3	建设资金来源	**自筹**

项号	条款号	内　容	说　明　与　要　求
15	4	投标资质等级要求	投标人：房屋建筑施工总承包贰级及以上资质 项目经理：工民建贰级及以上资质 安全员：具有安全员上岗证书的人员2名
16	4	投标资格审查方式	资质符合性审查
17	12	投标报价方式	采用暂定工程总造价，自报总价浮动率计价方式报价
18	12	工程量计算依据	浙江省建筑（安装）工程预算定额2003版及现行有关规定
19	12	合同价格类型	可调合同价格
20	14	商务标编制内容	按“第一章 二、投标须知、(三)、投标文件的编制”第10.2条款
21	14	技术标编制形式	明标
22	14	技术标编制内容	按“第一章 二、投标须知中的（三）投标文件的编制”第10.3条款所述
23	15	投标有效期	投标截止期结束后45天
24	16	投标担保	金额：不少于投标总价的———%或人民币50000元整 形式：支票或现金等直接缴入以下账户： 银行名称：招商银行 户名：×××工程造价咨询公司 账号：×××××× 提交时间：200×年12月24日16：00前（资金到账后投标人凭有效银行缴款凭证到招标代理单位处开据收据。原件开标时备查，复印件编入标书） 联系人：×××　联系电话：××××××
25	8	招标文件答疑	质疑截止时间：200×年12月13日16时00分 答疑截止时间：200×年12月14日16时00分 联系电话：×××××× 传真号码：××××××　联系人：××× 招标单位联系人：×××
26	17	投标文件份数	一份正本，三份副本
27	21	投标文件提交	投标书提交至：×××经济发展服务中心 截止时间：. 200×年12月25日14时00分
28	24	开标	开始时间：200×年12月25日14时00分 地点：×××经济发展服务中心
29	34	投标成本价界定值	详见“第一章 二、投标须知中的（六）评标”第34.2条款
30	35	评标方法及标准	详见第七章
31	40	履约担保	金额：不少于投标总价的10% 形式：银行保函　担保收件人：×××有限公司 提交时间：签订本招标工程承发包合同前
32	41	支付担保金额	金额：不少于投标总价的10% 形式：银行保函；担保收件人：中标人 提交时间：签订本招标工程承发包合同前

注　本招标文件资料费计500元，售后不退。

前 附 表 二

序号	项目内容	说明与要求	备　注
1	施工准备时间	签订合同后 **3** 天	
2	提前合同工期奖励标准	**2000** 元/天	
3		**2000** 元/天	
4	延误合同工期赔偿限额		第4、5、6、7、8条违约金限额之和应与履约担保金额保持一致
5	未达到承诺工程质量标准违约金		
6	未履行项目经理及主要施工管理人员到场承诺违约金限额（其中项目经理到位率≥90%）		
7	未履行主要机械设备到场承诺违约金限额		
8			
9			
10	文明施工费	**按不低于“非市区工程”底限值费率计取**	
11	安全施工费	**按不低于“非市区一般工程”底限值费率计取**	
12			
13	其他施工组织措施费		
14			
15			
16	工程保修担保金额		
17		要求投标人承诺“同意”	
18		要求投标人承诺“同意”	
19			

注　招标人根据需要填写“说明与要求”的具体内容，对相应的栏竖向可根据需要扩展。

二、投 标 须 知

（一）总　　则

1. 工程说明

1.1　本招标工程项目的说明详见本须知前附表一第1—8项；

1.2　本招标工程项目按照《中华人民共和国招标投标法》等法律、行政法规及省、市有关规定，通过本须知前附表一第9项所述的招标方式选定承包人。

2. 招标范围、质量、安全及工期

2.1　本招标工程项目的范围详见本须知前附表一第10项；

2.2　本招标工程项目的质量等级要求详见本须知前附表一第11项；

2.3　本招标工程项目的安全等级要求详见本须知前附表一第12项；

2.4　本招标工程项目的工期要求详见本须知前附表一第13项。

3. 资金来源

本招标工程项目的资金来源详见前附表一第14项所述的方式获得，其中部分资金用于本工程项目施工合同项下的合格支付。

4. 合格的投标人

投标人及其参加投标的项目经理、安全员必须满足前附表一第15项所要求的相应的施工资质等级、执业资格。

5. 踏勘现场

5.1　招标人将按本须知前附表一第25项所述时间，统一组织投标人对工程现场及周围环境进行踏勘，以便投标人获取有关编制投标文件和签署合同所涉及现场的资料。投标人承担踏勘现场所发生的自身费用。

5.2　招标人向投标人提供的有关现场的数据和资料，是招标人现有的能被投标人利用的资料，招标人对投标人做出的任何推论、理解和结论不负责任。

5.3　经招标人允许，投标人可为踏勘目的进入招标人的项目现场，但投标人不得因此使招标人承担有关的责任和蒙受损失。投标人应承担踏勘现场的责任和风险。

6. 投标费用

投标人应承担其参加本招标活动自身所发生的费用。

(二) 招标文件组成内容

7. 招标文件的组成

7.1　招标文件包括以下内容：

第一章　投标须知及投标须知前附表

第二章　合同条款

第三章　合同文件格式

第四章　工程建设标准及图纸

第五章　投标文件商务标部分格式

第六章　投标文件技术标部分格式

7.2　招标人对已发出的招标文件进行必要的澄清或者修改的，将以书面形式通知所有的招标文件收受人，同时报宁波东钱湖旅游度假区建设工程招标投标管理办公室（下称“招标办”）备案。该澄清或者修改的内容均为招标文件的组成部分，对招标人和投标人起约束作用。

7.3　投标人凭单位证明和经办人的有效身份证明向招标人获取招标文件及其他相关资料。投标人获取招标文件后，应仔细检查招标文件中的所有内容，如有残缺，应在获得招标文件后2日内向招标人提出，否则引起的损失由投标人自己承担。投标人同时应认真审阅招标文件中所有的事项、格式、条款和规范要求等，若投标人的投标文件没有按招标文件要求提交全部资料，或投标文件没有对招标文件做出实质性响应，其风险由投标人自行承担，并根据有关条款规定，该投标有可能被拒绝。

7.4　当投标人退回图纸时；图纸押金（不计息）将同时退回给投标人；如图纸损坏影响使用时，投标人应按损坏图纸的复印成本（每张按100元计）赔偿给招标人。

8. 招标文件的澄清、修改、补充

8.1　投标人若对招标文件有任何疑问的，应在投标答疑会上或于本须知前附表一第26项规定的时间内以书面形式向招标人提出澄清要求。无论是招标人根据需要主动对招标文件进行必要的澄清、修改、补充，或是根据投标人的要求对招标文件做出澄清、修改、补充，招标人都将于投标截止时间前以书面补充纪要形式予以澄清、修改、补充，同时将书面补充纪要向所有投标人发送。投标人在收到该书面补充纪要后，应该于2日内，以书面形式给予收执确认（逾期视同确认），该书面补充纪要作为招标文件的组成部分，具有约束作用。

8.2　招标文件的澄清、修改、补充等内容均以书面补充纪要形式明确的内容为准。当招标文件与招标文件的书面补充纪要在同一内容上表述不一致时，以最后发出的书面补充纪要为准。

（三）投标文件的编制

9. 投标文件的语言及度量单位

9.1　投标文件与投标有关的所有文件均应使用中文。

9.2　除工程规范另有规定外，投标文件使用的度量衡单位，均采用中华人民共和国法定计量单位。

10. 投标文件的一般组成

10.1　投标文件由商务部分和技术部分组成。

10.2　商务部分主要包括下列内容：

10.2.1　封面（按格式填写并签章）；

10.2.2　法定代表人身份证明书；

10.2.3　投标文件签署授权委托书；

10.2.4　投标函；

10.2.5　投标函附录；

10.2.6　投标担保收执证明；

10.2.7　投标报价资料；

10.2.8　招标文件要求投标人提交的其他投标资料；

10.2.9　采用暂定总造价计价方式的投标报价书一览表（表9.1）。

10.3　技术部分主要包括下列内容：

10.3.1　封面；

10.3.2　施工组织设计或施工方案：

(1) 各分部分项的主要施工方法；

(2) 拟投入本工程的主要施工机械设备表（表10.1）；

(3) 劳动力安排，含劳动力计划表（表10.2）；

(4) 确保工程质量的技术组织措施；

(5) 确保安全生产的技术组织措施；

(6) 确保文明施工的技术组织措施；

(7) 确保工期技术组织措施，含计划开、竣工日期及施工进度网络图（表 10.3）；

(8) 施工总平面图（表 10.4）；

(9) 临时用地表（表 10.5）；

(10) 有必要说明的其他内容。

10.3.3 项目管理机构配备：

(1) 项目管理机构配备情况表（表 10.6）；

(2) 项目经理简历表（表 10.7）；

(3) 项目技术负责人简历表（表 10.8）；

(4) 项目专职安全员简历表（表 10.9）；

(5) 其他辅助说明资料（表 10.10）。

11. 投标文件格式

投标人提交的投标文件应当使用招标文件所提供的投标文件全部格式（表格可以按同样格式扩展）。

12. 投标报价

12.1 本工程的投标报价采用本须知前附表一第 17 项所规定的方式，工程量计算规则按本须知前附表一第 18 项规定。

12.2 投标报价应为在投标文件中提出的各项支付金额的总和。本招标工程的施工地点为本须知前附表一第 2 项所述，除非合同中另有规定，投标人在投标中所报的单价和合价，以及投标总价均包括该工程项目的成本、利润、税金、开办费、与施工方案相关的技术措施费、大型机械进退场及安拆费、风险费、政策性文件规定费用等所有费用。

12.3 投标报价应是完成本须知第 2 条和合同条款上所列招标工程的范围、质量、安全及工期的全部，不得以任何理由予以重复，作为投标人计算单价或总价的依据。

12.4 本工程的投标报价为前附表一第 19 项所规定的合同价格类型。

12.5 投标报价采用暂定总价（费率招标）方式的，中标后，中标人编制并报送招标人审定的工程预算或结算的编制依据：

12.5.1 施工图纸、招标文件、招标文件书面补充（包括图纸答疑）纪要等；

12.5.2 定额采用12.5.2.1、12.5.2.2、12.5.2.3、12.5.2.5：

12.5.2.1 《浙江省建筑工程预算定额（2003 版）》；

12.5.2.2 《浙江省安装工程预算定额（2003 版）》；

12.5.2.3 《浙江省市政工程预算定额（2003 版）》；

12.5.2.4 《浙江省仿估建筑及园林工程预算定额（2003 版）》；

12.5.2.5 《浙江省建设工程施工取费定额（2003 版）》。

12.5.3 材料市场价格：

12.5.3.1 参照预算当月的《建设工程造价信息》；《建设工程造价信息》中未列材料参照预算当月的《浙江省造价信息》；无信息价材料以招标人暂定的材料价格为准。

12.5.3.2 材料的结算价按合同协议条款执行。

12.5.4　中标人的投标文件中承诺确定的施工组织措施费、综合费用的费率［费率不得低于《浙江省建设工程施工取费定额（2003版）》规定的弹性区间的中限值］、总价浮动率。

12.6　投标人应先到工地踏勘以充分了解工地位置、道路，场地情况、储存空间、临时施工用水、电接入点位置（包括容量大小）、装卸限制及任何其他足以影响投标报价的情况，任何因忽视或误解工地情况而导致的索赔或工期延长申请将不获批准。

13. 投标货币

本工程投标报价采用人民币表示。

14. 投标文件的编制内容

本工程的投标文件编制主要包括下列内容：

1. 商务标编制内容至少包括本须知前附表一第20项的内容；

2. 技术标按本须知前附表一第21项规定的形式编制，至少包括前附表一第22项规定的内容。

15. 投标有效期

15.1　投标有效期见本须知前附表一第23项规定的期限，在此期限内，凡符合本招标文件要求的投标文件均保持有效。

15.2　在特殊情况下，招标人在原定投标有效期内，可以根据需要以书面形式向投标人提出延长投标有效期的要求，对此要求投标人须以书面形式予以答复。投标人可以拒绝这种要求而导致其投标被拒绝。同意延长投标有效期要求的投标人不能要求也不允许修改其投标文件，但需要相应的延长投标担保的有效期，在延长期的投标有效期内，本须知第16条关于投标担保的退还与没收的规定仍然适用。

16. 投标担保

16.1　投标人应按本须知前附表一第24项所规定的金额、形式、时间提交投标担保，作为其是否响应招标文件的实质性内容。

16.2　未中标的投标人的投标担保（投标保证金）最迟将于合同签订后5个工作日内退还。

16.3　中标人的投标担保，在中标人按本须知第40条规定提交履约担保并按本须知第42条规定签订合同后3日内予以退还。

16.4　投标人若发生违反担保责任条件，有下列情况之一时，将被没收投标担保：

16.4.1　投标人拒绝按本须知第32条规定修正投标价；

16.4.2　投标人在投标有效期内撤回其投标文件；

16.4.3　中标人未能在规定期限内提交履约担保或签订合同协议；

16.4.4　投标人在投标过程中以不正当手段谋取中标的。

17. 投标文件的份数和签署

17.1　投标人应按本须知前附表一第26项的规定的份数提交投标文件。

17.2　投标文件的正本和副本均需打印或使用不褪色的蓝、黑墨水笔书写，字迹应清晰易于辨认．除招标文件规定为暗标形式的技术标外，投标人应在投标文件封面的右上角清楚地标明："正本"或"副本"。正本和副本如有不一致之处，以正本为准。

17.3　投标文件包括商务标及技术标的封面及有投标人的落款处应加盖投标人印章并经法定代表人或其委托代理人签字或盖章。

由委托代理人签字或盖章的投标文件中需同时提交投标文件签署授权委托书。投标文件签署授权委托书格式、签字、盖章及内容均应符合要求，否则投标文件签署授权委托书无效。

17.4　除投标人对错误处须修改外，全套投标文件应无涂改和行间插字或增删。如有修改，投标人在修改处应加盖投标人的印章并由投标文件签字人签字或盖章。

（四）投标文件的递交

18. 投标文件的密封与标志

18.1　投标人应将投标文件的技术标和商务标分别密封在不同的包封中，并在包封上正确标明“技术标”或“商务标”。

18.2　投标文件的包封应密封完好，并在包封的封口处加盖投标人的印章并经法定代表人或其委托代理人签字或盖章。

18.3　投标文件的包封上应正确标明招标工程名称、招标人名称、投标人的名称等内容。

18.4　如果包封没有按上述规定密封，招标人将不予受理。如果包封上没有按上述规定加以标志，招标人将不承担投标文件错放或提前开封的责任。对由此造成的提前开封的投标文件将予以拒绝，并退还给投标人。

19. 投标文件的提交

投标人应按本须知前附表一第 27 项所规定的地点，于投标截止时间前提交投标文件。

20. 投标截止期

20.1　投标文件提交的截止时间见本须知前附表一第 27 项规定。

20.2　招标人可按本须知第 8 条规定以书面补充纪要的方式，酌情延迟投标截止时间。在此情况下，投标人的权利和义务以及投标人受制约的截止时间，均以延长后的投标截止时间为准。

20.3　到投标截止时间止，招标人收到的投标文件少于 3 个的，招标人将依法重新组织招标。

21. 迟交的投标文件

招标人在本须知第 20 条规定的投标截止时间后收到的投标文件，将被拒绝并原封退还给投标人。

22. 投标文件的补充、修改与撤回

22.1　投标人在递交投标文件后，在规定的投标截止时间前，可以以书面形式补充修改或撤回已提交的投标文件，并以书面形式通知招标人，补充、修改的内容为投标文件的组成部分。

22.2　投标人对投标文件补充、修改，应按本须知第 18、19 条的规定密封、标志和提交，并在包封上清楚标明“补充、修改”或“撤回”字样。

22.3　在投标截止日期之后，投标人不得补充、修改投标文件。

22.4　在投标截止时间与招标文件中规定的投标有效期终止日之间的这段时间内，投标人不得撤回投标文件，否则其投标担保将被没收。

（五）开　　标

23. 开标

23.1　招标人按本须知前附表一第28项所规定的时间和地点公开开标。开标时，投标人法定代表人或其委托代理人及项目经理（须与投标报名的相一致）必须准时到场，否则，其投标将被拒绝。

23.2　投标人在开标前应向招标人提交相关原始证件资料及其复印件，以便招标人确定投标人的真实身份。招标人校验下列资料原件，留用复印件：

（1）法定代表人的身份证或委托代理人的身份证及法定代表人授权委托书；

（2）项目经理的身份证及工作手册；

（3）投标担保或投标担保收执证明；

（4）企业安全生产许可证、项目经理安全考核证书、安全员资格证书或安全员安全考核证书原件。

23.3　违反本须知第24.1款规定的投标人将被视作自动放弃投标。

23.4　违反本须知第24.2款规定的投标人将被视作不响应招标文件要求，招标人将拒绝其投标。

23.5　开标程序：

23.5.1　开标由招标人或招标代理人主持；

23.5.2　由投标人或其推选的代表检查投标文件的密封情况，也可以由招标人委托的公证机构检查并公证；

23.5.3　经投标人或其推选的代表签字确认无误，或公证机构当场公证后，由有关工作人员先开技术标；

23.5.4　技术标评审结束后，公布技术标评审结果；

23.5.5　开商务标，由工作人员宣读其投标报价、工期、质量、安全、各项承诺及与评标有关的其他内容，并做好开标记录，由各投标人的法定代表人或其委托代理人签字确认。

23.6　招标人在招标文件要求的投标截止时间前收到的投标文件，开标时都应当众予以拆封、宣读。

24. 投标文件的有效性

24.1　投标文件有下列情况之一的，由评标委员会初步审查后作废标处理，不得进入详细评标：

24.1.1　投标人名称或组织结构与投标报名不一致的；

24.1.2　投标人未按要求提交投标担保的；

24.1.3　商务标未按本须知第17.3、17.4款规定加盖投标人印章或未经法定代表人（或委托代理人）签字或盖章的；

24.1.4　投标文件未按规定标注正副本的；

24.1.5　投标文件关键性内容不全或字迹模糊、无法辨认的；或投标文件擅自改变招标文件提供的内容或格式，致使招标文件的原意发生改变而将影响评标的；

24.1.6　投标人递交两份或两份以上内容不同的投标文件，未声明哪一份有效或投标文件中有两个或两个以上不同的大写报价，未声明哪一个有效。

24.2　经初步评审，有效投标文件达到3个及3个以上时，评标委员会才能进行技术标或商务标的详细评审和比较，否则应视作本次招标缺乏有效竞争而重新组织招标。

（六）评　　标

25. 评标委员会与评标

25.1　评标委员会由招标人依法组建，负责评标活动。

25.2　开标结束后，开始评标。评标采用保密方式进行。

26. 评标过程的保密

26.1　开标后，直至授予中标人合同为止，凡属于对投标文件的审查、澄清、评价和比较的有关资料，以及中标候选人的推荐情况，与评标有关的其他任何情况均应严格保密。

26.2　在投标文件的评审和比较、中标候选人推荐以及授予合同的过程中，投标人向招标人和评标委员会施加影响的任何行为，都将会导致其投标被拒绝。

26.3　中标人确定后，招标人不对未中标人就评标过程以及未能中标原因作出任何解释。未中标人不得向评标委员会成员或相关工作人员索问评标过程的情况和材料。

27. 投标文件的澄清、说明或补正

27.1　为有助于投标文件的审查、评价和比较，评标委员会可以以书面形式要求投标人对投标文件含义不明确、对除了总报价以外的同类问题表述不一致或者有明显的文字和计算错误的内容作必要的澄清、说明或补正，投标人应采用书面形式进行澄清、说明或补正，但不得超出投标文件的范围或改变投标文件的实质性内容。对同类问题表述不一致的内容，投标人应作出有利于招标人的澄清、说明或补正。

根据本须知第31条规定，凡属于评标委员会在评标中发现的计算错误并进行核实的修正不在此列。

27.2　投标人拒不按照要求对投标文件进行澄清、说明或补正，评标委员会可以否决其投标。

28. 投标文件的详细评审

28.1　开标后，经评标委员会初步审查符合本须知第25条规定的投标文件，才能进行详细评审。

28.2　在详细评标之前，评标委员会将首先审查投标文件是否在实质上响应了招标文件的要求。所谓实质上响应，是指投标文件应与招标文件的所有实质性条款、条件、要求和规范相符，无显著差异或保留，或者对合同中约定的招标人的权利和投标人的义务方面造成重大限制，而且纠正这些显著差异或保留将会对其他实质上响应招标文件要求的投标文件的投标人的竞争地位产生不公正的影响。

28.3　一般将投标担保、投标总报价、投标工期、质量安全目标承诺、质量安全工期奖罚条件及违约责任、履约担保承诺、保修担保承诺、招标文件要求承诺的其他主要商务条款及有评审要求的技术经济指标、项目管理班子配备符合要求、施工方案可行性等主要内容作为招标文件的实质性要求内容。

28.4　对实质上不响应招标文件要求的投标文件，应作废标处理，并且不允许通过澄清、修正或撤销其不符合要求的差异或保留，使之成为具有响应性的投标。

29. 投标报价形式的确认

暂定总报价（即费率报价）方式以总价浮动率为准。

30. 投标文件计算错误的修正

30.1　评标委员会将对被确定为实质上响应招标文件要求的投标文件进行校核，看其是否有算术性错误，修正错误的原则如下：

如果用数字表示的数额与用文字表示的数额不一致时，以文字数额为准。

30.2　按上述修正错误的原则和方法调整和修正投标报价，投标人以书面形式确认同意后，调整后的投标报价对投标人起约束作用。如果投标人不接受修正后的投标报价，则其投标将被拒绝并且其投标担保将被没收，并不影响其他投标文件的评标。

31. 投标偏差

31.1　在详细评审之前，评标委员会应审查并逐项列出投标文件的投标偏差。投标偏差分为重大偏差和细微偏差。

31.2　有下列情况之一的，属于重大偏差：

(1) 投标人所提供的投标担保不符合招标文件要求；

(2) 投标工期超过招标文件规定的期限；

(3) 投标工期比国家定额工期提前30%以上时，技术标中无相应的缩短工期技术措施或提出的缩短工期技术措施经评标委员会认证是不可行的；

(4) 投标人在实际施工中必须发生的环境保护费、文明施工费、安全施工费等施工组织措施费在投标报价时低于规定的弹性区间费率的下限值；

(5) 投标文件中有招标人不能接受的条件；

(6) 不符合招标文件规定的其他实质性要求。

31.3　细微偏差是指投标文件在实质上响应了招标文件要求，但在个别地方存在漏项或者提供了不完整的技术信息和数据等情况，并且补正这些遗漏和不完整不会对其他投标人造成不公平的影响。

31.4　有重大偏差的投标文件属于实质上不响应招标文件要求，按本须知第30.4款规定，应作废标处理。

31.5　细微偏差不影响投标文件的有效性，在评标结束前评标委员会应当书面要求存在细微偏差的投标人予以书面补正。

32. 投标成本价的界定

32.1　评标委员会对投标报价的分析评审一般包括以下内容：

32.1.1　投标报价的口径应与招标文件要求一致，由于招标人原因造成投标人的报价口径不一致的，其投标报价将在评标价中得到统一；

32.1.2　投标报价是否存在算术性错误、遗漏工程项目或费用；

32.1.3　投标报价与有效投标平均价的差额比率。

32.2　评标委员会发现投标报价有下列情况之一的，可认定其投标价低于成本价（按本须知前附表一第29项规定）：

凡招标文件要求或工程造价组成应计算的费用而投标人未报，且投标文件中未阐明充分理由并提供足够证据的，均视为缺漏费用。

32.3　对被界定为低于成本价的投标报价，其投标应作废标处理。

33. 投标文件的评审、比较和否决

33.1　评标委员会将按本须知第 28、29、30、32、33 条规定，仅对实质上响应招标文件要求的投标文件进行评价和比较。

当评标委员会否决不合格投标或界定废标后，因有效投标不足3个使得投标明显缺乏竞争的，评标委员会可以否决全部投标。全部投标被否决的，招标人将依法重新组织招标。

33.2　评标委员会依据本须知前附表一第 30 项规定的评标方法和标准，对投标文件进行投标报价、工期、质量标准、主要材料用量、施工方案或施工组织设计、优惠条件、社会信誉及以往业绩等内容进行综合评审和比较，向招标人提出书面评标报告，并推荐合格的中标候选人。招标人根据评标委员会提出的书面评标报告和推荐的中标候选人确定中标人，也可以授权评标委员会直接确定中标人。

34. 评标办法和标准

详见第七章。

（七）合同的授予

35. 合同授予标准

本招标工程的施工合同将授予按本须知第 34.2 款所确定的中标人。

36. 招标人拒绝投标的权力

招标人不承诺将合同授予报价最低的投标人。招标人在发出中标通知书之前，有权依据评标委员会的评标报告拒绝不合格的投标。

37. 中标通知书

37.1　中标人确定后，招标人应将中标结果在相关媒体上公示 3 天，并向招标办提交招标情况的书面报告。

37.2　公示期间，对该招标项目有投诉的，由相关行政监督部门进行查处。

37.3　招标办收到书面报告并同意备案后，招标人可以向中标人发出中标通知书。

37.4　招标人将在发出中标通知书的同时，报招标办备案。

37.5　中标通知书为合同的组成部分。

38. 履约担保

38.1　中标人应在签订合同前按本须知前附表一第 31 项规定金额向招标人提交履约担保。

38.2　若中标人不能按本须知第 39.1 款规定提交履约担保，招标人将有充分理由废除授标，投标担保不予退还，给招标人造成的损失超过投标担保金额的，还应当对超过部分予以赔偿，同时依法承担相应法律责任。

39. 工程款支付担保

39.1　在中标人按规定向招标人提交履约担保的同时，招标人也将按本须知前附表一第 32 项规定的金额向中标人提供工程款支付担保。支付担保形式将采用由在中国境内注册并经投标人认可的银行出具银行保函。银行保函的有效期将直至合同终止，招标人应付给中标人按合同约定的一切款项后28日内继续有效。

担保或保险的范围、金额、责任条件及有效期按招标文件要求，否则投标人可以拒绝接受。

银行保函的格式按照担保银行提供的格式。

担保或保险的范围、金额、责任条件及有效期按招标文件要求，否则投标人可以拒绝接受。

39.2 工程款支付担保的金额不低于工程中标价的10%，且一般将不低于每个付款周期的付款额度。

40. 合同协议书的签署

40.1 招标人与中标人将于中标通知书发出之日起7日内，按照招标文件和中标人的投标文件签订书面建设工程施工合同，招标人和中标人将不再另行订立背离合同实质性内容的其他协议。

40.2 签订合同后中标人应及时按有关规定标准支付合同公证费、建设工程保险费和建设工程招标交易服务费等相关费用。

40.3 合同在中标人向招标人提交了有效的履约担保及招标人向中标人提交了有效的工程款支付担保后才正式生效。

40.4 招标人如不按本须知第41.1条规定与中标人订立合同，或招标人、中标人订立背离合同实质性内容的协议，招标人应改正并将被处以3万元的罚款。

40.5 中标人如不按本须知第41.1条规定与招标人订立合同，招标人将废除授标，投标担保不予退还，给招标人造成的损失超过投标担保金额的，还应当对超过部分予以赔偿，同时依法承担相应法律责任。

40.6 中标人应当按照合同约定履行义务，完成中标项目施工，不得将中标项目施工转让（转包）给他人。

40.7 招标工程竣工时，必须按经备案的合同条款进行结算、审计，任何与该合同条款精神有抵触的其他协议都不能作为结算、审计的依据。

* *

第二章 合 同 条 款

一、合同价款与支付

（一）合同价款的确定，根据以下第 1、3、4 条确定

1. 招标文件规定的工程取费类别；

2. 中标总报价；

3. 中标总价浮动率；

4. 经发包人或其委托的咨询单位工程师审定确认的施工图预算。

（二）工程预付款

1. 预付款比例的计算基数为：<u>———</u>。

(1) 合同总价。

(2) 年度工程计划资金额度。

(3) 实体性消耗金额、非实体性消耗金额。

2. 工程预付款支付的比例为上述确定的计算基数的：<u>———</u>。

(1) 10%。

(2) 20%。

(3) 30%。

……

（三）工程款的支付

1. 支付方式：<u>**(1)**</u>。

(1) 按月结算与支付，即实行按月支付进度款、竣工后清算的办法。

(2) 按分段结算与支付，即当年不能竣工的工程按照工程形象进度、划分不同阶段支付工程进度款。

……

2. 支付期限与额度：根据确定的工程量结果，承包人向发包人提出支付工程进度款申请，14 天内，发包人应按工程价款的<u>**(2)**</u>向承包人支付工程进度款。按约定时间发包人应扣回的预付款，与工程进度款同期结算抵扣。

(1) 60%。

(2) 70%。

(3) 80%。

(4) 90%。

……

二、材料和设备供应

（一）发包人供应材料、设备

发包人供应材料、设备：<u>**无**</u>。

发包人未按照条款约定的材料及设备的规格、数量、质量等级和提供时间、地点供应材料设备，所应承担的责任是：<u>**无**</u>。

1. 赔偿承包人的直接经济支出（主要指差价、返工停工损失等）；

2. 赔偿承包人由此而造成的质量、工期违约损失。

（二）承包人采购材料、设备

承包人采购材料、设备：<u>**第 1 条**</u>。

1. 全部由承包人采购；

2. 除发包人供应的设备材料外。

任何材料的进场都需提交质保单和检验报告，并经发包人质量管理代表和监理工程师验收合格后方能使用。

（三）对承包人采购的设备材料的特殊要求：

设备、材料需具体注明品牌、生产厂家、产地、规格、型号、性能和质量等级等。承包人采购的材料设备须符合设计和相关标准、规范的要求。无信息价的材料设备或重要材料、设备，乙方在采购前应报计划给发包人、监理方，并由发包人、监理方派员参加选点、看样、审价、订货。

……

三、保　　修

（一）国家规定的一般工程保修期限

1. 基础设施工程、房屋建筑工程的地基基础工程和主体结构工程，为设计文件规定的该工程的合理使用年限；

2. 屋面防水工程、有防水要求的卫生间、房间和外墙面的防渗漏，为 8 年；

3. 供热与供冷系统、为 2 个采暖期、供冷期；

4. 电线管线、给排水管道、设备安装和装修工程为 2 年；

5. 其他项目的保修期限由发包方与承包方约定：

一年。

保修期从竣工验收合格之日起计算。

……

（二）保修担保的金额为合同价格的 **5** ％。

竣工验收合格一年后，无保修质量问题的退 **4** ％；两年后结清余额（不计息）。

……

四、工程履约担保和发包人支付担保

……

（二）发包人工程款支付担保

1. 发包人的工程款支付担保采用 **(1)** 方式：

(1) 银行保函；

(2) 担保公司的担保书；

(3) 保险公司的保证保险函；

(4) 直接向承包人提交 ——— （支票、银行汇票）。

2. 发包人的工程款支付担保的金额为合同价的 **10** ％或人民币 ——— 元整。

五、其　　他

1. 承包人施工及生活用水、电应按实计量，在工程进度款中扣除。

2. 工程验收合格后七天内，承包人应将用于本工程所有的散装水泥及商品混凝土黏土砖（含黏土空心砖）小票及相关凭据交发包人。如承包人不能提供，散装水泥押金及墙改基金由承包人全额承担，发包人在结算中予以扣除。

3. 承包人提供竣工图的约定：须提供符合归档要求的竣工图3套（其中2套为原件），如承包人不能提供，发包人不予结算并有权拒付其余工程款。

4. 未经发包人同意，承包人不得将本工程肢解并分包。

5. 环境保护费、文明施工费、安全施工费、临时设施费需要专款专用。

* *

第三章 合同文件格式

目 录

三、承包人银行履约保函

致＿（发包人名称）＿：

鉴于＿（承包人名称）＿（下称“承包人”）已保证按＿（发包人名称）＿（下称“发包人”）的＿（工程名称）＿工程合同（下称“合同”）施工该工程；鉴于你方在上述合同中要求承包人向你方提交下述金额的银行开具的保函，作为承包人履行本合同责任的保证金，本银行同意为承包人出具本保函。

本银行在此代表承包人向你方承担支付人民币（大写）：＿＿＿＿＿＿＿＿元整的责任，承包人在履行合同中，由于资金、技术、质量或非不可抗力等原因给你方造成经济损失时，在你方以书面提出要求得到上述金额内的任何付款时，本银行即予以支付，不挑剔、不争辩、也不要求你方出具证明或说明背景、理由。

本银行放弃要求你方应先向承包人要求赔偿上述金额然后再向本银行提出要求的权力。

本银行进一步同意在你方和承包人之间的合同条件、合同项下的工程或合同发生变化、补充或修改后，本银行承担本保函的责任也不改变，有关上述变化、补充和修改也无须通知本银行。

本保函直至工程竣工验收合格后28天内一直有效。

担保银行：________________（盖章）

法定代表人或委托代理人：（签字或盖章）

地址：________________

邮政编码：________________

联系电话：________________

日期______年______月______日

六、发包人支付担保书

致：（承包人名称）

根据本担保书，（发包人名称）（以下称“发包人”）作为委托人和（担保人名称）（以下称“担保人”）共同向债务人（承包人名称）（以下称“承包人”）承担支付人民币（大写）：________________元整的责任，发包人和担保人均受本支付担保的约束。

鉴于发包人已于____年____月____日与承包人为（工程合同名称）的履行签订了工程承发包合同（下称“合同”），我方愿为发包方和你方签署的合同提供支付担保（下文中的合同包括合同中规定的合同协议书、合同文件等）。

本担保书的条件是：如果发包人在履行上述合同过程中，由于资金不足或非不可抗力等原因给你方造成经济损失或不按合同约定付款时，当你方以书面形式提出要求得到上述金额内的任何付款时，本担保人将无条件地于____日内予以支付。

本担保人不承担超过本担保书金额的责任。

除你方以外，任何人都无权对本担保书的责任提出履行要求。

本担保书直至合同终止，发包人付清应付给你方按合同约定的一切款后28天内一直有效。

担保人：________________（盖章）

法定代表人或委托代理人：（签字或盖章）

地址：________________

邮政编码：________________

联系电话：________________

日期______年______月______日

* *

第四章　工程建设标准和图纸

1. 依据设计文件的要求，本招标工程项目的材料、设备、施工须达到中华人民共和国以及浙江省或行业现行的工程建设标准、规范的要求。

2. 本工程设计单位：×××研究设计院有限公司。

* *

第五章　投标文件商务标部分格式

目　录

一、封 面

________________工程施工招标

投 标 文 件

项目编号：________________

项目名称：________________________

投标文件内容：　　　商务标部分

投标人：　　　　　（盖章）

法定代表人或其委托代理人：（签字或盖章）

日期：______年______月______日

二、法定代表人身份证明书

单位名称：____

单位性质：____

地　　址：____

电话号码：____

成立时间：____________年__________月__________日

经营期限：______________________

姓　　名：________性别：________年龄：________职务：________

系________（投标人名称）________的法定代表人。

特此证明。

投标人：________（盖章）________

日　期：______年______月______日

三、投标文件签署授权委托书

本授权委托书声明：我<u>　（姓名）　</u>系<u>　　　（投标人名称）　　　</u>的法定代表人，现授权委托<u>　（单位名称）　</u>的<u>　（姓名）　</u>为我公司签署<u>　　（招标人名称）　　</u>的<u>　（招标工程名称）　　</u>工程投标文件的法定代表人授权委托代理人，并以我公司的名义参加本工程的投标活动。我承认代理人全权代表我所签署的本工程的投标文件的内容以及在开标、评标、过程中所签署的一切文件。

代理人无转委权，特此委托。

代理人：<u>（签字）</u>性别：________年龄：________

身份证号码：______________电话：________________

投标人：<u>　　　　　　　　　　（盖章）　　　　　　　　　</u>

法定代表人：<u>　　　　　　　　（签字或盖章）　　　　　　</u>

授权委托日期：__________年__________月________日

四、投　标　函

致：(招标人名称)

1. 根据你方＿(招标工程名称)＿工程的招标文件，遵照《中华人民共和国招标投标法》等有关规定，经踏勘项目现场和研究上述招标文件的投标须知、合同条款、图纸、工程建设标准和工程量清单（如有时）及其他有关文件后，我方愿以人民币（大写）：＿＿＿＿＿＿整（即总价浮动＿＿）的投标报价承包上述工程的施工、竣工，并承担任何质量缺陷的保修责任。

2. 我方已详细审核全部招标文件，包括修改、补充文件（如有时）及有关附件。

3. 我方承认投标函附录是我方投标函的组成部分。

4. 一旦我方中标，我方保证按合同协议书中规定的工期＿＿日历天内完成并移交全部工程，并确保工程质量达到＿＿标准，安全达到＿＿标准。

5. 如果我方中标，我方将按照投标函附录中承诺的担保方式和担保金额在规定时间内向你方提交履约担保。

6. 我方同意所递交的投标文件在投标须知第 15 条规定的投标有效期内有效，在此期间内如果中标，我方将受此约束。

7. 除非另外达成协议并生效，你方的中标通知书和本投标文件将构成约束双方的合同文件的组成部分。

8. 我方已提交你方人民币（大写）：＿＿＿＿整的投标担保。

投标人：＿＿＿＿（盖章）

单位地址：＿＿＿＿

法定代表人或其委托代理人：＿＿（签字或盖章）

邮政编码：＿＿电话：＿＿传真：＿＿

开户银行名称：＿＿＿＿

开户银行账号：＿＿＿＿

开户银行地址：＿＿＿＿

开户银行电话：＿＿＿＿

日　　期：＿＿年＿＿月＿＿日

五、投标函附录

序号	项目内容	投标承诺	备　注
1	施工准备时间	签订合同后____天	
2	提前合同工期奖励标准	____元/天	
3	延误合同工期赔偿标准	____元/天	
4	延误合同工期赔偿限额	合同价款的____%	
5	未达到承诺工程质量标准违约金限额	合同价款的____%	
6	未履行项目经理及主要施工管理人员到场承诺违约金限额（其中项目经理到位率≥90%）	合同价款的____%	
7	未履行主要机械设备到场承诺违约金限额	合同价款的____%	
8	未履行安全文明施工承诺违约金限额	合同价款的____%	
9	环境保护费		
10	文明施工费		
11	安全施工费		
12	缩短工期增加费		
13	其他施工组织措施费		
14	综合费用		
15	临时设施费		
16	工程保修担保金额	合同价款的____%	
17	是否同意招标文件其他内容		
18	是否同意合同协议条款		
19	……		

注　本表每一栏目须对应前附表二提供的内容，按国家规定并结合评标办法作出承诺意见。否则视作投标文件关键性内容不全，不予评审。

投标人：（盖章）　　　　　　　　　　　　　　　法定代表人或其委托代理人：（签字或盖章）

日期：　　年　　月　　日

六、投 标 担 保（略）

七、投标担保收执证明

（此处粘贴或复印招标人出具的收执证明的复印件）

投标人：（盖章）　　　　　　　　　　法定代表人或其委托代理人：（签字或盖章）

日期：　　年　　月　　日

八、招标文件要求投标人提交的其他投标资料（略）

九、投标报价书一览表

表 9.1

<table>
<tr><td colspan="2">投标人</td><td colspan="2"></td></tr>
<tr><td colspan="2">建设规模</td><td colspan="2"></td></tr>
<tr><td colspan="2">总报价浮动率</td><td colspan="2"></td></tr>
<tr><td colspan="2">项目名称</td><td>浮动率（%）</td><td>备　注</td></tr>
<tr><td colspan="2">土建</td><td></td><td></td></tr>
<tr><td rowspan="4">安装</td><td>水电</td><td></td><td></td></tr>
<tr><td>消防</td><td></td><td></td></tr>
<tr><td>设备</td><td></td><td></td></tr>
<tr><td>……</td><td></td><td></td></tr>
<tr><td colspan="2">装饰工程</td><td></td><td></td></tr>
<tr><td colspan="2">道路桥梁</td><td></td><td></td></tr>
<tr><td colspan="2">园林绿化</td><td></td><td></td></tr>
<tr><td colspan="2">给水工程</td><td></td><td></td></tr>
<tr><td colspan="2">附属工程</td><td></td><td></td></tr>
<tr><td colspan="2">……</td><td></td><td></td></tr>
</table>

注　1. 若投标人尚有其他内容需明列的，请按此表格式扩展。
2. 投标人应将投标报价说明的详细预算书等其他资料，用文字形式与投标报价书一览表一起报送。

投标人：（盖章）　　　　法定代表人或其委托代理人：（签字或盖章）

日期：　　年　　月　　日

* *

第六章　投标文件技术标部分格式

目　　录

一、封 面

________________工程施工招标

投 标 文 件

项目编号：________________

项目名称：____________________________

投标文件内容：____技术标部分____

投标人：__________（盖章）________

法定代表人或其委托人代理人：____（签字或盖章）

日期：________年________月________日

二、施 工 组 织 设 计

1. 投标人应编制施工组织设计，包括招标文件第一章投标须知第10.3款规定的施工组织设计基本内容。编制时应采用文字并结合图表形式说明各分部分项工程的施工方法；拟投入的主要施工机械设备情况、劳动力计划等；结合招标工程特点提出切实可行的工程质量、安全生产、文明施工、工程进度、技术组织措施，同时应对关键工序、复杂环节重点提出相应技术措施，如冬雨季施工技术措施、减少扰民噪音措施、降低环境污染技术措施、地下管线及其他地上地下设施的保护加固措施等。

2. 施工组织设计除采用文字表述外，还应附下列图表，图表及格式要求附后。

2.1 拟投入本工程的主要施工机械设备表（表10.1）

2.2 劳动力计划表（表10.2）

2.3 计划开、竣工日期和施工进度网络图

2.4 施工总平面图

2.5 临时用地表（表10.3）

二—1. 拟投入本工程的主要施工机械设备表

表 10.1

（工程项目名称） 工程

序号	机械或设备名称	型号规格	数量	国别产地	制造年份	定额功率（kW）	生产能力	用于施工部位	备注

二—2. 劳 动 力 计 划 表

表 10.2

（工程项目名称） 工程　　　　单位：人

工种	按工程施工阶段投入劳动力情况						

注 1. 投标人应按所列格式提交包括分包人在内的劳动力计划表。

2. 本计划表是以每班8小时工作制为基础编制的。

二—3. 计划开、竣工日期和施工进度网络图

1. 投标人应提交的施工进度网络图或施工进度表，说明按招标文件要求的工期进行施工各个关键日期。投标人中标后还应按合同条件有关条款的要求提交详细的施工进度计划。

2. 施工进度计划表可采用网络图或横道图表示，说明计划开工日期和各分项工程各阶段的完工日期以及分包合同签订日期。

3. 施工进度计划应与施工组织设计相适应。

二—4. 施工总平面图

投标人应提交一份施工总平面图，绘出现场临时设施布置图并附文字说明，说明临时设施、加工车间、现场办公、设备及仓储、供电、供水、卫生、生活等设施的情况和布置。

二—5. 临时用地表

表 10.3

（工程项目名称）工程

用途	面积（m^2）	位置	需用时间
合计			

注 1. 投标人应逐项填写本表，指出全部临时设施用地面积以及详细用途。

2. 若本表不够，可加附页。

三、项目管理机构配备情况

三—1. 项目管理机构配备情况表

表 10.4

（工程项目名称） 工程

职务	姓名	职称	执业或职业资格证明					已承担在建工程情况	
			证书名称	级别	证号	专业	原服务单位	项目数	主要项目名称
一旦我方中标，将实行项目经理负责制，并配备上述项目管理机构。我方保证上述填报内容真实，若不真实，愿按有关规定接受处理。项目管理班子机构设置、职责分工等情况另附资料说明									

三—2. 项目经理简历表

表 10.5

（工程项目名称） 工程

姓名		性别		年龄	
职务		职称		学历	
参加工作时间		担任项目经理年限			
项目经理资格证书编号					
在建和已完工程项目情况					
建设单位	项目名称	建设规模	开、竣工日期	在建或已完	工程质量

三—3. 项目技术负责人简历表

表 10.6

（工程项目名称） 工程

姓名		性别		年龄	
职务		职称		学历	
参加工作时间		担任项目经理年限			
在建或已完工程项目情况					
建设单位	项目名称	建设规模	开、竣工日期	在建或已完	工程质量

三—4. 项目专职安全员简历表

表 10.7

（工程项目名称） 工程

姓名		性别		年龄	
职务		职称		学历	
参加工作时间		取得安全员执业资格证书的时间			
在建或已完工程项目情况					
建设单位	项目名称	建设规模	开、竣工日期	在建或已完	工程安全状况

注 按规定需配备专职安全员的工程，须填写此表。

三—5. 项目管理机构配备情况辅助说明资料

表 10.8

（工程项目名称）工程

注 1. 辅助说明资料主要包括管理机构的设置、职责分工、有关复印证明资料以及投标人认为有必要提供的资料。

2. 本项无固定格式，由投标人自行设计。

四、拟分包项目情况表

表 10.9

（工程项目名称）工程

分包人名称			地　址		
法定代表人		营业执照 号　码		资质等级 证书号码	
拟分包的 工程项目	主要内容		预计造价 （万元）	已做过的类似工程	

第七章 评 标 办 法

一、评标依据

1.《中华人民共和国招标投标法》等法律法规。

2.《某住宅小区房地产开发项目施工招标文件》等招标资料。

二、评标原则

1. 评标严格按照招标文件规定程序进行，先开技术标，待技术标评审结束后，才能公布其他各项分值；技术标评审通过后，对商务条款的响应性、符合性进行鉴定并对有效的投标报价内容进行评审；

2. 评标将依据评标办法对投标单位的报价、工期、质量、施工组织设计、企业资信等方面综合评审，公正、合理的选定中标单位。

三、评标程序

首先进行投标书响应性的确定：确定投标单位是否满足投标须知等规定的资格标准；审定投标文件对招标文件要求承诺的条款是否逐一作出承诺，如有一条未承诺的，视作不响应招标文件而不予评审。对响应招标文件的标书进行评审，先评技术标的可行与否，技术标可行的再评商务标。

四、评审内容和办法

（一）技术标

技术标由每位评委各自有记名打分（被认为上述内容差或缺项的技术标函，必须经评委2/3以上成员确认并书面明确意见后，才能按规定扣分），一般得分为80～100分之间，无固定进制。内容如下：

技术标的评审内容和分值参照下表执行。

评审内容		评审等级		
		好	一般	差
施工方案	针对本工程施工技术方案	9～10	8～9	0～8
	施工现场平面布置	9～10	8～9	0～8
工程质量保证措施	施工质量保证措施	9～10	8～9	0～8
	材料、设备质量保证措施	9～10	8～9	0～8
施工进度计划和保证措施	施工进度计划和保证措施	9～10	8～9	0～8
	劳动力及材料供应计划	9～10	8～9	0～8
安全生产、文明施工、环保措施	安全、文明生产措施	9～10	8～9	0～8
	环境保护措施	9～10	8～9	0～8
施工机械设备配置	主要施工机械设备的配置	9～10	8～9	0～8
项目部人员配备	项目经理、技术负责人及五大员配置	9～10	8～9	0～8
合计		90～100	80～90（含）	0～80

各评委打分去掉一个最高分和一个最低分后的算术平均值，即为投标单位的技术标得分。

技术标得分在80分及以上的为技术标可行，可进入下阶段的评审；否则即为不可行，不得进入下阶段的评审，也不得被确定为中标单位。

（二）商务标

技术标得分在80分及以上的进入商务标的评审阶段。

投标报价总价浮动率（保留两位小数）在−4%～−6%（含−4%、−6%）范围内的报价允许进入商务标的评审，超过此范围的报价分得0分，也不得被确定为中标单位。

评标标底A为随机抽取的费率，取值范围是−4.0%、−4.2%、−4.4%、−4.6%、−4.8%、−5.0%、−5.2%、−5.4%、−5.6%、−5.8%、−6.0%共十一档。

五、预中标单位的确定

1. 技术标可行且投标报价负接近评标标底A的（即投标报价总价浮动率的绝对值大于A中最接近A的）投标单位为预中标单位。如果有两家及两家以上投标单位的技术标可行且投标报价负接近评标标底A的，则技术分高者为预中标单位，若技术标也相同，则由抽签决定中标单位。如果技术标可行且投标报价都正接近或等于评标标底A的，则：①有等于A的，取等于A的为预中标单位；②没有等于A的，取最接近评标标底A的投标单位为预中标单位。按此确定的预中标单位有两家及两家以上的，则技术分高者为预中标单位，若技术标也相同，则由抽签决定最终预中标单位。

2. 评标过程如有异常情况，由评标委员会集体讨论决定。

3. 本评标办法由招标人负责解释。

复习指导☞

本章主要介绍了建设工程招标的含义、分类，建设工程招标的方式，建设工程招标的程序，重点介绍了建设工程招标文件的内容与编制，并详细介绍了工程量清单的编制。最后通过一个完整的实际工程案例，让读者对建设工程招标文件的编制内容及程序有一个完整的了解。通过本章内容的学习，读者需要熟悉建设工程招标的基本程序，掌握工程量清单的编制方法，掌握建设工程招标文件的主要内容及其编制。

2.7 习　　题

1. 解释什么是建设工程招标和标底。
2. 建设工程招标的方式有哪几种？并分别解释。
3. 简述建设工程招标标底的编制依据和方法。
4. 简述建设工程招标的基本程序。
5. 为什么要对投标人进行资格审查？资格审查有哪几种方式？
6. 招标文件主要包括哪些内容？
7. 为什么要进行现场勘察和召开标前会议？有什么实际意义？
8. 什么是工程量清单？工程量清单包含哪些内容？

第3章 建设工程投标

本章要点

1. 投标的工作程序
2. 建设工程项目施工投标过程
3. 投标的策略与技巧
4. 投标文件的编制
5. 建设工程投标报价

3.1 建设工程投标程序

3.1.1 投标的概念

投标是投标人应招标人的邀请，根据招标人规定的条件，在规定的时间内向招标人递交投标文件及报价，争取工程承包权的活动。

投标人是响应招标、参加投标竞争的法人或者其他组织。投标人应当具备承担招标项目的能力，国家有关规定对投标人资格条件或招标文件对投标人资格条件有规定的，投标人应当具备规定的资格条件。

(1) 投标人应当具备承担招标项目的能力，对于建设工程投标来讲，其实质就是投标人应当具备法律法规规定的资质等级。

(2) 投标人应符合的其他条件。招标文件对投标人的资格条件有规定的，投标人应当符合该规定的条件。

此外，根据《国家基本建设大中型项目实行招标投标的暂行规定》中规定的条件，参加建设项目主体工程的设计、建筑安装和监理以及主要设备、材料供应等投标单位，必须具备下列条件：

(1) 具有招标条件要求的资质证书，并为独立的法人实体。

(2) 承担过类似建设项目的相关工作，并有良好的工作业绩和履约记录。

(3) 财产状况良好，没有财产被接管、破产或者其他关、停、并、转状态。

(4) 在最近3年没有参与骗取合同以及其他经济方面的严重违法行为。

(5) 近几年有较好的安全记录，投标当年内没有发生重大质量、特大安全事故。

3.1.2 投标的组织

进行工程投标，需要有专门的机构和人员对投标的全部活动过程加以组织和管理。实践证明，建立一个强有力的、内行的投标班子是投标获得成功的根本保证。

在工程承包招标投标竞争中，对于业主来说，招标就是择优。由于工程的性质和业主的评价标准的不同，择优可能有不同的侧重面，但一般包含如下4个主要方面：较低的价格、先进的技术、优良的质量、较短的工期。业主通过招标，对众多的投标者中进行评选，既要从其突出的侧面进行衡量，又要综合考虑上述4个方面的优劣，最后确定中标者。

对于承包商来说，参加投标就如同参加一场赛事竞争，因为它关系到企业的兴衰存亡。这场赛事不仅比报价的高低，而且比技术、经验、实力和信誉。特别是当前国际承包市场上，工程越来越多的是技术密集型项目，势必给承包商带来两方面的挑战，一方面是技术上的挑战，要求承包商具有先进的科学技术，能够完成高、新、尖、难工程；另一方面是管理上的挑战，要求承包商具有先进的组织管理水平，能够以较低价中标，靠管理和索赔获利。

为迎接技术和管理方面的挑战，在竞争中取胜，承包商的投标班子应该由如下3种类型的人才组成：①经营管理类人才；②技术专业类人才；③商务金融类人才。

1. 经营管理类人才

所谓经营管理类人才，是指专门从事工程承包经营管理、制定和贯彻经营方针与规划、负责工作的全面筹划和安排具有决策水平的人才。为此，这类人才应具备以下基本条件：

（1）知识渊博、视野广阔。经营管理类人员必须在经营管理领域有造诣，对其他相关学科也应有相当知识水平。只有这样，才能全面地、系统地观察和分析问题。

（2）具备一定的法律知识和实际工作经验。该类人员应了解我国乃至国际上的有关的法律和国际惯例，并对开展投标业务所应遵循的各项规章制度有充分的了解。同时，丰富的阅历和实际工作经验可以使投标人员具有较强的预测能力和应变能力，对可能出现的各种问题进行预测并采取相应的措施。

（3）必须勇于开拓，具有较强的思维能力和社会活动能力。渊博的知识和丰富的经验，只有和较强的思维能力结合，才能保证经营管理人员对各种问题进行综合、概括、分析，并作出正确的判断和决策。此外，该类人员还应具备较强的社会活动能力，积极参加有关的社会活动，扩大信息交流，不断地吸收投标业务工作所必需的新知识和情报。

（4）掌握一套科学的研究方法和手段，诸如科学的调查、统计、分析、预测等。

2. 技术专业类人才

所谓技术专业类人才，主要是指工程设计及施工中的各类技术人员，诸如建筑师、土木工程师、电气工程师、机械工程师等各类专业技术人员。他们应拥有本学科最新的专业知识，具备熟练的实际操作能力，以便在投标时能从本公司的实际技术水平出发，考虑各项专业实施方案。

3. 商务金融类人才

所谓商务金融类人才，是指从事金融、贸易、税法、保险、采购、保函。索赔等专业知识方面人才。财务人员要懂税收、保险、涉外财会、外汇管理和结算等方面的知识。

以上是对投标班子三类人员个体素质的基本要求。一个投标班子仅仅做到个体素质良好往往是不够的，还需要各方的共同参与，协同作战，充分发挥群体的力量。

除上述关于投标班子的组成和要求外，还需注意保持投标班子成员的相对稳定，不断提高其素质和水平，对于提高投标的竞争力至关紧要；同时，逐步采用或开发有关投标报价的软件，使投标报价工作更加快速、准确。如果是国际工程（包含境内涉外工程）投标，则应配备懂得专业和合同管理的翻译人员。

3.1.3 投标的工作程序

随着市场经济体制的逐步完善，施工企业将全面进入建筑市场，并成为竞争的主体参与招投标。投标是建筑企业取得工程施工合同的主要途径，投标人一旦提交了投标文件，就必须在招标文件规定的期限内信守其承诺，不得随意退出其竞争。因为投标是一种法律行为，投标人必须承担中途反悔撤出的经济和法律责任。

投标又是建筑企业经营决策的重要组成部分，它是一种针对招标的工程项目，力求实现投标活动最优化的活动。投标决策有两个关键优化目标：一是关于参加哪个招标项目的决策；二是投标的项目确定后，何以争取中标，以取得合理的效益。

总体来看，投标决策贯穿在整个投标过程中。投标必须按照当地规定的程序和做法，满足招标文件的各项要求条件，遵守规定的招标时间，进行公平、公正的竞争。

如何进行投标，首先要了解图 3－1 所示的投标基本工作程序流程图及各个阶段的工作步骤。其具体工作程序如下：

（1）获取投标信息。

（2）在招投标交易中心网上投标报名。

（3）投标前期决策。

（4）申报资格预审。

（5）参加招标会议，获取招标文件与施工图纸。

（6）组建投标班子。

（7）进行投标前的市场调查，进行现场勘察。

（8）分析与研究招标文件，会审施工图纸。

（9）投标中期决策。

（10）计算分部分项工程，选取定额与主材价格，确定费率，汇总报价（采用施工图预算报价的）。

（11）计算与复核工程量清单，确定分部分项工程量清单、措施项目清单与其他项目清单的综合单价，确定规费与税金，汇总报价（采用工程量清单报价的）。

（12）编制施工规划（技术标）。

（13）编制投标文件（综合标）。

（14）办理投标担保手续。

（15）报送投标文件。

3.1.4 建设工程项目施工投标过程

虽然各地执行招投标程序不尽相同，但其关键步骤和主要工作内容是一致的，下面将

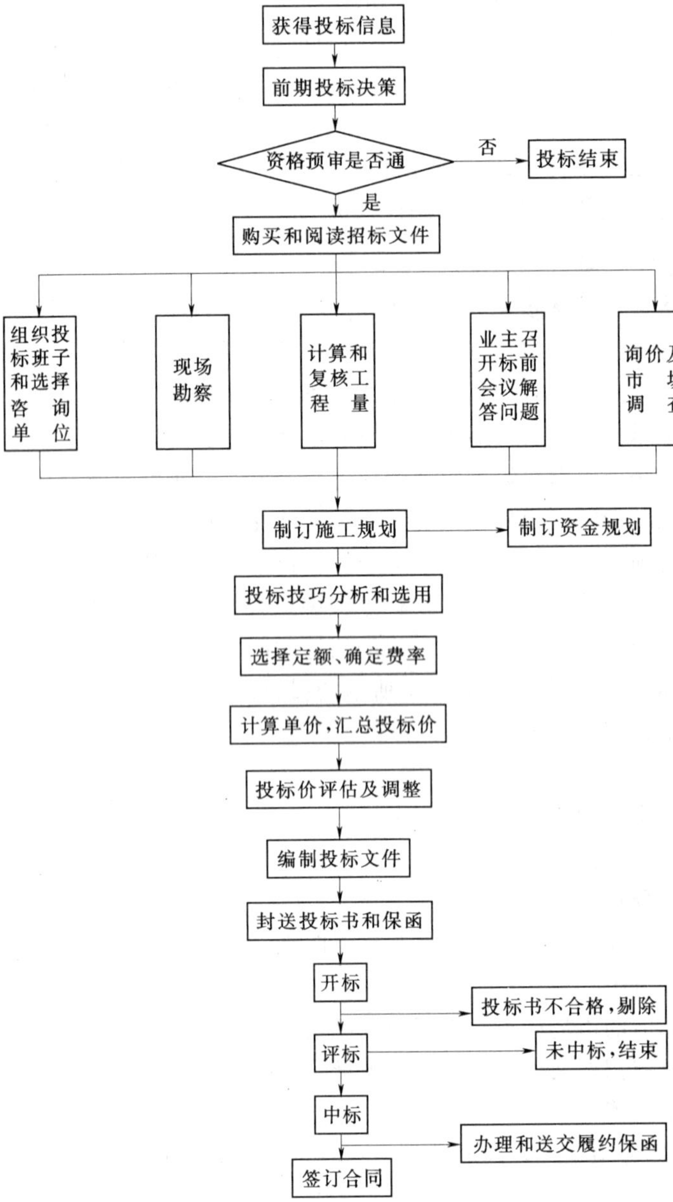

图 3－1　建设工程投标程序框图

投标过程中重要步骤的主要工作内容介绍如下：

3.1.4.1　编制资格预审文件

资格预审能否通过是承包商投标过程中的第一关。对于承包商来讲申报资格预审文件时应注意如下事项：

（1）应注意平时对一般资格预审有关资料的积累工作，并将其储存在计算机内，到针对某个项目填写资格预审调查表时，再将有关资料调出来，并加以补充完善。如果平时不积累资料，完全靠临时填写，则往往会因达不到业主要求而失去机会。

（2）在投标决策阶段，研究并确定今后本公司发展的地区和项目时，注意收集信息，如果有合适的项目，及早动手作资格预审的申请准备。如果发现某个方面的缺陷（如资金、技术水平、经验年限等）不是本公司可以解决的，则应考虑寻找适宜的伙伴，组成联营体来参加资格预审。

（3）加强填表时的分析，既要针对工程特点，下工夫填好重点部位，又要反映出本公司的施工经验、施工水平和施工组织能力。这往往是业主考虑的重点。

（4）做好递交资格预审表后的跟踪工作，以便及时发现问题、补充资料。

3.1.4.2 投标前的调查

这是投标前及其重要的一步准备工作。如果在前述的投标决策的前期阶段对拟投标的地区作了较深入的调查研究，则拿到招标文件以后只需作针对性的补充调整，否则还需作深入的调查。如果是去国外投标，拿到招标文件后再进行调研，则时间是很紧迫的。

（1）应查证工程招标信息的可靠性。目前，国内建设工程招标仍与国际招标存在一定的差距，特别是在信息的真实性、公平性、透明度、业主支付工程价款等方面存在不少问题。因此，要参加投标的企业在决定投标的对象时，必须认真分析验证所获信息的真实可靠性。

（2）对业主的调查了解。这是确定实施工程的酬金能否收回的前提。有些业主单位长期拖欠工程款，致使承包企业不仅不能获取利润，甚至连成本都无法收回。还有些业主单位的工程负责人与外界勾结，索要巨额回扣，中饱私囊，致使承包企业苦不堪言。承包商必须对获得项目之后履行合同的各种风险进行认真的评估分析，风险可以带来效益，但不良的业主同样也可使承包商陷入泥潭而不能自拔，利润总是与风险并存的。

3.1.4.3 施工现场考察

现场考察主要指的是去工地现场进行考察，招标单位一般在招标文件中要注明现场考察的时间和地点，在文件发出后就应安排投标者进行现场考察的准备工作。

施工现场考察是投标者必须经过的投标程序。按照国际惯例，投标者提出的报价单一般被认为是在现场考察的基础上编制出来的，而且应包括施工中可能遇见的各种风险和费用。一旦报价单提出之后，投标者就无权因为现场考察不周、情况了解不细或因素考虑不全面而提出修改投标、调整报价或提出补偿等要求。

现场考察既是投标者的权利又是他的职责。因此，投标者在报价以前必须认真地进行施工现场考察，全面地、仔细地调查了解工地及其周围的政治、经济、地理等情况。

在去现场考察之前，应先仔细地研究招标文件，特别是文件中的工作范围、专用条款，以及设计图纸和说明，然后拟定出调研提纲，确定重点要解决的问题，做到事先有准备，因有时业主只组织投标者进行一次工地现场考察。

现场考察均由投标者自费进行。如果是国际工程，业主应协助办理现场考察人员出入项目所在国境签证和居留许可证。

进行现场考察应从以下 5 方面调查了解。

（1）工程的性质以及与其他工程之间关系。

（2）投标者投标的那一部分工程与其他承包商或分包商之间的关系。

（3）工地地貌、地质、气候、交通、电力、水源等情况，有无障碍物等。

（4）工地附近有无住宿条件，料场开采条件，其他加工条件，设备维修条件等。

（5）工地附近治安情况。

3.1.4.4 选择咨询单位及雇佣代理人

在投标时，可以考虑选择一个咨询机构。在激烈竞争的公开招标形势下，一些专门的咨询公司应运而生，他们拥有经济、技术、法律和管理等各方面的专家，经常搜集、积累各种资料、信息，因而能比较全面而又比较快地为投标者提供进行决策所需要的资料。特别是投标者到一个新的地区去投标时，如能选择到一个理想的咨询机构，为你提供情报，出谋划策以至协助编制投标书等，将会大大提高中标机会。这种咨询机构不一定是招标工程所在国的公司。

雇佣代理人，即是在工程所在地区找一个能代表雇主（投标者）的利益开展某些工作的人。一个好的代理人应该在当地，特别是在工商界有一定的社会活动能力，有较好的声誉，熟悉代理业务。一般代理人均由当地人充当。

某些国家（如科威特、沙特阿拉伯等国）规定，外国承包企业必须有代理人才能开展业务。承包商，特别是到一个新的地区和国家，也需要雇佣代理人作为自己的帮手和耳目。承包商雇佣代理人的最终目的是拿到工程，因此双方必须签订代理合同，规定双方权利和义务。有时还需按当地惯例去法院办理委任手续。代理人协助投标者拿到工程，并获得该项工程业主签约后，才能得到较高的代理费（约为合同总价的1%～3%）。

代理人的一般职责是：

（1）向雇主（即投标者）传递招标信息，协助投标者通过资格预审。

（2）传递投标者与业主间的对话。

（3）提供当地法律咨询服务（包括代请律师）、当地物资、劳力、市场行情及商业活动经验。

（4）如果中标，协助承包商办理出入境签证、居留证、劳工证、物资进出口许可证等多种手续，以及协助承包商租用土地、房屋、建立电话、电传、邮政信箱等。

在某些国家（如科威特、沙特阿拉伯、阿联酋等国），还要求外国公司找一个本国的担保人（可以是个人、公司或集团），签订担保合同，商定担保金额和支付方式。外国公司如能请到有威望、有影响的担保人，将有助于承包业务的开展。

有的国家要求外国公司必须与本国公司合营，共同承包工程项目，共同享受盈利和承担风险。实际上，有些合伙人并不入股，只帮助外国公司招揽工程、雇用当地劳务及办理各种行政事务，承包公司付给佣金。但有的国家，如阿联酋，则明文规定凡在阿联酋境内开商业性公司的，必须有一个以上阿联酋人股东，并且他们要占51%股份，在这种国家开展承包，必须采取合伙经营的方式。

3.1.4.5 分析招标文件、研究施工图纸、校核工程量

招标文件是投标的主要依据，因此应该仔细的分析研究。研究招标文件，重点应放在投标者须知、合同条件、设计图纸以及工程量表上，最好由专人或小组负责研究技术规范和设计图纸，弄清其特殊要求。

对于招标文件中的工程量清单，招标人一定要进行核实，因为它直接影响投标报价及

中标机会。例如，当投标人大体上确定了工程总报价之后，对某些项目工程量可能增加的，可以提高单价；而对于某些项目工程量估计会减少的，可以降低单价。如发现工程量有重大出入的，特别是漏项的，必要时可以找招标人校对，要求招标人认可，并给予书面证明，这对于总价固定合同尤为重要。

3.1.4.6 编制工程规划

该工作对于投标报价影响很大。在投标活动中，必须编制施工规划，但其深度和广度都比不上施工组织设计。如果中标，需要再编制施工组织设计。施工规划的内容包括施工方案，施工方法，施工进度计划，施工机械计划，材料、设备、劳动力计划，以及临时生产、生活设施。制定施工规划的最主要依据为施工图纸，编制的原则是在保证工程质量和工期的前提下使成本最低、利润最大。

1. 编制施工规划的目的

(1) 招标单位可以通过施工规划具体了解投标人的施工技术、管理水平以及机械设备、材料、人力的情况。

(2) 投标人可以通过施工规划改进施工方案、施工方法与施工机械的选用，甚至出奇制胜，降低报价、缩短工期而中标。

2. 施工规划的内容

(1) 选择和确定施工方法。根据工程类型，研究可以采用的施工方法。对于一般的土方工程、混凝土土工程、房建工程、灌溉工程等比较简单的工程，可结合已有施工机械以及工程技术水平来选定施工方法，努力做到节约开支、加快进度。对于复杂的大型工程则要考虑几种施工方案，进行综合比较。如地下工程（开挖隧道或洞室），要进行地质资料分析，确定开挖方法（用掘进机还是钻孔爆破等），确定支洞、斜井、竖井数量和位置以及出渣方法、通风方式等。

(2) 选择施工设备和施工设施。此工作一般与研究施工方法同时进行。在工程估价过程中还要不断比较施工设备和施工设施，确定利用旧设备还是采购新设备，在国内采购还是在国外采购。须对设备的型号、配套、数量（包括使用数量和备用数量）进行比较，还应研究哪些类型的机械可以采用租赁办法。对于特殊的、专用的设备折旧率需单独考虑。订货设备清单中还应考虑辅助和修配机械、备用零件，尤其是订购外国机械时应特别注意这一点。

(3) 编制施工进度计划。编制施工进度计划应紧密结合施工方法和施工设备，施工进度计划中应提出各时段应完成的工程量及限定日期。施工进度计划是采用网络进度计划还是线条进度计划，要根据招标文件的要求确定。目前国内大型工程招标多要求用电算方法绘制网络计划。

3.1.4.7 投标报价的计算

投标报价是投标人承包工程项目的总价格。招标人对一般项目而言，在能够满足招标文件实质性要求的前提下，以投标人报价作为主要标准来选择中标人。所以投标成败的关键就是确定一个合适的投标报价，这也是投标人能否中标和盈利的最关键的问题。

建设项目的价格是市场上的商业价格，按市场供求关系即竞争情况定价。投标报价是由成本和利润组成的，其中成本由直接费用和间接费用构成。有经验成熟的施工企业，应有自己各项目的直接费用的单价。也就是说，对本企业在施工方法和施工技术上有优势的施工项目，通过反复的施工实践，经各项目的成本分析，制定出主要项目直接费用的单价，该单价是准确的保本价，这是编制投标报价的基础。在保本的直接费单价上再摊入间接费、风险基金和利润后，即为各项目的综合单价。在投标时结合工程项目和市场竞争情况，对上述综合单价进行适当修正（增加或减少风险基金和利润部分），即为投标报价。这样既做到心中有数，也加快了投标报价的编制工作。对招标的项目中本企业没有直接费用单价的项目，可采用实物法编制直接费用单价，即依据项目的各种资源投入和产出计算单价。然后再分别计算投标项目的间接费用，加上风险基金和利润后，分别摊入直接费用单价中，成为综合单价。综合单价再乘以各项目招标工程量，成为各项目合价，总和即为投标总价。

3.1.4.8　编制投标文件

确定报价后，便可编写投标文件。编制投标文件也称填写投标书，或编制报价书。投标文件必须依照招标文件中提供的格式或大纲编制，除另有规定者外，投标人不得修改投标文件格式。一般不能带任何附加条件，否则会导致废标。

下面从投标者投标角度对报价书内容再作一些说明和补充。

（1）投标书。

（2）投标保证书。

（3）报价表。随合同类型而异。单价合同一般将各项单价开列在工程量表上。有时业主要求报单价分析，则需按招标文件规定将主要的或全部单价均附上单价分析表。

（4）施工规划。各种施工方案（包括建议的新方案）及其施工进度计划表，有时要人力安排计划的直方图。

（5）施工组织机构表及主要工程管理人员人选及简历。

（6）如欲将部分项目分包给其他承包商，则需将分包商的情况写入投标文件。

（7）其他必要的附件及资料。如投标保函、承包商营业执照，承包商的投标金权代表的委任书及姓名、地址，能确认投标者财产经济状况的银行或金融机构的名称及地址等。

3.1.4.9　准备备忘录提要

招标文件中一般都明确规定，不允许投标者对招标文件的各项要求进行随意取舍、修改或提出保留。但是在投标过程中，投标者对招标文件反复深入地进行研究后，往往会发现很多问题，这些问题大体可分为3类：

（1）对投标者有利的，可以在投标时加以利用或在以后提出索赔要求的，这类问题投标者一般在投标时是不提的。

（2）发现的错误明显对投标者不利的，如总价包干合同工程项目漏项或是工程量偏低，这类问题投标者应及时向业主提出质询，要求业主更正。

（3）是投标者企图通过修改某些招标文件的条款或是希望补充某些规定，以使自己在合同实施时能处于主动地位的问题。

这些问题在准备投标文件时应单独写成一份备忘录提要。但这份备忘录提要不能附在投标文件中提交，只能自己保存。第3类问题留待合同谈判时使用，也就是说，当该投标使业主感兴趣，业主邀请投标者谈判时，再把这些问题根据当时情况，一个一个地拿出来谈判，并将谈判结果写入合同协议书的备忘录中。

总之，在投标阶段除第2类问题外，一般少提问题，以免影响中标。

3.1.4.10 投标文件的报送

报送投标文件也称递标，是指投标人在规定的截止日期之前，将准备好的所有投标文件密封报送指定的地点的行为。

招标人或招标代理机构收到投标文件后，应签收或通知投标人已收到其投标文件，并记录收到的日期；同时，在收到投标文件到开标之前，所有投标文件均不得启封，并应采取措施确保投标文件的安全。投标人报送投标文件后，在截止日之前，允许投标人撤回投标文件，可对其修改或补充。修改补充的内容作为投标文件的组成部分。投标人的投标文件在投标截止日期以后送达的，将被招标人拒收。

需要注意的是，除了上述规定的投标书外，投标人还可以写一份更为详细的致函，对自己的投标报价作必要的说明，以吸引招标人和评标委员会对递送这份投标书的投标人感兴趣和有信心。如若招标文件允许替代方案，并且投标人又制定了替代方案，可以说明替代方案的优点，明确如果采用替代方案，可以降低或增加的标价。

报送投标文件不宜太早，一般在招标文件规定的截止日期前1～2天内密封送交指定地点。

3.2 建设工程投标策略与技巧

3.2.1 投标策略的概念

投标策略是指投标人在投标竞争中的指导思想与系统工作部署及其参与投标竞争的方式和手段。投标策略贯穿于投标竞争的始终，在投标与否、投标项目的选择、投标报价等方面，无不包含投标策略。

3.2.2 投标策略的分析

企业在参加工程投标前，应根据招标工程情况和企业自身的实力，组织有关投标人员进行投标策略分析，其中包括企业目前经营状况和自身实力分析、对手分析和机会利益分析等。

招投标过程中，如何运用以长制短、以优制劣的策略和技巧，关系到能否中标和中标后的效益。在通常情况下，投标策略有以下几种。

1. 高价盈利策略

这是在报价过程中以较大利润为投标目标的策略。这种策略的使用通常基于以下情况：

(1) 施工条件差的工程。

(2) 专业要求高的技术密集型工程，而本公司在这方面又有专长，声望也较高。

(3) 总价低的小工程，以及自己不愿做、有不方便不投标的工程。

(4) 特殊工程，如港口码头、地下开挖工程等。

(5) 工期要求急的工程。

(6) 投标对手少的工程。

(7) 支付条件不理想的工程。

2. 低价薄利策略

指在报价过程中以薄利投标的策略。这种策略的使用通常基于以下情况：

(1) 施工条件好的工程，工作简单，工程量大而一般公司都可以做的工程。

(2) 本公司目前急于打入某一市场、某一地区，或在该地区面临工程结束，机械设备等无工地转移时。

(3) 本公司在附近有工程，而本项目又可利用该工程的设备、劳务，或有条件短期内突击完成的工程。

(4) 投标对手多，竞争激烈的工程。

(5) 支付条件好的工程。

3. 无利润夺标的策略

缺乏竞争优势的承包商，在不得已的情况下，只好在投标中根本不考虑利润去夺标。这种策略一般在以下情况下采用：

(1) 可能在得标后，将部分工程分包给索价较低的一些分包商。

(2) 对于分期建设的项目，先以低价获得首期工程，而后赢得机会创造第二期工程中的竞争优势，并在以后的实施中赚得利润。

(3) 长时期内，承包商没有在建的工程项目，如果再不得标，就难以维持生存。因此，虽然本工程无利可图，只要能有一定的管理费维持公司的日常运转，就可设法度过暂时的困难，以图将来东山再起。

3.2.3 研究和运用投标技巧

投标技巧研究，其实质是在保证工程质量与工期条件下，寻求一个好的报价的技巧问题。为了中标和取得期望的效益，投标人必须在保证满足招标文件各项要求的条件下，研究和运用投标技巧，这种研究和运用贯穿在整个投标程序过程中。一般以开标作为分界，将投标技巧研究分为开标前和开标后两个阶段。

3.2.3.1 开标前的投标技巧研究

1. 不平衡报价

不平衡报价，指在总价基本确定的前提下，如何调整内部各个子项的报价，以期既不影响总报价，又在中标后投标人可尽早收回垫支于工程中的资金和获取较好的经济效益。但要注意避免不正常的调高或压低现象，避免失去中标机会。通常采用的不平衡报价有下列几种情况：

(1) 对能早期结账收回工程款的项目（如土方、基础等）的单价可报较高价，以利于资金周转；对后期项目（如装饰、电气设备安装等）单价可适当降低。

(2) 估计今后工程量可能增加的项目，其单价可提高，而工程量可能减少的项目，其单价可降低。

但上述两点要统筹考虑。对于工程量有错误的早期工程，如不可能完成工程量表中的数量，则不能盲目抬高单价，需要具体分析后再确定。

(3) 图纸内容不明确或有错误，估计修改后工程量要增加的，其单价可提高；而工程内容不明确的，其单价可降低。

(4) 没有工程量只填报单价的项目，其单价宜高。这样，既不影响总的投标报价，又可多获利。

(5) 对于暂定项目，其实施的可能性大的项目，价格可定高价；估计该工程不一定实施的可定低价。

(6) 零星用工（计日工）一般可稍高于工程单价表中的工资单价，因为零星用工不属于承包有效合同总价的范围，发生时实报实销，也可多获利。

2. 多方案报价法

多方案报价法是利用工程说明书或合同条款不够明确之处，以争取达到修改工程说明书和合同为目的的一种报价方法。当工程说明书或合同条款有些不够明确之处时，往往使投标人承担较大风险。为了减少风险就必须扩大工程单价。增加"不可预见费"，但这样做又会因报价过高而增加被淘汰的可能性。多方案报价法就是为对付这种两难局面而出现的。其具体做法是在标书上报两个单价，一是按原工程说明书合同条款报一个价；二是加以注解，"如工程说明书或合同条款可作某些改变时"，则可降低多少的费用，使报价成为最低，以吸引业主修改工程说明书和合同条款。

还有一种办法是对工程中一部分没有把握的工作，注明按成本家若干酬金结算的办法。但是，如有规定，政府工程合同的方案是不容许改动的，这个方法就不能使用。

3. 突然袭击法

由于投标竞争激烈，为迷惑对方，有意泄露一些假情报，如不打算参加投标，或准备投高标，表现出无利可图不干等假象，到投标截止之前几个小时，突然前往投标，并压低投标价，从而使对手措手不及而败北。

4. 低投标价夺标法

此种方法是非常情况下采用的非常手段：比如企业大量窝工，为减少亏损；或为打入某一建筑市场；或为挤走竞争对手保住自己的地盘，于是制定了严重亏损标，力争夺标。若企业无经济实力，信誉不佳，此法也不定会奏效。

5. 联合保标法

在竞争对手众多的情况下，可以采取几家实力雄厚的承包商联合起来控制标价，一家出面争取中标，再将其中部分项目转让给其他承包商分包，或轮流相互保标。

3.2.3.2 开标后的投标技巧研究

投标人通过公开开标这一程序可以得知众多投标人的报价。但低价并不一定中标，需要综合各方面的因素，反复译审，经过议标谈判，方能确定中标人。若投标人利用议标谈判施展竞争手段，就可以变自己的投标书的不利因素为有利因素，大大提高获胜机会。

议标谈判，通常是选 2～3 家条件较优者进行谈判。招标人可分别向他们发出通知进行议标谈判。

从招标的原则来看，投标人在标书有效期内，是不能修改其报价的。但是，某些议标谈判可以例外。在议标谈判中的投标技巧主要有以下几种。

1. 降低投标价格

投标价格不是中标的唯一因素，但却是中标的关键性因素。在议标中，投标者适时提出降价要求是议标的主要手段。需要注意的是：

（1）要摸清招标人的意图，在得到其希望降低标价的暗示后，再提出降价的要求。因为，有些国家的政府关于招标的法规中规定，已投出的投标书不得改动任何文字。若有改动，投标即告无效。

（2）降低投标价要适当，不得损害投标人自己的利益。

降低投标价格可从以下 3 方面入手，即降低投标利润、降低经营管理费和设定降价系数。

（1）投标利润的确定，既要围绕争取最大未来收益这个目标而定立，又要考虑中标率和竞争人数因素的影响。通常，投标人准备两个价格，即准备了应付一般情况的适中价格，又同时准备了应付竞争特殊环境需要的替代价格，它是通过调整报价利润所得出的总报价。两价格中，后者可以低于前者，也可以高于前者。如果需要降低投标报价，即可采用低于适中价格，使利润减少以降低投标报价。

（2）经营管理费，应该作为间接成本进行计算。为了竞争的需要，也可以降低这部分费用。

（3）降低系数，是指投标人在投标作价时，预先考虑一个未来可能降价的系数。如果开标后需要降价竞争，就可以参照这个系数进行降价；如果竞争局面对投标人有利，则不必降价。

2. 补充投标优惠条件

除中标的关键性因素——价格外，在议标谈判的技巧中，还可以考虑其他许多重要因素，如缩短工期，提高工程质量，降低支付条件要求，提出新技术和新设计方案，以及提供补充物资和设备等，以此优惠条件争取得到招标人的赞许，争取中标。

3.3 建设工程投标文件的编制

投标文件是投标活动的一个书面成果，它是投标人能否通过评标、决标而签订合同的依据。因此，投标人应对投标文件的编制给以高度的重视。

3.3.1 投标文件的组成

建设工程投标文件，是投标人单方面阐述自己响应招标文件的要求，旨在向招标人提出愿意订立合同的意思表示，是投标人确定和解释有关投标事项的各种书面表达形式的统称。

投标文件应严格按照招标文件的各项要求来编制，一般说来，投标文件由以下几部分组成。

1. 投标书

其主要内容为：投标报价、质量、工期目标、履约保证金数额等。

2. 投标书附录

其内容为投标人对开工日期、履约保证金、违约金以及招标文件规定的其他要求的具体承诺。

3. 投标保证金

投标保证金的形式有：现金、支票、汇票和银行保函，但具体采用何种形式应根据招标文件规定。

4. 法定代表人资格证明书

5. 授权委托书

6. 具有标价的工程量清单与报价表

7. 施工组织设计

内容一般包括：施工部署，施工方案，总进度计划，资源计划，施工总平面图，季节性施工措施，质量、进度保证措施，安全施工、文明施工、环境保护措施等。

8. 辅助资料表

常见的有：企业资信证明资料、企业业绩证明资料、项目经理简历及证明资料、项目部管理人员表及证明资料、施工机械设备表、劳动力计划表和临时设施计划表等。

9. 资格审查表

10. 对招标文件的合同条款内容的确认和响应

11. 按招标文件规定应提交的其他资料

3.3.2 编制投标文件的准备工作

(1) 组织投标班子，确定人员分工。

(2) 仔细阅读招标文件中的投标须知，投标书及附表，工程量清单，技术规范等部分。发现业主需要解释澄清的问题，应组织讨论，需要提到业主组织的标前会的问题，应书面寄交业主，标签会后发现的问题应随时函告业主，切勿口头商讨。来往信函应编号存档备查。

(3) 投标人应根据图纸审核工程量清单中的分项、分部工程的内容和数量。发现有错误，应在招标文件规定的期限内向业主提出。

(4) 收集现行定额和综合单价、取费标准、市场价格信息和各类有关标准图集，并熟悉政策性调价文件。

(5) 准备好有关计算机软件系统，力争全部投标文件用计算机打印，包括网络进度计划。

3.3.3 编制投标文件的步骤

投标人在领取招标文件以后，就要进行投标文件的编制工作。编制投标文件的一般步骤是：

(1) 实质性响应条款的编制。包括对合同主要条款的响应，对提供资质证明的响应，对采用的技术规范的响应等。

(2) 复查、计算工程量。

(3) 编制施工组织设计，确定施工方案。

(4) 编制或套用投标单价。

(5) 计算取费标准或确定采用取费标准。

（6）计算投标价。

（7）核对调整投标价。

（8）确定投标报价。

（9）装订成册。

3.3.4 投标文件的编制注意事项

（1）投标文件中必须采用招标文件规定的文件表格格式。填写表格时应根据招标文件的要求，每一要求填写的空格都必须填写，不得空着不填，否则在评标时就认为放弃此项要求。重要的项目或数字，如质量等级、价格、工期等如未填写，将作为无效或作废的投标文件处理。

（2）所编制的投标文件“正本”只有一份，“副本”则按招标文件前附表要求的份数提供。正本和副本不一致，以正本为准。

（3）投标文件应打印清楚、整洁、美观。所有投标文件均应由投标人的法定代表人签署，加盖印章及法人单位公章。

（4）对报价数据应校对，消除算术计算错误。对各分项、分部工程的报价及报价的单方造价、全员劳动生产率，单位工程一般用料和用工指标，人工费和材料费的比例是否正常等应根据现有指标和企业内部数据进行宏观审核，防止出现大的错误和漏项。

（5）全套投标文件应当没有涂改和行间插字，如投标人造成涂改或行间插字，则所有这些地方均应由投标文件签字人签字并加盖印章。

（6）如招标文件规定投标保证金为合同总价的某一百分比时，投标人不宜过早开具投标保函，以防泄漏自己一方的报价。但有的投标人提前开出并故意加大保函金额，以麻痹竞争对手的情况也是存在的。

（7）投标文件必须严格按照招标文件和规定编写，切勿对投标文件要求进行修改或提出保留意见。如果投标人发现招标文件中确有不少问题，则可将这些问题归纳为以下3类，区别对待处理。

1）对投标人有利的，可以在投标时加以利用或在以后提出索赔要求的，这类问题在投标者在投标时一般是不提的。

2）发现的错误明显对投标人不利的，如总价包干合同工程项目漏项或是工程量偏少的，这类问题投标人应及时向业主提出质疑，要求业主更正。

（8）编制投标文件过程中，必须考虑开标后如果进入投标对象时，在评标过程中应采取的对策。

（9）所有投标文件应装帧美观大方，投标人要在每一页上签字，较小工程可装成一册，大、中型工程（或按业主要求）可分下列几部分封装：

1）有关投标人资历等文件。如投标委任书，证明投标者资历、能力、财力的文件，投标保函，投标人在项目所在国注册证明，投标附加说明等。

2）与报价有关的技术规范文件。如施工规划，施工机械设备表，施工进度表，劳动力计划表等。

3）报价表。包括工程量表、单价、总价等。

4）建议方案的设计图纸及有关说明。

5）备忘录。

总之，要避免因为细节的疏忽和技术上的缺陷而使投标书无效。

3.4 建设工程投标报价

3.4.1 投标估价及其依据

投标报价前，投标人首先应根据有关法规、取费标准、市场价格、施工方案等，并考虑到上级企业管理费、风险费用、预计利润和税金等所确定的承揽该项工程的企业水平的价格，即进行投标估价。投标估价是承包商生产力水平的真实体现，是确定最终报价的基础。

投标估价的主要依据有：

(1) 招标文件，包括招标答疑文件。

(2) 预算定额、单位估价表、费用定额以及地方的有关工程造价的文件，有条件的企业应尽量采用企业施工定额。

(3) 劳动力、材料价格信息，包括由地方造价管理部门编制的造价信息。

(4) 地质报告、施工图，包括施工图指明的标准图。

(5) 施工规范、标准。

(6) 施工方案和施工进度计划。

(7) 现场踏勘和环境调查所获得的信息。

(8) 当采用工程量清单招标时应包括工程量清单。

3.4.2 投标报价的程序

承包工程有总价合同、单价合同、成本加酬金合同等合同形式，不同的合同形式的计算报价是有差别的。具有代表性的单价合同报价计算主要步骤如下：

1. 研究招标文件

招标文件是投标的主要依据，承包商在计算标价之前和整个投标报价期间，均应组织参加投标报价的人员认真细致地阅读招标文件，仔细分析研究，弄清招标文件的要求和报价内容。一般主要应弄清报价范围，取费标准，采用定额、工料机定价方法、技术要求，特殊材料和设备，有效报价区间等。同时，在招标文件研究过程中要注意发现互相矛盾和表述不清的问题等。对这些问题，应及时通过招标预备会或采用书面提问形式，请招标人给予解答。

在投标实践中，报价发生较大偏差甚至造成废标的原因，常见的有两个。①造价估算误差太大；②没弄清招标文件中有关报价的规定。因此，标书编制以前，全体与投标报价有关的人员都必须反复认真研读招标文件。

2. 现场调查

现场条件是承包商投标报价的重要依据之一。现场调查不全面不细致，很容易造成与现场条件有关的工作内容遗漏或者工程量计算错误。而一旦投标书提交以后，承包商就无权对考虑不全的因素而提出报价修正，而且在今后合同的履行中也不能提出补偿的要求，从而使承包商蒙受很大的损失。现场调查一般主要包括如下方面：

(1) 自然地理条件，包括：施工现场的地理位置；地形、地貌；用地范围；气象、水文情况；地质情况；地震及设防烈度；洪水、台风及其他自然灾害情况等。

这些条件有的直接涉及风险费用的估算，有的则涉及施工方案的选择，并从而涉及到工程直接费的估算。

(2) 市场情况，包括：建筑材料和设备、施工机械设备、燃料、动力和生活用品的供应状况、价格水平与变动趋势；劳务市场状况；银行利率和外汇汇率等情况。

对于不同建设地点，由于地理环境和交通条件的差异，价格变化会很大。因此，要准确估算工程造价就必须对这些情况进行详细调查。

(3) 施工条件，包括：临时设施、生活用地位置和大小；供排水、供电、进场道路、通讯设施现状；引接供排水线路、电源、通讯线路和道路的条件和距离；附近现有建(构)筑物、地下和空中管线情况；环境对施工的限制等。

这些条件，有的直接关系到临时设施费的支出的多少，有的则或因与施工工期有关，或因与施工方案有关，或因涉及到技术措施费，从而直接或间接影响工程造价。

(4) 其他条件，包括：交通运输条件；工地现场附近的治安情况等。

交通条件直接关系到材料和设备的到场价格，对工程造价影响十分显著。治安状况则关系到材料的非生产性损耗，因而也会影响工程成本。

3. 编制施工组织设计

施工组织设计包括进度计划和施工方案等内容，是技术标的主要组成部分。施工组织设计的水平反映了承包商的技术实力，不但是决定承包商能否中标的主要因素。而且由于施工进度安排是否合理，施工方案选择是否恰当，对工程成本与报价有密切关系。一个好的施工组织设计可大大降低标价。因此，在估算工程造价之前，工程技术人员应认真编制好施工组织设计，为准确估算工程造价提供依据。

4. 计算或复核工程量

要确定工程造价，首先要根据施工图和施工组织设计计算工程量，并列出工程量表。而当采用工程量清单招标时，投标者应根据图纸仔细对招标文件中所附的工程量表进行复核，通知招标单位对较大的漏项或误差进行更正。工程量的大小是投标报价的最直接依据。为确保复核工程量准确，在计算中应注意以下方面：

(1) 正确划分分项工程，做到与当地定额或单位估价表项目一致。

(2) 按一定顺序进行，避免漏算或重算。

(3) 以施工图为依据。

(4) 结合已定的施工方案或施工方法。

(5) 进行认真复核与检查。

5. 确定工、料、机单价

当采用预算定额进行造价估算时，大部分的分项工程各地的预算单位估价表都提供了工、料、机单价，但也有部分工程或因为单位估价表中无单价，或因为单位估价表中单价与实际采用材料不同，或因为当地文件规定需根据当地的造价信息刊物提供的单价换算，或因为在造价信息中也未提供单价，因此在造价估算时应对工、料、机单价进行重新确定。

不言而喻，当采用企业定额进行造价估算时，则所有的工、料、机单价都需要通过调查，按实确定。

6. 计算工程直接费

根据分项工程中工、料、机等生产要素的需用量和其单价，计算分项工程的直接成本的单价和合价，进而计算出整个工程的直接费。

7. 计算间接费

根据当地的费用定额或根据企业的实际情况，以直接费为基础，计算出工程间接费。

8. 估算上级企业管理费、预计利润、税金及风险费用

9. 计算工程总估价

综合工程直接费、间接费、上级企业管理费、风险费用、预计利润和税金形成工程总估价。

10. 审核工程估价

在确定最终的投标报价前，还需进行报价的宏观审核。宏观审核的目的在于通过变换角度的方式对报价进行审查，以提高报价的准确性，提高竞争能力。

宏观审核通常所采取的观察角度主要有以下方面：

(1) 单位工程造价。将投标报价折合成单位工程造价，例如房屋工程按平方米造价，铁路、公路按公里造价，铁路桥梁、隧道按每平方米造价，公路桥梁按桥面平方米造价等，并将该项目的单位工程造价与类似工程的单位工程造价进行比较，以判定报价水平的高低。

(2) 全员劳动生产率。所谓全员劳动生产率是指全体人员每工日的生产价值。一定时期内，由于受企业一定的生产力水平所决定，具有相对稳定的全员劳动生产率水平。因而企业在承揽同类工程或机械化水平相近的项目时应具有相近的全员劳动生产率水平。因此，可因此为尺度，将投标工程造价与类似工程造价进行比较，从而判断造价的正确性。

(3) 单位工程消耗指标。各类建筑工程每平方米建筑面积所需的劳动力和各种材料的数量均有一个合理的指标。因而将投标项目的单位工程用工、用料水平与经验指标相比，也能判断其造价是否处于合理的水平。

(4) 分项工程造价比例。一个单位工程是由基础、墙体、楼板、屋面、装饰、水电、各种附属设备等分项工程构成的，它们在工程造价中都有一个合理的大体比例，承包商可通过投标项目的各分项工程造价的比例与同类工程的统计数据相比较，从而判断造价估算的准确性。

(5) 各类费用的比例。任何一个工程的费用都是由人工费、材料设备费、施工机械费、间接费等各类费用组成的，它们之间都应有一个合理的比例。将投标工程造价中的各类费用比例与同类工程的统计数据进行比较，也能判断估算造价的正确性和合理性。

(6) 预测成本比较。若承包商曾对企业在同一地区的同类工程报价进行积累和统

计，则还可以采用线性规划、概率统计等预测方法进行计算，计算出投标项目造价的预测值。将造价估算值与预测值进行比较，也是衡量造价估算正确性和合理性的一种有效方法。

(7) 扩大系数估算法。根据企业以往的施工实际成本统计资料，采用扩大系数估算工程的投标工程的造价，是在掌握工程实施经验和资料的基础上的一种估价方法。其结果比较接近实际，尤其是在采用其他宏观指标对工程报价难以校准的情况下，本方法更具优势。扩大系数估算法，属宏观审核工程报价的一种手段。不能以此代替详细的报价资料，报价时仍应按招标文件的要求详细计算。

(8) 企业内部定额估价法。根据企业的施工经验，确定企业在不同类型的工程项目施工中的工、料、机等的消耗水平，形成企业内部定额，并以此为基础计算工程估价。此方法不但是核查报价准确性的重要手段，也是企业内部承包管理、提高经营管理水平的重要方法。

综合运用上述方法与指标，就可以减少报价中的失误，不断提高报价水平。

11. 确定报价策略和投标技巧。

根据投标目标、项目特点、竞争形势等，在采用前述的报价决策的基础上，具体确定报价策略和投标技巧。

12. 最终确定投标报价。

根据已确定的报价策略和投标技巧对估算造价进行调整，最终确定投标报价。

3.4.3 投标报价的组成

目前，在我国的建筑市场上，常见的投标报价方式有以下 3 种。

(1) 按工程概、预算编制方法进行编制，即投标人按照概、预算编制规定先计算工程量，再以政府主管部门批准的各种定额为依据计算直接费、间接费和利税等费用，最后考虑一定的浮动率，确定总价。

(2) 工程量清单报价方法，即投标人针对招标人提供的工程量清单填报工程的单价、合价和总价。

(3) 总价浮动率报价方法，即投标人不报工程的单价和总价，只报总价浮动率。

其中，第 3 种报价方式，一般只用于边设计边施工，施工图分阶段提供的招标项目。采用这种报价方法的项目，竣工结算工作大，且矛盾较多，因此不被经常采用。

采用不同的报价方法，投标报价的组成和计算也有所不同。.

3.4.3.1 按工程概、预算的方法编制

按工程概、预算的方法编制投标报价，是国内招标工程投标比较流行的做法。采用这种方法编制的投标报价，在费用组成上与工程概、预算文件中的费用构成基本一致。但严格讲来，投标报价和工程概、预算并不是一回事。两者的主要区别，一是工程概、预算的内容比较规范，其中各种费用都要按规定的费率和定额进行计算，不能随意变更，而投标报价则可根据承包商的实际情况进行计算，可以包含风险费用，可以上下浮动，有关定额只作参考；二是工程概、预算文件编制完成后，主要用于对投资的控制，而投标报价只用于投标，二者的性质和用途完全不同。

按编制工程概、预算的方法编制的投标报价，主要由直接费、间接费、利润、税金四部分组成。

1. 直接费

直接工程费，是指施工过程中耗费的构成工程实体和有助于工程形成的各项费用，包括人工费、材料费、施工机械使用费。

直接工程费中的人工费，是指直接从事建筑安装工程施工的生产工人开支的各项费用，内容包括：

(1) 基本工资，是指按有关工资等级标准确定的工资。

(2) 工资性补贴，是指按规定标准发放的物价补贴，煤、燃气补贴，交通费补贴，住房补贴，流动施工津贴，地区津贴等。

(3) 生产工人辅助工资，是指生产工人年有效施工天数以外非作业天数的工资，包括职工学习、培训期间的工资，调动工作、探亲、休假期间的工资，因气候影响的停工工资，女工哺乳时间的工资，病假在6个月以内的工资及产、婚、丧假期的工资。

(4) 职工福利费，是指按规定标准计提的职工福利费。

(5) 生产工人劳动保护费，是指按规定标准发放的劳动保护用品的购置费及修理费，徒工服装补贴，防暑降温费，在有碍身体健康环境中施工的保健费用等。

上述工资确定方法虽然是计划经济时代建立的，但由于它是与目前仍然在普遍使用的概、预算定额相配套的，且具有一定合理性，因此仍在工程造价估算中被沿用。而工人实际工资结构一般已发生了很大变化，各个企业的情况差别也很大。

直接费中的材料费，是指施工过程中耗用的构成工程实体的原材料、辅助材料、构配件、零件、半成品的费用和周转使用材料的摊销（或租赁）费用，内容包括：

(1) 材料原价（或供应价）。

(2) 供销部门手续费。

(3) 包装费。

(4) 材料自来源地运至工地仓库或指定堆放地点的装卸费、运输费及途耗。

(5) 采购及保管费。

直接费中的施工机械使用费，是指使用施工机械作业所发生的机械使用费以及机械安装、拆卸和进出场费用，内容包括：

(1) 折旧费。

(2) 大修费。

(3) 经常性修理费。

(4) 安装、拆卸费及场外运输费。

(5) 燃料动力费。

(6) 人工费。

(7) 运输机械养路费、车船使用税及保险费。

其他直接费，是指直接费以外施工过程中发生的其他费用，内容包括：

(1) 冬、雨期施工增加费。

(2) 夜间施工增加费。

（3）二次搬运费。

（4）仪器、仪表使用费，是指通讯、电子等设备安装工程所需安装和测试仪器、仪表摊销及维修费用。

（5）生产工具、用具使用费，是指施工生产所需不属于资产的生产工具及检验用具等的购置、摊销和维修费，以及支付给工人自备工具补贴费。

（6）检验试验费，是指对建筑材料、构件和建筑安装物进行一般鉴定、检查所发生的费用，包括自设试验室进行试验所耗用的材料和化学药品等费用，以及技术革新和研究试制试验费。

（7）特殊工种培训费。

（8）工程定位复测、工程点交、场地清理等费用。

（9）特殊地区施工增加费，是指铁路、公路、通信、输电、长距离输送管道等工程在原始森林、高原、沙漠等特殊地区施工增加的费用。

现场经费，是指为施工准备、组织施工生产和管理所需费用，内容主要包括临时设施费和现场管理费。

现场经费中的临时设施费，是指施工企业为进行建筑安装工程施工所必需的生活和生产用的临时建筑物、构筑物和其他临时设施费用等。临时设施包括：

（1）办公室、仓库、加工厂房屋与构筑物等生产性临时设施。

（2）临时宿舍、文化福利及公用事业房屋与构筑物等生活性临时设施。

（3）规定范围内的道路、水、电、热力、通讯等线路临时设施。

临时设施费用内容包括临时设施的搭设、维修、拆除费或摊销费。

现场经费中的现场管理费，是指为现场必不可少的管理费用，内容包括：

（1）现场管理人员的基本工资、工资性补贴、职工福利费、劳动保护费等。

（2）办公费，是指现场管理办公用的文具、纸张、账表、书报费用及印刷、邮电、会议、水、电、烧水和集体取暖（包括现场临时宿舍取暖）用煤等费用。

（3）差旅交通费，是指职工因公出差期间的旅费、住勤补助费、市内交通费和误餐补助费，职工探亲路费，劳动力招募费，职工离退休、退职一次性路费，工伤人员就医路费，工地转移费以及现场管理使用的交通工具的油料、燃料、养路费及牌照费。

（4）固定资产使用费，是指现场管理及试验部门使用的属于固定资产的设备、仪器等的折旧、大修理、维修费或租赁费等。

（5）工具用具使用费，是指现场管理使用的不属于固定资产的工具、器具、家具、交通工具和检测、试验、测绘、消防用具等的购置、维修和摊销费。

（6）保险费，是指施工管理用的财产、车辆保险，高空、井下、海上作业特殊工种安全保险等现场人员的意外伤害保险费用。

（7）工程保修费，是指工程竣工交付使用后，在规定保修期内的修理费用。

（8）工程排污费，是指施工现场按规定交纳的排污费用。

（9）其他费用。

2. 间接费

投标报价中的间接费，由企业管理费、财务费和其他费用组成。

企业管理费，是指施工企业为组织施工生产经营活动所发生的管理费用，内容包括：

(1) 管理人员的基本工资、工资性补贴及按规定标准计提的职工福利费。

(2) 差旅交通费，是指企业职工因公出差、工作调动的差旅费、住勤补助费、市内交通及误餐补助费，职工探亲路费，劳动力招募费，离退休职工一次性路费及交通工具油料、燃料、牌照、养路费等。

(3) 办公费，是指企业办公用的文具、纸张、账表、书报费用及印刷、邮电、水、电、燃煤（气）以及会议等费用。

(4) 固定资产折旧、修理费，是指企业属于固定资产的房屋、设备、仪器等折旧及维修等费用。

(5) 工具用具使用费，是指企业管理使用不属于固定资产的工具、用具、家具、交通工具和检验、试验、消防等的摊销及维修费用。

(6) 工会经费，是指企业按职工工资总额的一定比例计提的工会经费。

(7) 职工教育经费，是指企业为职工学习先进技术和提高文化水平按职工工资总额的一比例计提的费用。

(8) 劳动保险费，是指企业支付离退休职工的退休金（包括提取的离退休职工劳保统筹基金）、价格补贴、医药费、易地安家补助费，职工退职金，6个月以上的病假人员工资，职工死亡丧葬补助费、抚恤费以及按规定支付给离休干部的各项经费。

(9) 职工养老保险费及待业保险费。

(10) 保险费，是指企业财产保险、管理用车辆等保险费用。

(11) 税金，是指企业按规定交纳的房产税、车船使用税、土地使用税、印花税及土地使用费等。

(12) 其他，包括技术转让费、技术开发费、业务招待费、排污费、绿化费、广告费、公证费、法律顾问费、审计费、咨询费等。

财务费用，是指企业为筹集资金而发生的各项费用，包括企业经营期间发生的短期贷款利息净支出、汇总净损失、调剂外汇手续费、金融机构手续费，以及企业筹集资金发生的其他财务费用。

其他费用，是指按规定支付工程造价（定额）管理部门的定额编制管理费及劳动定额管理部门的定额测定费，以及按有权部门规定支付的上级管理费。

事实上，我国的经济体制仍处在改形期，许多费用的支付渠道和支付标准都在改变，但直到目前为止，概、预算费用的构成还是如上所述。企业的成本核算基本上还是按上述结构划分费用。

3. 计划利润

计划利润是指按规定应计入建筑安装工程造价的利润。依据不同投资来源或工程类别实施差别利润率。

4. 税金

税金是指国家税法规定的应计入建筑安装工程造价内的营业税、城市维护建设税及教育费附加等。

5. 风险费用

在概算中，除上述费用外，还包括不可预见费。在预算中则没有该项费用。而作为投标报价应该考虑一定比例的风险费用。

3.4.3.2 工程量清单报价法

在工程量清单报价法中，单价确定有以下两种模式：

(1) 单价确定方法和按概、预算方编制投标报价确定方法一样，总价的计算方法也与按概、预算方法编制投标报价，唯一不同是工程量不用投标人计算而由招标人提供。

(2) 单价由工程费、施工服务费、利润和税金等构成。这里所称的工程量清单报价法专指第二种模式。在报价的组成上工程量清单报价法与按概、预算方法编制投标报价基本相同，但按概、预算编制方法投标报价的每项费用的内容，比采用工程量清单报价要少而简单。采用工程量清单报价法编制的投标报价，不仅单价组成内容较多，而且各个承包商的分类和计算方法也不尽相同。

采用工程量清单报价法编制的投标报价，主要由工程费、施工服务费、利润和税金等几部分构成。

1. 工程费

工程费是指直接用于建筑安装工程上的有关费用，通常由人工费、材料费两部分组成。人工费是指直接从事建筑安装施工的生产工人工资和各种津贴费。材料费是指直接用于建筑安装工程的材料、构件、零件和成品及半成品的所有用量。

2. 施工服务费

施工服务费是指为建筑安装工程施工服务的一切费用，内容包括：

(1) 管理人员工资，指从事工程管理和服务工作的行政、技术、经济、生产、施工等人员工资和各种津贴费。

(2) 非生产人员工资，指从事工地杂活（不包括在投标单价内的用工）、昼夜值班、炊事、勤杂等人员和司机的工资和各种津贴费。

(3) 流动施工及地区津贴费，指所有职工按规定应支付的流动施工及地区津贴费。

(4) 劳保支出费，指按国家规定标准支付给职工的劳动保护用品的购置、修理费和保健、防暑降温费等劳动保护费和按国家规定职工劳动保险支出所需费用。

(5) 办公费，指用于管理人员办公的文具、纸张、账表、书报等费用及复印、印刷、会议、邮电、水电、烧火、空调及取暖等费用。

(6) 差旅交通费，指职工因公出差、调动工作（包括家属）的差旅费、住勤补助费，职工上下班交通补助费，职工探亲路费，劳动力招募费、退离休职工路费以及管理用车的油料、养路费及牌照税费等。

(7) 临时设施费，指为工程建设服务的临时性工程，如工地办公室、食堂、宿舍、车间、工棚、仓库及水、电、路、通讯等支出费用。

(8) 职工教育经费，指投标人根据国家有关规定，按企业工资总额的一定比例提取的教育经费。

(9) 检验试验费，指对建筑材料、构件、试块鉴定和检查所发生的费用，以及自设试验室所耗用的材料和试剂等费用。

(10) 车辆、工具购置费，指工程管理所需的车辆、工具等购置费用。

(11) 资料照片费，指为工程服务和需要购买的资料、印影的照片等所支付的费用。

(12) 利息支出，指投标人按照规定支付给银行的贷款利息。

(13) 远征工程费，指投标人远离基地增加的一切费用，如职工增加往返基地探亲路费等。

(14) 施工机械购置费，指为工程施工服务需要购置的机械设备或租赁费用等。

(15) 周转材料购置费，指为工程施工服务需要购置的挡土板等周转性材料费用。

(16) 脚手架费，指为工程施工所搭设的脚手架（包括安全网）的全部费用。

(17) 冬雨期施工增加费，指工程在冬雨期施工所增加的费用，包括采取措施和降低工效的费用。

(18) 施工水、电、蒸汽费，指为工程施工消耗的水、电、蒸汽开支的费用。

(19) 场地清理费，指施工工程完工，需要进行场地清理所发生的一切费用。

(20) 其他费用，指上述项目以外的其他必要的费用，包括夜间施工、二次搬运、工程验收等费用。

施工服务费中的各项费用，由投标人自行根据投标工程的建设规模、工期、质量要求、施工方法，结合自身的具体情况进行测算报价。

3. 利润、税金

利润和税金处理方法有两种：一种是利润和税金百分率加入单价；另一种是最后加调整值代替利润计取。这两种处理方法，做法不同，结果一样。

3.4.3.3 总价浮动率报价方法

按总值浮动率报价方法编制投标报价，主要适用于工程图纸不全、无法编制标底或是工程急于开工来不及编制标底的招标工程。

其具体步骤一般是：

(1) 在招标文件中明确规定，工程施工图预算编制执行的定额，包括土建工程施工图预算、安装工程施工图预算、地方材料价格、工程取费等执行什么定额；施工过程中设计变更、蔽工程等的计算方法；政策性调整文件的执行规定。

(2) 投标人在充分考虑工程动态因素（材料涨价、人工上调、定额调整等）、风险、承受能力和竞争环境的情况下自主报价。投标人只需要报总价的浮动率作为其投标报价。

(3) 由建设单位在开工后一定时间内，根据招标文件中的规定，自行或委托有预算编制资格人员编出预算价，并经招标投标管理机构或其他中介机构审定，以此作为预算总价。然后以预算总价乘以（1±总价浮动率），即为最终结算价。

3.5 建设工程投标案例

下面是某建筑安装有限公司对某大学综合教学楼的投标资料。

某市外建筑企业入某市从事建筑活动备案登记表

<table>
<tr><td>备案申请</td><td>本企业申请进入某市参加由某大学投资建设的综合教学大楼工程的投标报名，特申请办理验证备案。
本人______（法人代表）______（身份证号），代表本企业郑重作出以下声明和承诺：
一、本企业填报的《备案登记表》及提交的材料全部真实有效。
二、在某市从事建筑活动期间，严格遵守《建筑法》、《招投标法》、《建设工程质量管理条例》等有关法律法规和规章，确保建设工程质量和安全，规范建筑市场行为，决不违反。
本企业如违反以上声明和承诺，愿意接受某市建设局及其他有关部门依法给予的处理，并自愿退出某市建筑市场。

法定代表人签字：

法人单位公章：

年 月 日</td></tr>
<tr><td>备案登记</td><td>备案申请资料齐全，原件已核，同意在________大学综合教学大楼______项目中备案。

经办人：
备案号（2007）005 号 ____年__月__日</td></tr>
</table>

注：本表一式三份，某市建设局存档一份，入某市申请单位二份。

公 司 资 质 证 书

<table>
<tr><td>单位名称</td><td colspan="4">某建筑安装有限公司</td><td colspan="2">联系电话</td><td></td></tr>
<tr><td>详细地址</td><td colspan="4">某市香港路二段116号</td><td colspan="2">邮政编码</td><td></td></tr>
<tr><td>成立时间</td><td>1975</td><td colspan="2">经济性质</td><td>国有独资</td><td colspan="2">主管部门</td><td></td></tr>
<tr><td>法人代码</td><td></td><td colspan="2">营业执照证号</td><td></td><td colspan="2">注册资金</td><td>肆亿元(人民币)</td></tr>
<tr><td>营业资质等级</td><td colspan="2">房屋建筑工程施工
总承包特级</td><td colspan="2">证书编号</td><td colspan="3"></td></tr>
<tr><td>经营范围</td><td colspan="7">主营：房屋建筑工程施工总承包、公路工程施工总承包、市政工程总承包等；
兼营：建筑勘测、设计、科研与开发、建筑机械及构件生产、劳务输出</td></tr>
<tr><td>取费级别</td><td colspan="2">特级</td><td colspan="2">开户银行帐号</td><td colspan="3"></td></tr>
<tr><td>企业法定代表人</td><td>王 涛</td><td>职务</td><td colspan="2">董事长</td><td colspan="2">职称</td><td></td></tr>
<tr><td>企业经理</td><td>王 涛</td><td>职务</td><td colspan="2">总经理</td><td colspan="2">职称</td><td></td></tr>
<tr><td>技术负责人</td><td>朱 林</td><td>职务</td><td colspan="2">总工程师</td><td colspan="2">职称</td><td></td></tr>
<tr><td>财务负责人</td><td>王 英</td><td>职务</td><td colspan="2">总会计师</td><td colspan="2">职称</td><td></td></tr>
<tr><td>经营负责人</td><td>程 军</td><td>职务</td><td colspan="2">副总经理</td><td colspan="2">职称</td><td></td></tr>
<tr><td rowspan="2">企业资质年
检结论登记</td><td>年度</td><td>年度</td><td colspan="4">年度</td><td>年度</td></tr>
<tr><td></td><td></td><td colspan="4"></td><td></td></tr>
<tr><td>驻某市单位名称</td><td colspan="7">某建筑安装有限公司第十六建筑工程公司某大学项目经理部</td></tr>
<tr><td rowspan="2">驻某市地址</td><td colspan="3" rowspan="2">某大学校区</td><td colspan="2">联系人</td><td colspan="2">陈 林</td></tr>
<tr><td colspan="2">联系电话</td><td colspan="2"></td></tr>
<tr><td>拟从事建筑活动内容</td><td colspan="7">施工图所示土建、装饰（除二装)、水电安装工程</td></tr>
<tr><td>工程名称</td><td colspan="3">综合教学大楼</td><td colspan="2">建设规模
(m^2/万元)</td><td colspan="2">约 20000m^2</td></tr>
<tr><td>建设单位</td><td colspan="3">某大学</td><td colspan="2">建设地址</td><td colspan="2">大学校园内</td></tr>
<tr><td>投标报名时间</td><td colspan="7">年 月 日</td></tr>
<tr><td>法人委托驻某市
企业负责人</td><td colspan="2">邹 华</td><td>职务</td><td colspan="2">十六公司总经理</td><td>职称</td><td></td></tr>
<tr><td>驻某市技术负责人</td><td colspan="2">李 平</td><td>职务</td><td colspan="2">项目技术负责人</td><td>职称</td><td></td></tr>
<tr><td>驻某市财务负责人</td><td colspan="2">崔 鹏</td><td>职务</td><td colspan="2">项目财务负责人</td><td>职称</td><td></td></tr>
<tr><td colspan="8">项目主要工程技术人员、上岗人员情况</td></tr>
<tr><td>姓 名</td><td colspan="2">身 份 证 号</td><td>职称</td><td colspan="2">从业岗位</td><td>资格证书号</td><td>复查记录</td></tr>
<tr><td>唐磊</td><td colspan="2"></td><td>工程师</td><td colspan="2">质安员</td><td></td><td>合格</td></tr>
<tr><td>廖凯</td><td colspan="2"></td><td>助工</td><td colspan="2">材料员</td><td></td><td>合格</td></tr>
<tr><td>郭波</td><td colspan="2"></td><td>助工</td><td colspan="2">主办工长(施工员)</td><td></td><td>合格</td></tr>
<tr><td>刘辉</td><td colspan="2"></td><td>助工</td><td colspan="2">施工员</td><td></td><td>合格</td></tr>
<tr><td>宋忠</td><td colspan="2"></td><td>助工</td><td colspan="2">施工员</td><td></td><td>合格</td></tr>
<tr><td>李庙</td><td colspan="2"></td><td>助工</td><td colspan="2">施工员</td><td></td><td>合格</td></tr>
<tr><td>张生</td><td colspan="2"></td><td>工程师</td><td colspan="2">安装项目经理</td><td></td><td>合格</td></tr>
</table>

注 此表可在中标后填报。

法定代表人资格证明书

单位名称：某建筑安装有限公司

地　　址：某市香港路二段116号

姓　　名：____　性别：____　年龄：____

系某建筑安装有限公司的法定代表人。施工、竣工和保修某大学综合教学大楼的工程，签署上述工程的投标文件、进行合同谈判、签署合同和处理与之有关的一切事务。

特此证明。

附：法定代表人身份证复印件

投标单位：（盖章）

日　　期：____年__月__日

授 权 委 托 书

本授权书申明：在本书上签字的某建筑安装有限公司（公司名称）的____（法人代表姓名、职务）代表本公司任命在本书上签字的____（被授权人姓名、职务）为本公司的合法代理人，就某大学综合教学大楼（合同名称）的施工、完工和修补缺陷，以本公司的名义签署投标书、进行谈判、签署合同和处理与之有关的一切事务。

特签字如下，以资证明

授 权 人：（签字）______________　　证 明 人：（签字）________________

被授权人：（签字）______________　　所在单位：某建筑安装有限公司

公司名称：（加盖公章）__________　　地　　址：某市香港路二段116号

地　　址：____________________

授权委托日期：____年__月__日

（加盖公章）

施工投标文件

工 程 名 称：某大学综合教学大楼工程
投标文件内容：第一部分
法定代表人或
委托代理人：______________（印鉴）
投 标 单 位：某建筑安装有限公司（印鉴）
日　　期：____年__月__日

投标文件第一部分内容目录

投标综合说明书

致某大学［建设单位（业主）］

1. 根据已收到的综合教学大楼工程的招标文件，我单位经考察现场和研究上述工程招标文件（含招标文件补充通知）的所有内容后，我方同意响应招标文件，愿以我方所递交的标函摘要表中的总投标报价，承担上述工程的施工、竣工和保修。投标书正本一份，副本一份。

2. 我们完全相信，你们能公正地决定中标单位，并同意承担为投标所发生的一切费用。

我们完全理解你们对工程所提的要求，并同意与你们密切合作。

我们完全同意，我们所递交的投标文件已充分考虑了各种外部因素对工程的影响，我们同意招标文件规定的投标有效期为投标书递交截止日期。在投标有效期内，如果我单位单方面要求更改招标文件和招标补充资料的内容，修改投标项目、投标条件及撤回投标文件，中标后拖延或拒签合同，则我单位递交保证金500000.00元（大写：伍拾万元整），由你单位收取不再返还。如果我单位中标，我们保证向你们递交文件中规定的履约银行保证书，金额200000.00元，用为我们的履约保证。

我们完全同意，投标人根据本工程的具体情况确定的投标人编制投标文件的时间决定。

3. 一旦我方中标，我方保证按我方所递交的标函摘要表中的工期和招标文件中对工期的要求如期开工、竣工并移交整个工程。

一旦我方中标，我方保证工程质量达到我方所递交的标函摘要表中的质量等级。

一旦我方中标，我方保证按投标文件中的项目管理班子及施工组织设计施工，如确需变更，必须征得建设单位（业主）的同意。

我方同意所递交的投标文件在投标有效期内有效，在此期间我方的投标有可能中标，我方将受此约束。

除非另外达成协议并生效，招标文件、招标文件补充通知、招标答疑纪要、中标通知书和本投标文件将构成约束我们双方的合同。

投标单位______（印鉴）　　　　法定代表人或委托代理人________（签字）

日期____年__月__日　　　　日期____年__月__日

投 标 保 证 金

某大学：（建设单位名称）

我单位接受贵单位邀请，参加综合教学大楼工程投标，根据招标文件的要求，我单位现递交投标保证金500000.00元（大写：伍拾万元整）。

本保证义务的条件是：

（a）如果投标人在投标书中规定的投标书有效期内撤回投标书。

（b）如果投标人在投标书有效期内接建设单位所发的中标通知后：

①未能或拒绝根据投标须知的规定，按要求签署合同协议书；

②未能或拒绝按投标须知的规定，提供履约保证金。

（c）违反相关投标法规有关废标的规定。

招标人有权没收投标人的保证金。

当投标人落标时，可退还招标文件及所附图纸等资料，同时招标人向其退还投标押金（无息）。

投标单位（公章）

年　　月　　日

企业综合业绩表（一）

建设单位	工程名称	规 模	结构类型	开竣工日期	过去两年已完成	合同履约
某大学	四号大厦	13200m^2	框架	2000.6～2001.2	泰山杯	良好

企业综合业绩表（二）

（现有主要施工任务，包括在建和尚未开工工程）

建设单位	工程名称	规　模	结构类型	开竣工日期	合同价款	备　注
军分区	高层住宅	19479m²	框 架	2001.5～2002.10	1800万元	在建

企业综合业绩辅助说明资料

奖项名称	发奖单位	时　间
全国五一劳动奖状	中华全国总工会	2006年4月
中国诚信企业	中国企业发展研究中心	2006年2月
广深大楼鲁班奖	中国建筑业协会	2005年12月
……		

项目管理班子配备情况表

投标工程名称：某大学综合教学大楼

姓名	职　务	职　称	上岗资格证明					已承担工程情况	
			证书名称	级别	证号	专业	原服务单位	项目数	项目名称
王明	项目经理	工程师	项目经理证	一级	6126100618	工民建	某建筑安装有限公司	5	工商学院教学楼
赵元	技术负责人	高级工程师	职称证		鲁商21196	工民建	某建筑安装有限公司	5	勘测设计院综合楼
张生	安装项目经理	工程师	项目经理证	一级	6126100138	安装	某建筑安装有限公司	5	研究生院教学楼
蓝天	安装技术负责人	高级工程师	职称证		鲁商0018514	安装	某建筑安装有限公司	5	研究生院教学楼
唐磊	土建质检员	工程师	上岗证		803270	质检	某建筑安装有限公司	5	工商学院教学楼
余琼	材料员		上岗证		609207	材料	某建筑安装有限公司	5	勘测设计院综合楼
刘成	主办工长	工程师	上岗证		383722	土建	某建筑安装有限公司	5	石油局高层住宅
刘辉	钢筋工长	助理工程师	上岗证		382395	工民建	某建筑安装有限公司	5	二滩基地培训楼
郭波	木工工长	工程师	上岗证		382261	工民建	某建筑安装有限公司	5	石油局高层住宅
谢浩	预算员	助理工程师	上岗证		102645	工民建	某建筑安装有限公司	5	石油局高层住宅
马春	内业技术员	工程师	上岗证		380138		某建筑安装有限公司	4	工商学院教学楼
钟泽	财会员	助理会计师	上岗证		380530	建工	某建筑安装有限公司	5	石油局高层住宅

项目管理班子配备情况表

投标工程名称：某大学综合教学大楼

姓名	职　务	职　称	上岗资格证明					已承担工程情况	
			证书名称	级别	证　号	专业	原服务单位	项目数	项目名称
段林	劳资定额员	助理工程师	上岗证		501221		某建筑安装有限公司	5	勘测设计院综合楼
高建	机械管理员	工程师	上岗证		900082		某建筑安装有限公司	5	勘测设计院综合楼
文生	安装质检员	工程师	上岗证		480468		某建筑安装有限公司	5	研究生院教学楼
郑德	水电施工员		上岗证		100227		某建筑安装有限公司	5	研究生院教学楼
胡康	土建施工员		上岗证		383721		某建筑安装有限公司	5	勘测设计院综合楼
明星	水电施工员		上岗证		100239		某建筑安装有限公司	5	勘测设计院综合楼
赖小平	测量员		上岗证		100390		某建筑安装有限公司	5	勘测设计院综合楼

本工程一旦我公司中标，将实行项目经理负责制，并配备上述项目管理班子。上述填报内容真实，若不真实，愿按有关规定接受处理。项目管理班子机构设置、职责分工等情况另附资料说明。

投标单位（印鉴）　　____年__月__日

该投标单位上述管理班子人员有效证件（书）经核验与原件无误。

核验属实

市招标办（印鉴）　　____年__月__日

项目经理简历表

姓　名	王明	性别	男	年龄	40
职　务	项目经理	职称	工程师	学历	大专
参加工作时间	1990 年		从事项目经理年限		12 年
项目经理证书证号					

在建和已完工程项目情况

建设单位	项目名称	建设规模	开竣工日期	在建或已建	工程质量
科技大学	大学生活动中心	框架 6 层 16000m^2	1990～1991 年	已建	优良
科技大学	水电学院 B、C 区	框架 6 层 14600m^2	1992～1993 年	已建	合格
科技大学	逸夫楼	框架 9 层 8900m^2	1994～1995 年	已建	优良
工业学院	教工住宅	3000m^2	1996～1997 年	已建	优良
电信局	电信大楼	框架 13 层 13750m^2	1998～1999 年	已建	优良泰山杯
某开发公司	安顺苑	砖混 12000m^2	2000～2001 年	已建	合格
某市晚报	新闻培训中心	框架 7 层 14844m^2	2002～2003 年	已建	合格
工商学院	工商学院教学楼	框架 7 层 16000m^2	2004～2005 年	已建	优良
石油局	职工高层住宅	框架 16 层 20800m^2	2006～2007 年	已交工	优良

项目管理班子配备情况辅助说明资料

姓　名	年龄	现职务	本公司从事施工经验
王　涛	53	总经理	34 年
程　军	40	副总经理	19 年
朱　林	45	总工程师	23 年
王　英	40	总会计师	20 年
江　青	46	总经济师	25 年

主要技术人员情况：

高级工程师：89 人		工程师：481 人	助工：860 人	技术人员：360 人
姓　名	年龄	现职务	本公司从事施工经验	
杨　坤	39	经营部经理	18 年	
陈　熙	38	生产技术部部长	17 年	
田　元	37	财务部经理	16 年	
陈　英	40	质安处处长	19 年	

计划用于本工程的项目经理及主要技术人员

姓　名	现职务	在公司的经历	负责过主要工程（型式与规模）	备注
王　明	项目经理	17 年	主持“电信大楼”、“安顺苑”、“都市晚报培训中心”、“石油局高层住宅楼”、“工商管理学院”等工程的施工。其工程质量、工期都履行了合同，曾获得省优质工程“泰山杯”	
赵　元	技术负责人	19 年	主持上海田林高层住宅区工程，银鑫公寓 A、B 楼，二滩综合楼工程（地下一层、地上 19 层），二滩肖家河基地 2＃、3＃高层住宅（地下一层、地上 15 层），勘测设计院综合楼（地下一层、地上 17 层），大学基础教学楼（框架结构 5 层，建筑面积 4600m^2)	

施 工 投 标 文 件

单 位 名 称：某大学综合教学楼工程

投标文件内容：第二部分（经济标及投标报价表）

法定代表人或

委托代理人：________________（印鉴）

投 标 单 位：________________（印鉴）

日　　期：____年____月____日

投标报价汇总表（可附带工程量计算书）

总价：1508.00（万元） 钢材：920.194（吨） 水泥：3976.73（吨）

说明：

(1) 水泥指各种标号综合总用量。

(2) 钢材指各种型号钢筋及型钢综合总用量。

(3) 以上两种用量均不包括各种摊销量。

（执业资格专用章）

造价员：________（签章）

某大学综合教学楼工程施工投标文件 （预算书） 投 标 单 位：某建筑安装有限公司（印章） 法定代表人：（印章） 造 价 员：（执业资格专用章） 日 期： 年 月 日

		编号：
	建设工程造价预算书	
建设单位：某大学	工程名称：综合教学大楼工程	建设地点：某市大学城
施工单位：某建筑安装有限公司	取费等级：三级收费	工程类别：二类工程
工程规模：20907m²	工程造价：16051641元	单位造价：768元/m²
建设（监理）单位：________	施工（编制）单位：________	（盖章）
技术负责人：________	技术负责人：________	
审核人	编制人	
资格证章：________	资格证章：________	（执业资格专用章）
		日期： 年 月 日

投标各种指标一览表

投标单位：　　　　　（盖章）

工程名称：综合教学大楼工程

工程总报价（万元）	水泥用量（t）	钢材用量（t）	木材用量（m^3）
1605.165	3976.730	920.194	4.663

单位造价：767.76 元/m^2　　　　（执业资格专用章）

预算员________（签章）

说明：(1) 水泥用量指各种标号综合总用量。

(2) 钢材用量指各种型号钢筋及型钢综合总用量。

(3) 木材用量指定额消耗中的锯材用量。

(4) 以上三种用量均不包括各种摊销量。

分项工程汇总表

工程名称：综合教学大楼工程　　　　　　　　年　月　日

序号	分项工程	工程造价（元）	平米造价（元）	三材指标				备注
				钢材（t）	锯材（m^3）	圆木（m^3）	水泥（t）	
1	建筑工程	11494855.29	549.81	1020.177	164.260	28.691	3920.341	
2	装饰工程	4556785.82	217.96	1.909	0.000	2.712	121.810	
	总　计	16051641.11	767.77	1022.086	164.260	31.403	4042.151	

编　制　说　明

工程名称：综合教学大楼工程　　　　年　月　日　　　鲁建价表 02（必）

编制依据	施工图号	
	合同	
	使用定额	SGD1—2000、SGD2—2000、SGD7—2000 及定额附录、定额解释
	材料价格	《鲁工程造价》2006 年第 3 期公布的某材料价格信息、业主提供价格及市场信息价
	其他	

说明：

(1) 本投标预算根据招标文件、招标答疑、招标补充答疑和未经会审的施工图纸进行计算。

(2) 应招标文件的规定，取费标准暂按三级Ⅰ档二类工程有施工场地（装饰按三类）进行计算。

(3) 现浇钢筋根据定额用量计算；板钢筋按螺纹Ⅱ级计算定额用量。

(4) 未计算大型机械出场费；土方场内转运暂按 100m 计算；机械大开挖土方按 200m 挖运计算。

(5) 内、外墙立面变形缝、天棚变形缝因图示做法不详，暂未计算。

(6) 外装饰铝型材均未计算；2 区楼梯出屋面装饰板未计算铝材包面。

(7) 未尽事宜，另行调整。

填表说明：

(1) 使用定额与材料价格栏注明使用的定额、费用标准以及材料价格来源（如调价表、造价信息等）。

(2) 说明栏注明施工组织设计、大型施工机械以及技术措施等。

三 材 汇 总 表

工程名称：综合教学大楼工程（建筑工程）

材料名称	单位	工程直接耗用量	工程摊销用量		合计	单位用量	工程特征说明
			脚手架摊销量	模板摊销量			
钢材	t	915.080	14.136	71.833	1001.050	47.881kg	
圆木	m^3					0.000	
锯材	m^3	4.438	25.428	134.395	164.260	0.008	
水泥	t	3860.569			3860.569	184.654kg	

三 材 汇 总 表

工程名称：综合教学大楼工程（装饰工程）

材料名称	单位	工程直接耗用量	工程摊销用量		合计	单位用量	工程特征说明
			脚手架摊销量	模板摊销量			
钢材	t		0.102		0.102	0.005kg	
圆木	m^3					0.000	
锯材	m^3					0.000	
水泥	t	116.161			116.161	5.556kg	

复习指导☞

本章主要从建设工程投标的角度，重点讲述了建设工程投标的程序、投标的策略与技巧，简略讲解了投标文件的编制和建设工程投标报价。

投标是投标人应招标人的邀请，根据招标人规定的条件，在规定的时间内向招标人递交投标文件及报价，争取工程承包权的活动。投标活动主要经历投标决策、投标文件编制、投标文件递交等几个阶段。

在投标活动中，常用的投标策略主要有高价盈利策略、低价薄利策略、无利润夺标的策略；常用的投标技巧主要有不平衡报价、多方案报价法、突然袭击法、低投标价夺标法、联合保标法等。

建设工程投标文件，是投标人单方面阐述自己响应招标文件的要求，旨在向招标人提出愿意订立合同的意思表示，是投标人确定和解释有关投标事项的各种书面表达形式的统称。投标报价的方式有三种：一是按工程概、预算编制方法进行编制；二是工程量清单报价方法；三是总价浮动率报价方法。

3.6 习　　题

1. 简述投标的基本工作程序。
2. 怎样理解资格预审是投标人能否通过的第一关？

3. 为什么投标前需要现场考察？
4. 准备备忘录提要的意义是什么？
5. 常用的投标技巧有哪几种？
6. 建设工程投标文件有哪些内容组成？
7. 简述建设工程投标文件编制时应注意的事项。

第 4 章　建设工程开标、评标与定标

本章要点

1. 建设工程开标
2. 评标工作程序
3. 评标工作内容
4. 评标方法
5. 定标原则

4.1　工　程　开　标

招标人在规定的时间和地点，要求投标人参加的情况下，当众公开拆开投标资料（包括投标函件），宣布各投标人的名称，投标报价等情况，这个过程叫工程开标。

4.1.1　开标应满足的要求

根据《中华人民共和国招标投标法》及其配套法规和有关规定，开标应满足下列要求：

（1）开标应当在招标文件确定的提交投标文件截止时间的同一时间公开进行；开标地点应当为招标文件中预先确定的地点。

（2）开标由招标人或招标代理机构主持，邀请评标委员会成员、投标人代表、公证处代表和有关单位代表参加。投标人若不派代表列席开标会，其标书作废，按通常做法，招标人将没收其投标保证金。

（3）开标时，由招标人或者其推选的代表检查投标文件的密封情况，也可以由招标人委托的公证机构检查并公证；经确认无误后，由工作人员当众拆封，宣读投标人名称、投标价格和投标文件的其他主要内容。

（4）招标人在招标文件要求提交投标文件的截止时间前收到的，所有符合要求的投标文件，开标时都应当众予以拆封、宣读。开标过程应当记录，并存档备查。

（5）投标人可以对唱标作必要的解释，但所作的解释不得超过投标文件记载的范围或改变投标文件的实质性内容。

4.1.2　开标时间和地点

开标应当在投标截止时间后，按照投标文件规定的时间和地点公开进行。已建立建设工程交易中心的地方，开标应当在建设工程交易中心举行。

4.1.3　开标参加人员

参加开标会议的人员，包括招标人或其代表人、招标代理人、投标人法定代表人或其

委托代理人、招标投标管理机构的监管人员和招标人自愿邀请的公证机构的人员等。评标组织成员不参加开标会议。开标会议由招标人或招标代理人组织，由招标人或招标人代表主持，建设行政主管部门及其工程监督管理机构依法实施监督。

4.1.4 开标会议的程序

开标一般应按照下列程序进行：

(1) 参加开标会议的人员签名报到，表明与会人员已到会。

(2) 会议主持人宣布开标会议开始，宣读招标人法定代表人资格证明或招标人代表的授权委托书，介绍参加会议的单位和人员名单，宣布唱标人员、记录人员名单。唱标人员一般由招标人的工作人员担任，也可以由招标投标管理机构的人员担任。记录人员一般由招标人或其代理人的工作人员担任。

(3) 介绍工程项目有关情况，请投标人或其推选的代表检查投标文件的密封情况，并签字予以确认。也可以请招标人自愿委托的公证机构检查并公证。

(4) 由招标人代表当众宣布评标定标办法。

(5) 由招标人或招标投标管理机构的人员核查乏投标人提交的投标文件和有关证件、资料，检视其密封、标志、签署等情况。经确认无误后，当众启封投标文件，宣布核查检视结果。

(6) 由唱标人员进行唱标。唱标是指公布投标文件的主要内容，当众宣读投标文件的投标人名称、投标报价、工期、质量、主要材料用量、投标保证金、优惠条件等主要内容。唱标顺序按各投标人报送的投标文件时间先后的逆顺序进行。

(7) 由招标投标管理机构当众宣布审定后的标底。

(8) 由投标人的法定代表人或其委托代理人核对开标会议记录，并签字确认开标结果。

开标会议的记录人员应现场制作开标会议记录，将开标会议的全过程和主要情况，特别是投标人参加会议的情况、对投标文件的核查检视结果、开启并宣读的投标文件和标底的主要内容等，当场记录在案，并请投标人的法定代表人或其委托代理人核对无误后签字确认。开标会议记录应存档备查。投标人在开标会议记录上签字后，即退出会场。至此，开标会议结束，转入评标阶段。

4.1.5 无效投标文件的认定

开标时，发现有下列情形之一的，应该当场宣布为无效投标文件，不再进入评标：

(1) 未按招标文件的要求标志、密封的或逾期送达的。

(2) 无投标人公章和投标人的法定代表人或其委托代理人的印鉴或签字的。

(3) 投标文件标明的投标人在名称和法律地位上与通过资格审查时的不一致，且这种不一致明显不利于招标人或为招标文件所不允许的。

(4) 未按招标文件规定的格式、要求填写，内容不全或字迹潦草、模糊，辨认不清的。

(5) 投标人在一份投标文件中对同一招标项目报有两个或多个报价，且未书面声明以哪个报价为准的。

（6）投标人未参加开标会议的。

（7）提交合格的撤回通知的。

（8）投标人未按照招标文件的要求提供投标保证金或者投标保函。

（9）组成联合体投标的，投标文件未附联合体各方共同投标协议。

无效投标文件，不得进入评标阶段。

实践中，对在开标时就被确认无效的投标文件，一般采用不启封或不宣读的做法。如投标文件在启封前被确认为无效的，不予启封；在启封后唱标前被确认为无效的，不予宣读。在开标时确认投标文件是否无效，一般应由参加开标会议的招标人或其代表进行，确认的结果投标当事人无异议的，经招标投标管理机构认可后宣布。如果投标当事人有异议的，则应留待评标时由评标组织评审确认。

4.1.6 有关标底

招标单位可以编制标底，也可以不编制标底。需要编制标底的工程，由招标单位或者由其委托具有相应能力的单位编制；不编制标底的，实行合理低价标中标。

对于编制标底的工程，招标单位可以规定在标底上下浮动一定范围内的投标报价为有效，并在招标文件中写明。

4.2 建设工程评标

招标人根据招标文件的要求，对投标人所报送的投标资料进行审查，对工程施工组织设计、报价、质量、工期等条件进行评比和分析，这个过程叫做评标。

根据《招标投标法》及其配套法规和有关规定，评标应满足下列要求：

（1）评标由招标人依法组建的评标委员会负责。

（2）招标人应当采取必要的措施，保证评标在严格保密的情况下进行。任何单位和个人不得非法干预、影响评标的过程和结果。

（3）评标委员会可以要求投标人对投标文件中含义不明确的内容作必要的澄清或者说明，但是澄清或者说明不得超出投标文件的范围或者改变投标文件的实质性内容。

（4）评标委员会应当按照招标文件确定的评标标准和方法，对投标文件进行评审和比较；设有标底的，应当参考标底。

（5）评标委员会完成评标后，应当向招标人提出书面评标报告，并推荐合格的按名次排列的中标候选人1～3人（且要排列先后顺序），也可以按照招标人的委托，直接确定中标人。

评标是对各投标书优劣的比较，以便最终确定中标人，由评标委员会负责评标工作。评标是招投标的核心工作。投标的目的也是为了中标，而决定目标能否实现的关键是评标。评标的原则是公开、公平、公正原则，标价合理原则，工期适当原则，尊重业主自主权原则，评标方法科学、合理原则。《招标投标法》对评标有原则性的规定，为了规范评标过程，按照我国《招标投标法》的规定，招标人应该采取必要的措施，保证评标在严格保密的情况下进行。评标委员会成员名单在开标前确定，在中标结果确定前应当保密。

4.2.1 评标委员会

评标委员会有招标人的代表和有关技术、经济等方面的专家组成，成员人数为5人以上单数，其中招标人以外的专家不得少于成员总数的2/3。评标委员会的负责人由招标单位的法定代表人或者其代理人担任。

省、自治区、直辖市和地级以上城市（包括地、州、盟）建设行政主管部门应当在建设工程交易中心建立评标专家库。评标专家须有从事相关领域工作满8年，并具有高级职称或者具有同等专业水平的工程技术、经济管理人员担任，并实行动态管理。评标专家库应当拥有相当数量符合条件的评标专家，并可以根据需要，按照不同的专业和工程设置专业评标专家库。一般招标项目可以采取随机抽取方式，特殊招标项目可以由招标人直接确定。与投标人有利害关系的人不得进入相关项目的评标委员会；已经进入的应当更换。评标委员会成员的名单在中标结果确定前应当保密。

招标单位根据工程性质、规模和评标的需要，可在开标前若干小时之内从评标专家库中随机抽取专家聘为评委。工程招标投标监督管理机构依法实施监督。专家评委与该工程的投标单位不得有隶属或其他利害关系。专家评委在评标活动中有徇私舞弊、显失公正行为的，应当取消其评委资格。

4.2.2 评标工作程序

评标一般采用评标会的形式进行。参加评标会的人员为招标人或其代表人、招标代理人、评标组织成员、招标投标管理机构的监管人员等。投标人不能参加评标会。评标会由招标人或其委托的代理人召集，由评标组织负责人主持。评标会的程序包括：

（1）开标会结束后，投标人退出会场，参加评标会的人员进入会场，由评标组织负责人宣布评标会开始。

（2）评标组织成员审阅各个投标文件，主要检查确认投标文件是否实质上响应招标文件的要求；投标文件正副本之间的内容是否一致；投标文件是否有重大漏项、缺项；是否提出了招标人不能接受的保留条件等。

（3）评标组织成员根据评标定标办法的规定，只对未被宣布无效的投标文件进行评议，并对评标结果签字确认。

（4）如有必要，评标期间，评标组织可以要求投标人对投标文件中不清楚的问题作必要的澄清或者说明，但是，澄清或者说明不得超出投标文件的范围或改变投标文件的实质性内容。所澄清和确认的问题，应当采取书面形式，经招标人和投标人双方签字后，作为投标文件的组成部分，列入评标依据范围。在澄清会谈中，不允许招标人和投标人变更或寻求变更价格、工期、质量等级等实质性内容。开标后，投标人对价格、工期、质量等级等实质性内容提出的任何修正声明或者附加优惠条件，一律不得作为评标组织评标的依据。

（5）评标组织负责人对评标结果进行校核，按照优劣或得分高低排出投标人顺序，并形成评标报告，经招标投标管理机构审查，确认无误后，即可根据评标报告确定出中标人。至此，评标工作结束。

大型工程项目的评标通常分为初评和详评两个阶段。

1. 初评

评标委员会以招标文件为依据，审查各投标书是否为响应性投标，确定投标书的有效性。检查内容包括：投标人的资格、投标保证有效性、报送资料的完整性、投标书与招标文件的要求有无实质性背离、投标计算的正确性等。

投标文件对招标文件实质性要求和条件响应得偏差分为重大偏差和细微偏差两类。

未作实质性响应得重大偏差包括：

（1）没有按照招标文件要求提供投标担保或提供的投标担保有瑕疵。

（2）没有按照招标文件要求由投标人授权代表签字并加盖公章。

（3）投标文件记载的招标项目完成期限超过招标文件规定的完成期限。

（4）明显不符合技术规格、技术标准的要求。

（5）投标文件记载的货物包装方式、检验标准和方法等不符合招标文件的要求。

（6）投标附有招标人不能接受的条件。

（7）不符合招标文件中规定的其他实质性要求。

所有存在重大偏差的投标文件都属于初评阶段应淘汰的投标书。

存在细微偏差的投标文件指投标文件基本上符合招标文件要求，但在个别地方存在漏项或者提供了不完整的技术信息和数据等，并且补正这些遗漏或者不完整不会对其他投标人造成不公平的结果。对招标文件的响应存在细微偏差的投标文件仍属于有效投标书。

属于存在细微偏差的投标书，可以书面要求投标人在评标结束前予以澄清、说明或者补正，但不得超出投标文件的范围或者改变投标文件的实质性内容。

商务标中出现以下情况时，由评标委员会对投标书中的错误加以修正后请该投标书的投标授权人予以签字确认，作为详评比较的依据。如果投标人拒绝签字，则按投标人违约对待，不仅投标无效，而且没收其投标保证金。修正错误的原则是：投标文件中的大写金额和小写金额不一致的，以大写金额为准；总价金额与单价金额不一致的，以单价金额为准，但单价金额小数点有明显错误的除外。

2. 详评

评标委员会对各投标书实施方案和计划进行实质性评价和比较。评审时不应再采用投标文件中要求投标人考虑因素以外的任何条件作为标准，设有标底的，评标时应参考标底。

详评通常分为两个步骤。首先对各投标书进行技术和商务方面的审查，评定其合理性，以及若将合同授予该投标人在履行过程中可能给招标人带来的风险。评标委员会认为必要时可以单独约请投标人对标书中含义不明确的内容作必要澄清或说明，但澄清或说明不得超出投标文件的范围或改变投标文件的实质性内容。澄清内容也要整理成文字材料，作为投标书的组成部分。在对标书审查的基础上，评标委员会依据评标规则量化比较各投标书的优劣，并编写评标报告。

4.2.3 评标工作内容

开标之后即进入评标阶段，评价的过程通常要进行投标文件的符合性鉴定、技术评估、商务评估、投标文件澄清、综合评价与比较、编制评标报告等工作。

4.2.3.1 投标文件的符合性鉴定

所谓符合性鉴定是检查投标文件是否实质上响应招标文件的要求，实质上响应的含义是其投标文件应该与招标文件的所有条款、条件规定相符，无显著差异或保留。符合性鉴定一般包括下列内容。

1. 投标文件的有效性

(1) 投标人以及联合体形式投标的所有成员是否已通过资格预审，获得投标资格。

(2) 投标文件中是否提交了承包人的法人资格证书及投标负责人的授权委托证书；如果是联合体，是否提交了合格的联合体协议书以及投标负责人的授权委托证书。

(3) 投标保证的格式、内容、金额、有效期、开具单位是否符合招标文件要求。

(4) 投标文件是否按规定进行了有效的签署，等等。

2. 投标文件的完整性

投标文件中是否包括招标文件规定应递交的全部文件，如标价的工程量清单、报价汇总表、施工进度计划、施工方案、施工人员和施工机械设备的配备等，以及应该提供的必要的支持文件和资料。

3. 与招标文件的一致性

(1) 凡是招标文件中要求投标人填写的空白栏目是否全都填写，作出明确的回答，如投标书及其附录是否完全按要求填写。

(2) 对于招标文件的任何条款、数据或说明是否有任何修改、保留和附加条件。

通常符合性鉴定是评标的第一步，如果投标文件实质上不响应招标文件的要求，将被列为废标予以拒绝，并不允许投标人通过修正或撤销其不符合要求的差异或保留，使之成为具有响应性投标。

4.2.3.2 技术评估

技术评估的目的是确认和比较投标人完成本工程的技术能力，以及他们的施工方案的可靠性．技术评估的主要内容如下。

1. 施工方案的可行性

对各类分部分项工程的施工方法，施工人员和施工机械设备的配备、施工现场的布置和临时设施的安排、施工顺序和及其相互衔接等方面的评审，特别是对该项目的关键工序的施工方法进行可行性论证，应审查其技术的最难点或先进性和可靠性。

2. 施工进度计划的可靠性

审查施工进度计划是否满足对竣工时间的要求，并且是否科学和合理，切实可行，同时还要审查保证施工进度计划的措施，例如施工机具、劳务的安排是否合理和可能等。

3. 施工质量保证

审查投标文件中提出的质量控制和管理措施，包括质量管理人员的配备、质量检验仪器的配置和质量管理制度。

4. 工程材料和机器设备供应的技术性能符合设计技术要求

审查投标文件中关于主要材料和设备的样本、型号、规格和制造厂家名称、地址等，判断其技术性能是否达到设计标准。

5. 分包商的技术能力和施工经验

如果投标人拟在中标后将中标项目的部分工作分包给他人完成，应当在投标文件中载明。应审查拟分包的工作必须是非主体，非关键性工作；审查分包人应当具备的资格条件，完成相应工作的能力和经验。

6. 对于投标文件中按照招标文件规定提交的建议方案作出技术评审

如果招标文件中规定可以提交建议方案，则应对投标文件中的建议方案的技术可靠性与优缺点进行评估，并与原招标方案进行对比分析。

4.2.3.3　商务评估

商务评估的目的是从工程成本、财务和经验分析等方面评审投标报价的准确性、合理性、经济效益和风险等，比较投标给不同的投标人产生的不同后果。商务评估在整个评标工作中通常占有重要地位。商务评估的主要内容如下。

1. 审查全部报价数据计算的正确性

通过对投标报价数据全面审核，看其是否有计算上或累计上的算术错误，如果有按“投标者须知”中的规定改正和处理。

2. 分析报价构成的合理性

通过分析工程报价中直接费、间接费、利润和其他采用价比例关系、主体工程各专业工程价格的比例关系等，判断报价是否合理，注意审查工程量清单中的单价有无脱离实际的“不平衡报价”；计日工劳务和机械台班（时）报价是否合理等。

3. 对建议方案的商务评估（如果有的话）

4.2.3.4　投标文件澄清

在必要时，为了有助于投标文件的审查、评价和比较，评标委员会可以约见投标人，对其投标文件予以澄清，以口头或书面提出问题，要求投标人回答，随后在规定的时间内，投标人以书面形式正式答复。澄清和确认的问题必须由授权代表正式签字，并声明将其作为投标文件的组成部分，但澄清问题的文件不允许变更投标价格或对原投标文件进行实质性修改。这种澄清的内容可以要求投标人补充报送某些标价计算的细节资料；对其具有某些特点的施工方案作出进一步的解释；补充说明其施工能力和经验，或对其提出的建议方案作出详细的说明等。

4.2.3.5　综合评价与比较

综合评价与比较是在以上工作的基础上，根据事先拟定好的评标原则、评价指标和评标办法，对筛选出来的若干个具有实质性响应的招标文件综合评价与比较，最后选定中标人。中标人的投标应当符合下列条件之一：

（1）能最大限度地满足招标文件中规定的各项综合评价标准。

（2）能满足招标文件各项要求，并且经评审的投标价格最低，但是投标价格低于成本的除外。

一般设置的评价指标包括：

（1）投标报价。

（2）施工方案（或施工组织设计）与工期。

（3）质量标准与质量管理措施。

(4) 投标人的业绩、财务状况、信誉等。评标方法可采用打分法或评议法。

打分法是由每一位评委独立地对各份投标文件分别打分，即对每一项指标采用百分制打分，并乘以该项权重，得出该项指标实际得分，将各项指标实际得分相加之和为总得分。最后评标委员会统计打分结果，评出中标者。

评议法不量化评价指标，通过对投标人的投标报价、施工方案、业绩等内容进行定性的分析与比较，选择投标人在各项指标都较优良者为中标人，也可以用表决的方式确定中标人。或者选择能够满足招标文件各项要求，并且经过评审的投标价格最低、标价合理者为中标人。

4.2.4 评标方法

具体评标方法有招标单位决定，并在招标文件中载明。由于工程项目的规模不同、各类招标的标的不同，评审方法可以分为定性评审和定量评审两大类。

(1) 对于标的额较小的中小型工程评标可以采用定型比较的专家评议法，评标委员会对各标书共同分项进行认真分析比较后，以协商和投票的方式确定候选中标人。这种方法评标过程简单在较短时间内即可完成，但科学性较差。

(2) 大型工程应采用“综合评分法”或“评标价法”对各投标书进行科学的量化比较。

综合评分法是指将评审内容分类后分别赋予不同权重，评标委员会依据评分标准对各类内容细分的小项进行相应的打分，最后计算的累积分值反映投标人的综合水平，以得分最高的投标书为最优。

评标价法是指评审过程中以该标书的报价为基础，将报价之外需要评定的要素按预先规定的折算办法换算为货币价值，根据对招标人有利或不利的原则在投标报价上增加或扣减一定金额，最终构成评标价格。因此“评标价”既不是投标价也不是中标价，只是用价格指标作为评审标书优劣的衡量方法，评标价最低的为最优。定标签订合同时，仍以报价作为中标的合同价。

4.2.5 无标底招标评标

根据2000年1月1日起实施的《中华人民共和国招标投标法》，评标采用的基本方法有合理低价法和综合评审法。评标由评标委员会负责。采用综合评审法评标时，评标委员会通过评审投标文件中技术、经济（商务）等项内容，逐一计分，择优确定中标人。

标底是业主对招标项目投资的预期，是评标人判断投标报价是否合理的主要依据，由业主或业主委托的造价咨询机构编制。在招投标实践中发现，业主编制标底时较难考虑施工方案、技术措施对造价的影响，对工程成本的预测主要依靠定额、取费文件，容易与市场造价水平脱节。由于标底在评标过程中作为“判官”的特殊地位，不合理的标底会使合理的投标报价在评标中显得不合理，降低其中标机会，给评标结果带来不利影响。在一定社会背景下，围绕标底甚至产生钱权交易，是产生腐败的温床。

无标底招标在我国试行了近3年的时间，在一定范围内减少了现行招标方式存在的问题。无标底招标评标办法与有标底招标评标办法有很大不同，国际上通行的无标底招标评标办法主要是最低价中标，而我国在特定的社会经济条件下，评标办法有一定的时期特色，在实际操作中可以有多种变化，应结合工程特点制定适宜的实施细则。

4.2.5.1 无标底评标的基本方法

无标底招标，根据招标单位招标经验的不同，其评标方法可采用最低评标价法或综合评分法选择中标单位。

1. 国内评标方法

（1）无标底招标综合评标法。我国现行的无标底招标综合评标法，主要是指业主不编制标底，开标前根据工程特点制定评标原则和方法，依据投标报价的综合水平确定工程合理造价（评标基准价），并以此作为评判各投标报价的依据，该法类似于有标底招标中的复合标底法，只不过是该复合标底采用的是去掉一个最高报价，再去掉一个最低报价后，对各投标单位经算术错误修正后报价的算术平均值或略低于此值的价格为评分基准。与有标底招标一样，设有一个有效区间，分别赋予不同分值，进行商务评分，并将商务与技术评分综合后最高得分单位为中标单位。评标基准价也有采用投标报价的算术平均值、加权平均值（根据报价高低赋予不同的权重）的。开标后按照开标前拟定的计算方法分析投标报价，计算评标基准价，评标过程中按照已经确定的评标细则，对每一分标书的技术标、商务标和其他部分作详尽、细致地评审。评标得分最高者作为第一中标候选人。还有的评分基准价格，是采用投标单位报价算术平均值再与次低报价平均后的价格。上述评标基准价中，采用投标报价算术平均值，并规定与其接近的一定百分比内的报价得满分，高于或低于一定百分比内扣多少分的做法，一直以来受到很多人的质疑，认为该基数采取“中庸之道”，没有任何实际意义，易出现串标现象，投标人中标多靠的是运气，与招投标鼓励公平竞争的精神背道而驰，不宜推广。无标底招标综合评标法的具体做法详见后所附案例。

（2）我国现行的无标底招标最低价标价中标法，指的是经评审的合理最低价。所谓的经评审是要对所有的报价进行经济分析，避免因不平衡报价等原因导致业主利益受损。所谓的合理最低价，则是指投标人的报价不得低于其个别成本。这种评标方法要求招标人先要严格地做好投标人的资格预审工作，并预先重点明确招标项目的有关质量标准、工期要求，明确招标项目的具体技术标准等重要问题，在此基础上对投标人的报价进行经济评审，以得到较为合理的报价。除此之外，我国无标底招标最低价评标办法还有一些其他做法，比如规定若最低价低于次低价 40%，则不能中标等。还有，为避免施工单位急于中标而进行恶性竞争，消除隐患，应从各个方面综合考察施工单位报价的合理性。评标时从总体报价、各项主材单价、单价分析、合价项目等方面进行权重打分，从而保证合理低价而不是最低价中标。也有的最低评标法，是在投标文件内容全部响应招标文件实质性要求后，对投标文件技术部分中可以用价格衡量的工期、质量、预付款计划等内容折算成价格形式一并计入经算术错误修正后的投标报价中，所得总价为评标价，即该价格最低的为中标单位。

2. 国外无标底招标评定标方法

无标底招标评定标方法，在：美国一直采用最低价中标法。中标之后，招标方必须对中标的最低报价进行复核。复核工作通常在招标之后第二天开始，由 2～3 名造价工程师同时分别进行复核，检查有无漏项或计算错误，确保最低价已包括所有工程内容。发现错误时，报价不得修改。中标者要么明知亏损也坚持完成，要么放弃正式签约，用投标保函赔偿招标方损失，最多可达投标报价的5%。此时，次低报价者成为新的中标者，继续对其标书进行复核。如次低报价者仍不能签约，重新招标。在香港定标一般实行最低价中标原则，如不选择最低价中标，必须向投标人和有关机构详细说明理由。

4.2.5.2　应注意的问题

在采用无标底评标时，要避免盲目性。针对不同项目的施工招标应有所侧重，采取不同的评分方法。如对于施工方法与工艺相对成熟、简单，有丰富经验的施工项目，在投标单位投标文件全部响应招标文件的实质要求，并且具有较好的社会信誉，施工方案、方法合理，施工工艺水平先进科学，评标价格又最低的，可以鼓励最低价中标（因其风险相对较小）确定合同授予单位；对于系统多而且复杂、要求高且不容易控制的项目，为避免投标单位的不平衡报价与低价抢标，对总体报价评分可采用权重系数评分方法，技术标评分办法与有标底招标相似。对于技术含量高、设计新颖的项目，由于技术难度高，要求施工队伍有丰富的施工经验与点设计能力，在报价上应着重体现投标单位的技术开发与管理水平，因而应实行综合评价最佳评标法。

4.2.5.3　无标底招标评标案例（引自：刘倩、郑铁军：无标底评标的方法和业划风险控制）

上海浦东国际机场工程建设中成功地采用了无标底招标，深圳地铁一期工程也试行了无标底招标，两个项目在确定评标基准价和计分方式上各具特点，代表了无标底评标的基本方法。

1. 上海浦东国际机场无标底招标评标模式

（1）技术标评审。技术标评审主要针对施工组织设计、技术方案和现场管理措施。根据工程特点，评标委员会细化评分内容，根据重要程度予以各项内容不同的分值，合计得分即为技术标得分。

（2）经济标评审。评标基准价采用各投标单位报价的算术平均值，当最高或最低报价明显高于或低于次高或次低报价时（偏差比例开标前由业主确定，如5%～15%），最高或最低报价作为“异常”处理，不参与评标基准价的计算。对应基准价的报价获得基准分。报价每偏离基准价1%扣减或增加一固定分值（如1分）。报价越低得分越高。一般增减分值不超过10分。对“异常”报价，只计基本分（通常定为小于基准分10分以上的某一分值），降低其中标的概率。报价得分即为经济标得分。

（3）评标结论。根据评标原则确定的经济标及技术标权重及基准分值，计算总分，得分高者为优先中标人。

2. 深圳地铁一期工程无标底招标评标模式

深圳地铁一期工程土建项目招标从盾构桥段开始试行无标底评标。盾构桥标段采用的无标底评审方法由法国索菲国顾问公司提出，在随后其他标段的评标中业主对该评标办法进行了完善。

（1）技术标评审。开标前对构成技术标的主要因素分项细化，根据重要程序赋予不同的权重。对投标书内容按评分项进行评价，结论分为好、较好、一般、差、缺项，计分4、3、2、1、0。加权评价分之和为技术标得分。技术标得分小于60%的投标人被淘汰。

（2）经济标评审。经济标评审包含总价评审和主要单价评审，满分 100 分。采用正常报价的算术平均值作为评标基准价，当最高报价高于次高报价 6%或最低报价低于次低报价 6%时，最高和最低报价不参与评标基准价的计算。低于基准价 0～2%范围内的报价得满分，报价每高出该范围上限 1%扣 2.5 分，每低于下限 1%扣 1.5 分。

（3）评标结论。根据得分高低进行排名，得分最高者记名 1，次低记名 2，依此类推。评标排名计分：2×J+1、5×S，其中 J 为技术标排名，S 为经济标排名。排名分最低者为优先中标人。

通过上面两个例子可以看出，浦东国际机场无标底招标评标模式，用评标基准价代替标底，避免了业主编制标底易引起的问题；深圳地铁评标模式体现了评标过程标准化、客观化的要求，其技术标评审方法更具操作性。但是，在评分后按经济标和技术标排名计分不能很好地体现评分中较大和较小的得分差别，评分结果对权重不敏感。当技术（经济）标得分接近，经济（技术）标得分相差较大时，评标结果可能出现不合理的情况。应在评标实践中不断总结，使评标方法更加科学有效。

4.2.5.4 案例分析

【例 1】 上海浦东国际机场评标模式

1. 评标方法

（1）技术标权重 60%，经济标权重 40%。

（2）取平均报价得分为基准分（40 分），报价每增减 1%得分减或增 1 分。最高或最低报价高于或低于次高或次低报价的 6%时不参与平均报价计算，只得基准分 40 分。

（3）总分最高者优先中标。

2. 评标结果

平均报价=（4820+4629+4468+4579）/4：4624 万元

A 单位经济标得分=40+［（4820－4624）/4624］×100：35.8（余略，见表 4－1）

表 4－1 评 标 得 分 表

投标单位	投标报价（万元）	技术标得分	经济标得分	总　分	排　名
A	4820	33.1	35.8	68.9	4
B	4629	45.3	39.9	85.2	2
C	3491	39.1	20.0	59.1	5
D	4468	48.1	43.4	91.5	1
E	4579	40.6	41.0	81.6	3

结论：D 中标。

3. 业主风险分析

实际评分中未能正确反映业主事先拟定的技术标与经济标的权重分配。在评分计算中技术标满分 60 分，而经济标必定会有超出 40 分的得分，评分结果实则提高了经济标的权重，有利于技术标得分较低但经济标得分较高的投标单位中标。正确的评分方法应是技术标与经济标分别以相同的最高上限（如 100 分）作为评分基础评分，再按权重计算总分，最终确定中标单位。

【例 2】 深圳地铁一期工程无标底招标评标模式

1. 评标方法

(1) 技术标权重 60%，经济标权重 40%。

(2) 取平均报价 P 得分为基准分，报价在（1～0.98）×P 范围内得满分 100 分；每超出上限 1%扣 2.5 分，每低于下限 1%扣 1.5 分。最高报价高于次高报价 4%，最低报价低于次低报价 6%时不参与平均基准价计算。技术标得分引用例一技术标评分结果。技术标得分排名第一记名 1，第二记名 2，……，第 M 记名 m；经济标得分排名第一记名 1，第二记名 2，……，第 N 记名 n。

(3) 总分 T＝0.6m＋0.4n。总分最低者优先中标。

2. 评标结果

根据评分方法，A、C 两单位报价不计入平均价计算。

平均报价 P＝（4629＋4468＋4579）/3：4558.7 万元

满分范围：(1～0.98）×P＝4558.7 万元－4467.5 万元

A 单位报价得分＝100－2.5×［（4820－4558.7）/4558.7］×100＝85.7

C 单位报价得分＝100－1.5×［（4467.5－3491）/4467.51］×100＝67.2

（余略，见表 4－2）

A 单位总分＝0.6×5＋0.4×4＝4.6（余略，见表 4－2）

表 4－2 **评 标 得 分 表**

投标单位	投标报价（万元）	技术标得分	经济标得分	总 分	排 名
A	4820	33.1	87.5（4）	4.0	5
B	4629	45.3（2）	96.1（3）	2.4	2
C	3491	39.1（4）	67.2（5）	4.4	4
D	4468	48.1（1）	100（1）	1	1
E	4579	40.6	98.9（2）	2.6	3

采用相对排名确定中标单位适用于得分相差较接近的情况。当评标得分较接近时，排名分档会强化得分差距，不能正确反映投标人的实力，造成评标结果失真。本例中 C 若提高报价 15%，报 4020 万元，虽然较原报价高 529 万元，但采用现评标办法得分仍为 4.4，评标结果对价如此大的变化未能反映。

4.2.6 评标报告

评标报告是评标委员会经过对各投标书评审后向招标人提出的结论性报告，作为定标的主要依据。评标报告应包括评标情况说明；对各个合格投标书的评价；推荐合格的中标候选人等内容。如果评标委员会经过评审，认为所有投标都不符合招标文件的要求，可以否决所有投标。出现这种情况后，招标人应认真分析招标文件的有关要求以及招标过程，对招标工作范围或招标文件的有关内容作出实质性修改后重新进行招标。

4.3 工 程 定 标

招标人根据评标委员会提出的书面评标报告和推荐的中标候选人确定中标人为定标。

4.3.1 定标应满足的要求

根据《招标投标法》及其配套法规和有关规定，定标应满足下列要求：

(1) 评标委员会经评审，认为所有投标都不符合招标文件要求的，可以否决所有投标。依法必须进行招标的项目的所有投标被否决的，招标人应当依照本法重新招标。

(2) 在确定中标人前，招标人不得与投标人就投标价格、投标方案等实质性内容进行谈判。

(3) 评标委员会成员应当客观、公正地履行职务，遵守职业道德，对所提出的评审意见承担个人责任。评标委员会成员不得私下接触投标人，不得收受投标人的财物或者其他好处。评标委员会成员和参与评标的有关工作人员不得透露对投标文件的评审和比较、中标候选人的推荐情况以及与评标有关的其他情况。

(4) 评标委员会推荐的中标候选人应该为 1～3 人，并且要排列先后顺序，招标人只能选择排名第一的中标候选人作为中标人。对于使用国有资金投资和国际融资这样的项目，如排名第一的投标人因不可抗力不能履行合同、自行放弃中标或没按要求提交投保金的，招标人可以选取排名第二的中标候选人作为中标人，依此类推。

(5) 中标人确定后，招标人应当向中标人发出中标通知书，并同时将中标结果通知所有未中标的投标人。中标通知书发出即生效，且对招标人和中标人都具有法律效力。

(6) 招标人和中标人应当自中标通知书发出之日起 30 日内，按照招标文件和中标人的投标文件订立书面合同。招标人和中标人不得再行订立背离合同实质性内容的其他协议。招标文件要求中标人提交履约保证金的，中标人应当提交。

(7) 依法必须进行招标的项目，招标人应当自确定中标人之日起 15 日内，向有关行政监督部门提交招标投标情况的书面报告。

(8) 中标人应当按照合同约定履行义务，完成中标项目。中标人不得向他人转让中标项目，也不得将中标项目肢解后分别向他人转让。中标人按照合同约定或者经招标人同意，可以将中标项目的部分非主体、非关键性工作分包给他人完成。接受分包的人应当具备相应的资格条件，并不得再次分包。中标人应当就分包项目向招标人负责，接受分包的人就分包项目承担连带责任。

4.3.2 定标程序

确定中标人前，招标人不得与投标人就投标价格、投标方案等实质性内容进行谈判。招标人应该根据评标委员会提出的评标报告和推荐的中标候选人确定中标人，也可以授权评标委员会直接确定中标人。中标人确定后，招标人向中标人发出中标通知书，同时将中标结果通知未中标的投标人并退还他们的投标保证金或保函。中标通知书对招标人和中标人具有法律效力，招标人改变中标结果或中标人拒绝签订合同均要承担相应的法律责任。

《中标通知书》的格式如下：

中标通知书

__________（建设单位名称）的__________（建设地点）__________工程，结构类型为__________，建设规模为__________，经______年______月______日公开开标后，经评标小组评定并报招标管理机构核准，确定__________为中标单位，中标标价人民币__________元，中标工期自______年______月______日开工，______年______月______日竣工，工期______天，工程质量达到国家施工验收规范（优良、合格）标准。

中标单位收到中标通知书后，在______年______月______日前到______（地点）与建设单位商定合同。

建设单位：（盖章）

法定代表人：（签字、盖章）

日期：______年______月______日

招标单位：（盖章）

法定代表人：（签字、盖章）

日期：______年______月______日

招标管理机构：（盖章）

审核人：（签字、盖章）

审核日期：______年______月______日

中标通知书发出后的 30 天内，双方应按照招标文件和投标文件订立书面合同，不得作实质性修改。招标人不得向中标人提出任何不合理要求作为订立合同的条件，双方也不得私下订立背离合同实质性内容的协议。招标人确定中标人后 5 天内，应向有关行政监督部门提出招标投标情况的书面报告。

4.3.3 定标原则

《招标投标法》规定，中标人的投标应当符合下列条件之一：

（1）能够最大限度地满足招标文件中规定的各项综合评价标准。

（2）能够满足招标文件的各项要求，并经评审的价格最低，但投标价格低于成本的除外。

第一种情况即指用综合评分法或评标价法进行比较后，最佳标书的投标人应为中标人。第二种情况适用于招标工作属于一般投标人均可完成的小型工程施工；采购通用的材料；购买技术指标固定、性能基本相同的定型生产的中小型设备等招标，对满足基本条件的投标书主要进行投标价格的比较。

4.3.4 签订合同

招标人和中标人应当自中标通知书发出之日起 30 天内，按照招标文件和中标人的投标文件订立书面合同。双方不得再行订立背离合同实质性内容的其他协议。招标人应当自合同签订之日起 5 天内，将投标保证金退还给中标人和未中标人。同时，中标人应该根据招标文件要求提交履约担保。

附件 4.1

评标委员会和评标方法暂行规定

颁布日期：2001－07－05

颁布单位：中华人民共和国国家发展和计划委员会、国家经济贸易委员会、建设部、铁道部、交通部、信息产业部、水利部

第一章　总　则

第一条　为了规范评标活动，保证评标的公平、公正，维护招标投标活动当事人的合法权益，依照《中华人民共和国招标投标法》，制定本规定。

第二条　本规定适用于依法必须招标项目的评标活动。

第三条　评标活动遵循公平、公正、科学、择优的原则。

第四条　评标活动依法进行，任何单位和个人不得非法干预或者影响评标过程和结果。

第五条　招标人应当采取必要措施，保证评标活动在严格保密的情况下进行。

第六条　评标活动及其当事人应当接受依法实施的监督。

第二章　评标委员会

第七条　评标委员会依法组建，负责评标活动，向招标人推荐中标候选人或者根据招标人的授权直接确定中标人。

第八条　评标委员会由招标人负责组建。

评标委员会成员名单一般应于开标前确定。评标委员会成员名单在中标结果确定前应当保密。

第九条　评标委员会由招标人或其委托的招标代理机构熟悉相关业务的代表，以及有关技术、经济等方面的专家组成，成员人数为五人以上单数，其中技术、经济等方面的专家不得少于成员总数的三分之二。

评标委员会设负责人的，评标委员会负责人由评标委员会成员推举产生或者由招标人确定。评标委员会负责人与评标委员会的其他成员有同等的表决权。

第十条　评标委员会的专家成员应当从省级以上人民政府有关部门提供的专家名册或者招标代理机构的专家库内的相关专家名单中确定。

按前款规定确定评标专家，可以采取随机抽取或者直接确定的方式。一般项目，可以采取随机抽取的方式；技术特别复杂、专业性要求特别高或者国家有特殊要求的招标项目，采取随机抽取方式确定的专家难以胜任的，可以由招标人直接确定。

第十一条　评标专家应符合下列条件：

（一）从事相关专业领域工作满八年并具有高级职称或者同等专业水平；

（二）熟悉有关招标投标的法律法规，并具有与招标项目相关的实践经验；

（三）能够认真、公正、诚实、廉洁地履行职责。

第十二条　有下列情形之一的，不得担任评标委员会成员：

（一）投标人或者投标人主要负责人的近亲属；

（二）项目主管部门或者行政监督部门的人员；

（三）与投标人有经济利益关系，可能影响对投标公正评审的；

（四）曾因在招标、评标以及其他与招标投标有关活动中从事违法行为而受过行政处罚或刑事处罚的。

评标委员会成员有前款规定情形之一的，应当主动提出回避。

第十三条　评标委员会成员应当客观、公正地履行职责，遵守职业道德，对所提出的评审意见承担个人责任。

评标委员会成员不得与任何投标人或者与招标结果有利害关系的人进行私下接触，不得收受投标人、中介人、其他利害关系人的财物或者其他好处。

第十四条　评标委员会成员和与评标活动有关的工作人员不得透露对投标文件的评审和比较、中标候选人的推荐情况以及与评标有关的其他情况。

前款所称与评标活动有关的工作人员，是指评标委员会成员以外的因参与评标监督工作或者事务性工作而知悉有关评标情况的所有人员。

第三章　评标的准备与初步评审

第十五条　评标委员会成员应当编制供评标使用的相应表格，认真研究招标文件，至少应了解和熟悉以下内容：

（一）招标的目标；

（二）招标项目的范围和性质；

（三）招标文件中规定的主要技术要求、标准和商务条款；

（四）招标文件规定的评标标准、评标方法和在评标过程中考虑的相关因素。

第十六条　招标人或者其委托的招标代理机构应当向评标委员会提供评标所需的重要信息和数据。

招标人设有标底的，标底应当保密，并在评标时作为参考。

第十七条　评标委员会应当根据招标文件规定的评标标准和方法，对投标文件进行系统地评审和比较。招标文件中没有规定的标准和方法不得作为评标的依据。

招标文件中规定的评标标准和评标方法应当合理，不得含有倾向或者排斥潜在投标人的内容，不得妨碍或者限制投标人之间的竞争。

第十八条　评标委员会应当按照投标报价的高低或者招标文件规定的其他方法对投标文件排序。以多种货币报价的，应当按照中国银行在开标日公布的汇率中间价换算成人民币。

招标文件应当对汇率标准和汇率风险作出规定。未作规定的，汇率风险由投标人承担。

第十九条　评标委员会可以书面方式要求投标人对投标文件中含义不明确、对同类问题表述不一致或者有明显文字和计算错误的内容作必要的澄清、说明或者补正。澄清、说明或者补正应以书面方式进行并不得超出投标文件的范围或者改变投标文件的实质性内容。

投标文件中的大写金额和小写金额不一致的，以大写金额为准；总价金额与单价金额不一致的，以单价金额为准，但单价金额小数点有明显错误的除外；对不同文字文本投标文件的解释发生异议的，以中文文本为准。

第二十条　在评标过程中，评标委员会发现投标人以他人的名义投标、串通投标、以行贿手段谋取中标或者以其他弄虚作假方式投标的，该投标人的投标应作废标处理。

第二十一条　在评标过程中，评标委员会发现投标人的报价明显低于其他投标报价或者在设有标底时明显低于标底，使得其投标报价可能低于其个别成本的，应当要求该投标人作出书面说明并提供相关证明材料。投标人不能合理说明或者不能提供相关证明材料的，由评标委会认定该投标人以低于成本报价竞标，其投标应作废标处理。

第二十二条　投标人资格条件不符合国家有关规定和招标文件要求的，或者拒不按照要求对投标文件进行澄清、说明或者补正的，评标委员会可以否决其投标。

第二十三条　评标委员会应当审查每一投标文件是否对招标文件提出的所有实质性要求和条件作出响应。未能在实质上响应的投标，应作废标处理。

第二十四条　评标委员会应当根据招标文件，审查并逐项列出投标文件的全部投标偏差。

投标偏差分为重大偏差和细微偏差。

第二十五条　下列情况属于重大偏差：

（一）没有按照招标文件要求提供投标担保或者所提供的投标担保有瑕疵；

（二）投标文件没有投标人授权代表签字和加盖公章；

（三）投标文件载明的招标项目完成期限超过招标文件规定的期限；

（四）明显不符合技术规格、技术标准的要求；

（五）投标文件载明的货物包装方式、检验标准和方法等不符合招标文件的要求；

（六）投标文件附有招标人不能接受的条件；

（七）不符合招标文件中规定的其他实质性要求。

投标文件有上述情形之一的，为未能对招标文件作出实质性响应，并按本规定第二十三条规定做废标处理。招标文件对重大偏差另有规定的，从其规定。

第二十六条　细微偏差是指投标文件在实质上响应招标文件要求，但在个别地方存在漏项或者提供了不完整的技术信息和数据等情况，并且补正这些遗漏或者不完整不会对其他投标人造成不公平的结果。细微偏差不影响投标文件的有效性。

评标委员会应当书面要求存在细微偏差的投标人在评标结束前予以补正。拒不补正的，在详细评审时可以对细微偏差作不利于该投标人的量化，量化标准应当在招标文件中规定。

第二十七条　评标委员会根据本规定第二十条、第二十一条、第二十二条、第二十三条、第二十五条的规定否决不合格投标或者界定为废标后，因有效投标不足三个使得投标明显缺乏竞争的，评标委员会可以否决全部投标。

投标人少于三个或者所有投标被否决的，招标人应当依法重新招标。

第四章　详　细　评　审

第二十八条　经初步评审合格的投标文件，评标委员会应当根据招标文件确定的评标标准和方法，对其技术部分和商务部分作进一步评审、比较。

第二十九条　评标方法包括经评审的最低投标价法、综合评估法或者法律、行政法规允许的其他评标方法。

第三十条　经评审的最低投标价法一般适用于具有通用技术、性能标准或者招标人对其技术、性能没有特殊要求的招标项目。

第三十一条　根据经评审的最低投标价法，能够满足招标文件的实质性要求，并且经评审的最低投标价的投标，应当推荐为中标候选人。

第三十二条　采用经评审的最低投标价法的，评标委员会应当根据招标文件中规定的评标价格调整方法，对所有投标人的投标报价以及投标文件的商务部分作必要的价格调整。

采用经评审的最低投标价法的，中标人的投标应当符合招标文件规定的技术要求和标准，但评标委员会无需对投标文件的技术部分进行价格折算。

第三十三条　根据经评审的最低投标价法完成详细评审后，评标委员会应当拟定一份“标价比较表”，连同书面评标报告提交招标人。“标价比较表”应当载明投标人的投标报价、对商务偏差的价格调整和说明以及经评审的最终投标价。

第三十四条　不宜采用经评审的最低投标价法的招标项目，一般应当采取综合评估法进行评审。

第三十五条　根据综合评估法，最大限度地满足招标文件中规定的各项综合评价标准的投标，应当推荐为中标候选人。

衡量投标文件是否最大限度地满足招标文件中规定的各项评价标准，可以采取折算为货币的方法、打分的方法或者其他方法。需量化的因素及其权重应当在招标文件中明确规定。

第三十六条　评标委员会对各个评审因素进行量化时，应当将量化指标建立在同一基础或者同一标准上，使各投标文件具有可比性。

对技术部分和商务部分进行量化后，评标委员会应当对这两部分的量化结果进行加权，计算出每一投标的综合评估价或者综合评估分。

第三十七条　根据综合评估法完成评标后，评标委员会应当拟定一份“综合评估比较表”，连同书面评标报告提交招标人。“综合评估比较表”应当载明投标人的投标报价、所作的任何修正、对商务偏差的调整、对技术偏差的调整、对各评审因素的评估以及对每一投标的最终评审结果。

第三十八条　根据招标文件的规定，允许投标人投备选标的，评标委员会可以对中标人所投的备选标进行评审，以决定是否采纳备选标。不符合中标条件的投标人的备选标不予考虑。

第三十九条　对于划分有多个单项合同的招标项目，招标文件允许投标人为获得整个项目合同而提出优惠的，评标委员会可以对投标人提出的优惠进行审查，以决定是否将招标项目作为一个整体合同授予中标人。将招标项目作为一个整体合同授予的，整体合同中标人的投标应当最有利于招标人。

第四十条　评标和定标应当在投标有效期结束日30个工作日前完成。不能在投标有效期结束日30个工作日前完成评标和定标的，招标人应当通知所有投标人延长投标有效期。拒绝延长投标有效期的投标人有权收回投标保证金。同意延长投标有效期的授标人应当相应延长其投标担保的有效期，但不得修改投标文件的实质性内容。因延长授标有效期造成投标人损失的，招标人应当给予补偿，但因不可抗力需延长投标有效期的除外。

招标文件应当载明投标有效期。投标有效期从提交投标文件截止日起计算。

第五章　推荐中标候选人与定标

第四十一条　评标委员会在评标过程中发现的问题，应当及时做出处理或者向招标人提出处理建议，并作书面记录。

第四十二条　评标委员会完成评标后，应当向招标人提出书面评标报告，并抄送有关行政监督部门。评标报告应当如实记载以下内容：

（一）基本情况和数据表；

（二）评标委员会成员名单；

（三）开标记录；

（四）符合要求的投标一览表；

（五）废标情况说明；

（六）评标标准、评标方法或者评标因素一览表；

（七）经评审的价格或者评分比较一览表；

（八）经评审的投标人排序；

（九）推荐的中标候选人名单与签订合同前要处理的事宜；

（十）澄清、说明、补正事项纪要。

第四十三条　评标报告由评标委员会全体成员签字。对评标结论持有异议的评标委员会成员可以书面方式阐述其不同意见和理由。评标委员会成员拒绝在评标报告上签字且不陈述其不同意见和理由的，视为同意评标结论。评标委员会应当对此作出书面说明并记录在案。

第四十四条　向招标人提交书面评标报告后，评标委员会即告解散。评标过程中使用的文件、表格以及其他资料应当即时归还招标人。

第四十五条　评标委员会推荐的中标候选人应当限定在一至三人，并标明排列顺序。

第四十六条　中标人的投标应当符合下列条件之一：

（一）能够最大限度满足招标文件中规定的各项综合评价标准；

（二）能够满足招标文件的实质性要求，并且经评审的投标价格最低；但是投标价格低于成本的除外。

第四十七条　在确定中标人之前，招标人不得与投标人就投标价格、投标方案等实质性内容进行谈判。

第四十八条　使用国有资金投资或者国家融资的项目，招标人应当确定排名第一的中标候选人为中标人。排名第一的中标候选人放弃中标、因不可抗力提出不能履行合同，或者招标文件规定应当提交履约保证金而在规定的期限内未能提交的，招标人可以确定排名第二的中标候选人为中标人。

排名第二的中标候选人因前款规定的同样原因不能签订合同的，招标人可以确定排名第三的中标候选人为中标人。

招标人可以授权评标委员会直接确定中标人。

国务院对中标人的确定另有规定的，从其规定。

第四十九条　中标人确定后，招标人应当向中标人发出中标通知书，同时通知未中标人，并与中标人在30个工作日之内签订合同。

第五十条　中标通知书对招标人和中标人具有法律约束力。中标通知书发出后，招标人改变中标结果或者中标人放弃中标的，应当承担法律责任。

第五十一条　招标人应当与中标人按照招标文件和中标人的投标文件订立书面合同。招标人与中标人不得再行订立背离合同实质性内容的其他协议。

第五十二条　招标人与中标人签订合同后5个工作日内，应当向中标人和未中标的投标人退还投标保证金。

第六章　罚　　则

第五十三条　评标委员会成员在评标过程中擅离职守，影响评标程序正常进行，或者在评标过程中不能客观公正地履行职责的，给予警告；情节严重的，取消担任评标委员会成员的资格，不得再参加任何依法必须进行招标项目的评标，并处一万元以下的罚款。

第五十四条　评标委员会成员收受投标人、其他利害关系人的财物或者其他好处的，评标委员会成员或者与评标活动有关的工作人员向他人透露对投标文件的评审和比较、中标候选人的推荐以及与评标有关的其他情况的，给予警告，没收收受的财物，可以并处三千元以上五万元以下的罚款；对有所列违法行为的评标委员会成员取消担任评标委员会成员的资格，不得再参加任何依法必须进行招标项目的评标；构成犯罪的，依法追究刑事责任。

第五十五条　招标人在评标委员会依法推荐的中标候选人以外确定中标人的，依法必须进行招标项目在所有投标被评标委员会否决后自行确定中标人的，中标无效。责令改正，可以处中标项目金额千分之五以上千分之十以下的罚款；对单位直接负责的主管人员和其他直接责任人员依法给予处分。

第五十六条　招标人与中标人不按照招标文件和中标人的投标文件订立合同的，或者招标人、中标人订立背离合同实质性内容的协议的，责令改正；可以处中标项目金额千分之五以上千分之十以下的罚款。

第五十七条　中标人不与招标人订立合同的，投标保证金不予退还并取消其中标资格，给招标人造成的损失超过投标保证金数额的，应当对超过部分予以赔偿；没有提交投标保证金的，应当对招标人的损失承担赔偿责任。

招标人迟迟不确定中标人或者无正当理由不与中标人签订合同的，给予警告，根据情节可处一万元以下的罚款；造成中标人损失的，并应当赔偿损失。

第七章　附　　则

第五十八条　依法必须招标项目以外的评标活动，参照本规定执行。

第五十九条　使用国际组织或者外国政府贷款、援助资金的招标项目的评标活动，贷款方、资金提供方对评标委员会与评标方法另有规定的，适用其规定，但违背中华人民共和国的社会公共利益的除外。

第六十条　本规定颁布前有关评标机构和评标方法的规定与本规定不一致的，以本规定为准。法律或者行政法规另有规定的，从其规定。

第六十一条　本规定由国家发展计划委员会会同有关部门负责解释。

第六十二条　本规定自发布之日起施行。

复习指导☞

开标又称为揭标，是指投标人提交投标截止时间后，招标人依据招标文件规定的时间和地点，开启投标人提交的投标文件，公开宣布投标人的名称、投标价格及投标文件中的其他主要内容。

评标是指依据招标文件的规定和要求，对投标文件进行审查、评审和比较。评标是审查确定中标人的必经程序，是保证招标成功的重要环节。

定标也称为中标，是指招标人最中确定中标的单位。

本章内容以建设工程评标的主要内容、评标的方法为主，介绍了整个建设工程开标、评标与定标的基本程序和主要内容。

4.4 习　　题

1. 开标时作为无效投标文件的情形有哪些？
2. 简述评标的程序。
3. 定标的原则是什么？
4. 在开标时（或评标中）如何评定投标书为废标？
5. 建设工程评标的方法主要有哪几种？请分别解释。

第 5 章　国际工程招标与投标

本章要点

1. 国际工程招标方式
2. 国际工程招标文件
3. 国际工程投标
4. FIDIC 合同条件

5.1 国际工程招标

5.1.1 国际工程招标方式

国际工程施工的委托方式主要采用招标和投标的方式，选出理想的施工企业。国际工程招标方式可归纳为 4 种情况，即：国际竞争性招标（又称国际公开招标）、国际有限招标、两阶段招标和议标（又称邀请协商）。

5.1.1.1 国际竞争性招标

国际竞争性招标系指在国际范围内，采用公平竞争方式，定标时按事先规定的原则，对所有具备要求资格的投标商一视同仁，根据其投标报价机评标的所有依据进行评标、定标。采用这种方式可以最大限度地挑起竞争，形成买方市场，使招标人有最充分的挑选余地，取得最有力的成交条件。

国际竞争性招标的适用范围如下。

1. 按资金来源划分

根据工程项目的全部或部分资金来源，实行国际竞争性招标主要有以下情况：

（1）由世界银行及其附属组织国际开发协会和国际金融公司提供优惠贷款的工程项目。

（2）由联合国多边援助机构和国际开发组织地区性金融机构（如亚洲开发银行）提供援助性贷款的工程项目。

（3）由某些国家的基金会和一些政府提供资助的工程项目。

（4）由国际财团或多家金融机构投资的工程项目。

（5）两国或两国以上合资的工程项目。

（6）需要承包商提供资金即带资承包或延期付款的工程项目。

（7）以实物偿付（如石油、矿产或其他实物）的工程项目。

（8）发包国拥有足够的自有资金，而自己无力实施的工程项目。

2. 按工程性质划分

按照工程的性质，国际竞争性招标主要适用于以下情况：

（1）大型土木工程，如水坝、电站和高速公路等。

（2）施工难度大，发包国在技术或人力方面均无实施能力的工程，如工业综合设施、海底工程等。

（3）跨越国境的国际工程，如连接欧亚两大洲的陆上贸易通道。

（4）极其巨大的现代工程，如英法海峡过海隧道。

5.1.1.2　国际有限招标

国际有限招标是一种有限竞争招标。较之国际竞争性招标，它有其局限性，即投标人选有一定的限制，不是任何对发包项目有兴趣的承包商都有资格投标。国际有限招标包括两种方式。

1. 一般限制性招标

一般限制性招标虽然也是在世界范围内，但对投标人选有一定的限制。其具体做法与国际竞争性招标颇为近似，只是更强调投标人的资信，采用一般限制性招标方式也应该在国内外主要报刊上刊登广告，只是必须注明是有限招标和对投标人选的限制范围。

2. 特邀招标

特邀招标即特别邀请性招标。采用这种方式时，一般不在报刊上刊登广告，而是根据招标人自己积累的经验和资料或由咨询公司提供的承包商名单，由招标人在征得世界银行或其他项目资助机构的同意后对某些承包商发出邀请，经过对应邀人进行资格预审后，再行通知其提出报价，递交投标书。这种招标方式的优点是经过选择的投标商在经验、技术和信誉方面比较可靠，基本上能保证招标的质量和进度。但这种方式也有其缺点，即由于发包人所了解的承包商的数目有限，在邀请时很可能漏掉一些在技术上和报价上有竞争力的承包商。

国际有限招标是国际竞争性招标的一种修改方式。这种方式通常适用以下情况：

（1）工程量不大，投标商数目有限或考虑其他不宜国际竞争性招标的正当理由，如对工程有特殊要求等。

（2）某些大而复杂的且专业性很强的工程项目，如石油化工项目。可能的投标者很少，准备招标的成本很高。为了节省时间，又能节省费用，还能取得较好的报价，招标可以限制在少数几家合格企业的范围内。以使每家企业都有争取合同的较好机会。

（3）由于工程性质特殊，要求有专门经验的技术队伍和熟练的技工以及专门技术设备，只有少数承包商能够胜任。

（4）工程规模太大，中小型公司不能胜任，只好邀请若干家大公司投标。

（5）工程项目招标通知发出后无人投标，或投标商数目不足法定人数（至少 3 家），招标人可再邀请少数公司投标。

（6）由于工期紧迫，或由于保密要求或由于其他原因不宜公开招标的工程。

5.1.1.3　两阶段招标

两阶段招标实质上是国际竞争性招标和国际有限招标相结合的方式。第一阶段按公开招标方式招标，经过开标和评标后，再邀请其中报价较低的或较合格的 3 家或 4 家投标人进行第二次投标报价。

（1）招标工程内容属高新技术，需在第一阶段招标中博采众议，进行评价，选出最新最优设计方案，然后在第二阶段中邀请选中方案的投标人进行详细的报价。

(2) 在某些新型的大型项目承包之前，招标人对此项目的建造方案尚未最后确定，这是可以在第一阶段招标中向投标人提出要求，就其最擅长的建造方案进行报价，或者按其建造方案报价。经过评价，选出其中最佳方案的投标人在进行第二阶段的按其具体方案的详细报价。

(3) 一次招标不成功的，即所有报价超出标底20%以上，只好在现有基础上邀请若干家较低报价者再次报价。

5.1.1.4 议标

议标亦称邀请协商。就其本意而言，议标乃是一种非竞争性招标。严格说来，这不算一种招标方式，只是一种“谈判合同”。最初，议标的习惯做法是由发包人物色一家承包商直接进行合同谈判。只是在某些工程项目的造价过低，不值得组织招标，或由于其专业为一家或几家垄断，或因工期紧迫不宜采用竞争性招标，或者招标内容是关于专业咨询、设计和指导性服务或属保密工程，或属于政府协议工程等情况，才采用议标方式。

随着承包商活动的广泛开展，议标的含义和做法也不断发展和改变。目前，在国际承包实践中，发包单位已不再仅仅是同一家承包商议标，而是同时与多家承包商进行谈判，最后无任何约束的将合同授予其中一家，无须优先授予报价最优惠者。

议标给承包商带来较多好处，首先，承包商不用出具投标保函，也无须在一定的期限内对其报价负责；其次，议标竞争对手不多，竞争性小，因而缔约的可能性较大。议标对于发包单位也不无好处：发包单位不受任何约束，可以按其要求选择合作对象，尤其是发包单位同时与多家议标时，可以充分利用议标的承包商的弱点，以此压彼，利用其担心其对手抢标、成交心切的心理迫使其降价或降低其他要求条件，从而达到理想的成交目的。

采用议标形式，发包单位同样应采取各种可能的措施，运用各种特殊手段，挑起多家可能实施合同项目的承包商之间的竞争。当然，这种竞争并不像其他招标方式那样必不可少或完全依照竞争规则进行。

议标通常是在以下情况下采用：

(1) 以特殊名义（如执行政府协议）签订承包合同。

(2) 按临时签约且在业主监督下执行的合同。

(3) 由于技术的需要或重大投资原因只能委托给特定的承包商或制造商实施的合同。

(4) 属于研究、试验或实验及有待完善的项目承包合同。

(5) 项目以付诸招标，但没有中标者或没有理想的承包商。这种情况下，业主通过议标，另行委托承包商实施工程。

(6) 出于紧急情况或急迫需求的项目。

(7) 秘密工程。

(8) 属于国防需要的工程。

(9) 已为业主实施过项目且已取得业主满意的承包商重新承担基本技术相同的工程项目。

适用于议标方式的合同基本如上所列，但这并不意味着上述项目不适用于其他招标方式。

5.1.2 国际工程招标程序

国际上已基本形成了相对固定的招标投标程序，可以分3大步骤，即对投标者的资格预审；投标者得到招标文件和递交投标文件；开标、评标、合同谈判和签订合同，3大步骤依次连接就是整个投标的全过程。简要的招标过程如图5-1所示。

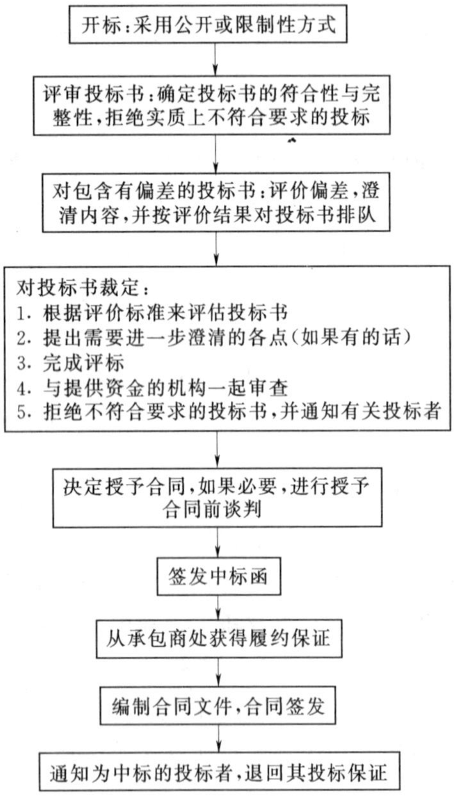

图5-1 国际工程招标程序框图

从图5-1可以看出，国际工程招投标程序与国内工程招投标程序无多大区别。由于国际工程涉及的主体多，在招标投标各阶段的具体工作内容会有所不同。FIDIC“招标程序”提供了一个完整、系统的国际工程项目招标程序，具有实用性、灵活性。它旨在帮助业主和承包商了解国际工程招标的通用程序，为实际工作提出规范化的操作程序。这套招标程序对其他行业，如IT行业，也有一定的参考价值。FIDIC“招标程序”还附有3个附录：项目执行模式、承包商的资格预审标准格式和投标保证的格式。FIDIC“招标程序”为工程项目的招标和合同的授予提出了系统的办法。它旨在帮助业主和工程师根据招标文件获得可靠的、符合要求的、且有竞争性的投标人，同时能够迅速高效地评定各个投标书。同时，也努力为承包商提供机会，鼓励投标人为其有资格承担的项目的招标邀请做出积极的反应。采用本程序能使招标费用大大降低，并能确保所有投标者得到公平同等的机会，使他们按照合理可比的条件提交其投标书。本程序反映的是良好的现行惯例，适用于大多数国际工程项目，但由于项目的规模和复杂程度不同，加之有时业主或金融机构确定的程序提出了某些限制性的特殊条件，因此，可对本程序做出修改，以满足某些相应的具体要求。

经验证明，对于国际招标项目进行资格预审很有必要，因为它能使业主和工程师提前确定随后被邀请投标的投标者的能力。资格预审同样对承包商有利，这是因为，如果通过了资格预审，就知道了竞争对手。

5.1.3 资格预审

对于某些大型或复杂的项目，招标的第一个重要步骤就是对投标者进行资格预审。业主发布工程招标资格预审广告之后，对该工程感兴趣的承包商会购买资格预审文件，并按规定填写的内容，按要求日期报送业主；业主在对送交资格预审文件的所有承包商进行了真的审核后，通知那些业主认为有能力实施本工程项目的承包商前来购买招标文件。

5.1.3.1 资格预审目的

业主资格预审的目的是了解投标者过去履行类似合同的情况，人员、设备、施工或制造设施方面的能力，财务状况，以确定有资格的投标者，淘汰不合格的投标者，减少评标阶段的工作时间和评审费用；招标具有一定的竞争性，为不合格的投标者节约购买招标文件、现场考察及投标等费用；有些工程项目规定本国承包商参加投标可以享受优惠条件，有助于确定一些承包商是否具有享受优惠条件的资格。

5.1.3.2 资格预审程序

（1）编制资格预审文件：由业主委托咨询公司或设计单位编制，或由业主直接组织有关专业人员编制。资格预审文件的主要内容有：工程项目简介，对投标者的要求，各种附表等。

首先要组织资格预审文件工作小组，人员组成是以业主、招标机构、财务管理专家、工程技术人员参加。资格预审文件在编写时内容要齐全，要规定语言，明确资格预审文件的份数，注明“正本”和“副本”。

（2）发布资格预审公告，邀请有意参加工程投标的承包商申请资格审查。

资格预审公告的内容：业主和工程师的名称；工程所在位置、概况和合同包含的工作范围；资金来源；资格预审文件的发售日期、时间、地点和价格；预期的计划（授予合同的日期、竣工日期及其他关键日期）；招标文件颁发和提交投标文件的计划日期；申请资格预审须知；提交资格预审文件的地点及截止日期、时间；最低资格要求及准备投标的投标者可能关心的具体情况。.

资格预审公告一般应在颁发招标文件的计划日期前10～15周发布，填写完成的资格预审文件应在这一计划日期之前的4～8周提交。从发布资格预审通知到报送资格预审文件的截止日期的间隔不少于4周。

（3）发售资格预审文件：在指定的时间、地点开始发售资格预审文件。

（4）资格预审文件答疑：在资格预审文件发售后，购买文件的投标者对资格预审文件提出疑问，投标者应将疑问以书面形式（包括电传、电报、信件等）提交业主；业主应以书面形式回答，并通知所有购买资格预审文件的投标者。

（5）报送资格预审文件：投标者应在规定的截止日期前报送资格预审文件，报送的文件截止日期后不得修改。

（6）澄清资格预审文件：业主可要求澄清预审文件的疑点。

（7）评审资格预审文件：组成资格预审评审委员会，对资格预审文件进行评审。

（8）向投标者通知评审结果：业主以书面形式向所有参加资格预审的投标者通知评审结果，在规定的时间、地点向通过资格预审的投标者出售招标文件。

5.1.3.3 资格预审文件的内容

资格预审文件的内容主要包括以下5个方面：

1. 工程项目总体概况

工程项目基本情况说明包括：工程内容介绍、资金来源、工程项目的当地自然条件、工程合同的类型。

2. 简要合同规定

（1）投标者的合格条件。有些工程项目所在国规定禁止与世界上某国进行任何来往时，则该国公司不能参加投标。

（2）进口材料和设备的关税。投标者应核实项目所在国的海关对进口材料和设备的法律规定，关税交纳的细节。

（3）当地材料和劳务。投标者了解工程所在国对当地材料价格和劳务使用的有关规定。

（4）投标保证金和履约保证金。业主应规定投标者提交投标保证金和履约保证金的币种、数量、形式、种类。

（5）支付外汇的限制。业主应明确向投标者支付外汇的比例限制和外汇兑换率，在合同执行期间不得改变外汇兑换率。

（6）优惠条件。业主应明确本国投标者优惠条件。世界银行“采购指南”中明确规定给予贷款国国内投标者优惠待遇。

（7）联营体（Joint Venture）的资格预审。联营体的资格预审条件是：资格预审的申请可以单独提交，也可以联合提交，预审申请可以单独或同时以合伙人名义提出，确定责任方和合伙人所占股份的百分比；每一方必须递交本企业预审的文件；说明申请人投标后，投标书及合同对全体合伙人有法律约束；同时提交联营体协议，说明各自承担的业务与工程；资格预审申请包括有关联营体各方拟承担的工程及业务分担；联营体任何变化都要在投标截止到目前得到业主书面批准，后组建联营体如果由业主判定联营体的资格经审查低于规定的最底标准，将不予批准。

（8）仲裁条款。在资格预审文件中写明进行仲裁机构名称。

3. 资格预审文件说明

在说明中应回答招标人提出的问题，按要求填写招标人提供的资格预审文件。

业主将根据投标者提供的资格预审申请文件来判断投标者的财务状况、施工经验与过去履约情况、人员情况、施工设备。通过判断来进行综合评价，业主应制定评价标准。

4. 投标者填写的表格

业主要求投标者填写的表格有：资格预审申请表、管理人员表、施工方法说明、设备和机具表、财务状况报表、近5年完成的合同表、联营体意向声明、银行信用证、宣誓表等。

5. 工程主要图纸

包括工程总体布置图，建筑物主要剖面图等。

5.1.3.4 资格预审文件的评审

资格预审文件的评审是由评审委员会实施。评审委员会由招标机构负责组织，参加的人员有：业主代表、招标机构、上级领导单位、融资部门；设计咨询等单位的人员，应包括财务、经济、技术专家。资格预审应根据标准，一般采用打分的办法进行。

首先整理资格预审文件，是否满足资格预审文件要求。检查资格预审文件的完整性，检查投标者的财务能力、人员情况、设备情况及履行合同的情况是否满足要求。资格预审采用评分法进行，按标准逐项打分。评审实行淘汰制，对于满足填报资格预审文件要求的投标者一般情况下可考虑按财务状况、施工经验和过去履约情况、人员、设备等4个方面进行评审打分，每个方面都规定好满分分数限和最低分数限，只有达到下列条件的投标者才能获得投标资格。每个方面得分不低于最低分数线；4个方面得分之和不少于60分（满分为100分）。

最低合格分数线的制定应根据参加资格预审的投标者的数量来决定；如果投标者的数量比较多，则适当提高最低合格分数线，这样可以多淘汰一些投标者，仅给予获得较高分数的投标者以投标资格。

5.1.4 国际工程招标文件

招标文件是提供给投标者的投标依据。招标文件应向投标者介绍项目有关内容的实施要求，包括项目基本情况、工期要求、工程及设备质量要求，以及工程实施业主方如何对项目的支付、质量和工期进行管理。

招标文件还是签订合同的基础，尽管在招标过程中业主一方可能会对招标文件内容和要求提出补充和修改意见，在投标和谈判中，承包商也会对招标文件提出修改要求，但招标文件是业主对工程项目的要求，据之签订的合同则是在整个项目实施中最重要的文件。可见编制招标文件对业主非常重要。对承包商而言，招标文件是业主工程项目的蓝图，掌握招标文件的内容是成功地投标，实施项目的关键。工程师受业主委托编制招标文件要体现业主对项目的技术经济要求，体现业主对项目实施管理的要求，将来据之签订的合同将详细而具体地规定工程师的职责权限。

5.1.4.1 编写招标文件的基本要求

世界银行贷款项目、土建工程的招标文件的内容，已经逐步纳入标准化、规范化的轨道，按照《采购指南》的要求，招标文件应当：

(1) 能为投标人提供一切必要的资料数据。

(2) 招标文件的详细程度应随工程项目的大小而不同。比如国际竞争性招标（ICB）和国内竞争性招标（ICB）的招标文件在格式上均有区别。

(3) 招标文件应包括：招标邀请信、投标人须知、投标书格式、合同格式、合同条款，包括通用条款和专用条款；技术规范、图纸和工程量清单；以及必要的附件，比如各种保证金的格式。

(4) 使用世界银行发布的标准招标文件。在我国贷款项目强制使用世行标准，财政部编写的招标文件范本，也可作必要的修改，改动在招标资料表和项目的专用条款作出，标准条款不能改动。

5.1.4.2 招标文件的基本内容

国际和国内竞争性招标所用的招标文件，虽有差异，但是都包括如下文件和格式：

(1)“招标邀请函”。重复招标通告的内容，使投标人根据所提供的基本资料来决定是否要参加投标。

(2)“投标人须知”。提供编制具有响应性的投标所需的信息和介绍评标程序。

(3)“投标资料表”。包含使投标人须知更适用投标的详细信息。

(4)“通用合同条款”。确立适用土建工程合同的标准合同条件，即菲迪克合同条件。

(5)“专用合同条款”。又分为A和B两部分，A部分为“标准专用合同条款”；B部分为“项目专用合同条款”。“标准专用合同条款”对通用合同条款中的相应条款予以修改、增删，以适用于中国的具体情况。“项目专用合同条款”和“投标书附录”对通用合同条款和标准专用合同条款中的相应条款加以修改、补充或给出数据，适用合同的具体情况。

(6)“技术规范”。对工程予以确切的定义与要求，确立投标人应满足的技术标准。

(7)“投标函格式”。投标人中标后承担的合同责任。

(8)“投标保证金格式”。是使投标有效的金融担保拟定的格式。

(9)“工程量清单”。工程项目的种类细目和数量。

(10)“合同协议书格式”。

(11)“履约保证金格式”。是使合同有效的金融担保拟定格式，由中标的投标人提交。

(12)“预付款银行保函格式”。使中标人得到预付款的金融担保拟定的格式，由中标人提交。预付款银行保函的目的是在承包人违约时，对业主损失进行补偿。

(13)“图纸”。业主提供投标人编制投标书所需的图纸、计算书、技术资料及信息。

(14)“世界银行贷款项目采购提供货物、工程和服务的合格性”。列出了世界银行贷款项目采购不合格的供应商和承包商的国家名单。

5.1.4.3 招标文件的相关主体及人员

建筑师、工程师、工料测量师是国际工程的专业人员，业主、承包商、分包商、供货商是国际工程的法人主体。

建筑师、工程师均指不同领域和阶段负责咨询或设计的专业公司和专业人员，如在英国，建筑师负责建筑设计，而工程师则负责土木工程的结构设计。各国均有严格的建筑师、工程师的资格认证及注册制度，作为专业人员必须通过相应专业协会的资格认证，而有关公司或事务所必须在政府有关部门注册。咨询工程师一般简称为工程师，指的是为业主提供有偿技术服务的独立的专业工程师，其服务内容可以涉及到各自专长的不同专业。

分包商是指那些直接与承包商签订合同，分担一部分承包商与业主签订合同中的任务的公司。业主和工程师不直接管理分包商，他们对分包商的工作有要求时，一般通过承包商来处理。如在英国，许多小公司人数在15人以下，占建筑企业总数的80%以上，而1%的大公司承包工程总量的70%。另外，指定分包商是指业主方在招标文件中或在开工后指定的包商或供货商，指定分包商仍应与承包商签订分包合同。广义的分包商还包括供货商与设计分包商。供货商是指为工程实施提供工程设备、材料和建筑机械的公司和个人。一般供货商不参与工程的施工，但是有一些设备供货商由于所提供设备的安装要求比较高，往往即承担供货，又承担安装和调试工作，如电梯、大型发电机组等。供货商既可以与业主直接签订供货合同，也可以直接与承包商或分包商签订供货合同。工料测量师是英国、英联邦国家以及香港地区对工程经济管理人员的称谓，在美国叫造价工程师或成本咨询工程师，在日本叫建筑测量师。

5.1.4.4 招标文件的编制

全部或部分世界银行贷款超过1000万美元的项目中必须强制性使用标准招标文件，对超过5000万美元的合同（包括不可预见费），需强制采用三人争端审议委员会（DRB）方法，而不宜由工程师来充当准司法的角色。低于5000万美元的项目的争端处理办法由业主自行选择，可选择三人DRB争端审议专家（DRE）或提交工程师决定，但工程师必须独立于业主。

“工程项目采购标准招标文件”共包括以下内容：投标邀请书、投标者须知、招标资料表、通用合同条件、专用合同条件、技术规范，投标书格式、投标书附录和投标保函格式、工程量表、协议书格式、履约保证格式、预付款银行保函格式、图纸、说明性注解、资格后审、争端解决程序、世界银行资助的采购中提供货物、土建和服务的合格性。下面将以世界银行工程项目采购标准招标文件的框架和内容为主线，对工程项目采购招标文件的编制进行较详细的介绍。

1. 投标邀请书

投标邀请书中包括的内容有：通知投标人资格预审合格，准予参加该工程项目的投标；购买招标文件的地址和费用；应当按招标文件规定的格式和金额递交的投标保函；开标前会议的时间、地点，递交投标书的时间、地点，以及开标的时间和地点；要求以书面形式确认收到此函，如不参加投标也希望能通知业主方；投标邀请书不属于合同文件的组成。

2. 投标人须知

投标人须知（ITB）的作用是具体制定投标规则，给投标人提供应当了解的投标程序，使其能提交响应性的投标。这里介绍的标准条款不能改动；必须改动时，只能在投标资料表中进行。投标人须知的主要内容包括：工程范围；工期要求；资金来源；投标商的资格（必须资格预审合格）以及货物原产地的要求；利益冲突的规定；对提交工作方法和进度计划的要求；招标文件和投标文件的澄清程序；投标语言；投标报价和货币的规定；备选方案；修改、替换和撤销投标的规定；标书格式和投标保证金的要求；评标的标准和程序；国内优惠规定；投标截止日期和标书有效期及延长；现场考察、开标的时间、地点等；反欺诈反腐败条款；专家审议委员会或小组的规定。

3. 招标资料表

招标资料表由业主方在发售招标文件之前，应对投标者须知中有关各条进行编写，为投标者提供具体的资料、数据、要求。投标者须知的文字和规定是不允许修改的，业主方只能在招标资料表中对其进行补充。招标资料表内容与投标者须知不一致以招标资料表为准。

4. 合同通用条款

范本的合同通用条款（GCC）为国际咨询工程师联合会（菲迪克）FIDIC 所出版的合同通用条款，FIDIC 合同条款依据国际通用的合同准则编写，为业主和承包商双方的关系奠定标准的法律基础。FIDIC 合同条款受版权保护，不得复印、传真或复制。招标文件中的通用合同条款可以从 FIDIC 购买，购买费计入招标文件售价。或者指明用 FIDIC 的合同条款，由投标人直接向 FIDIC 购买。FIDIC 条件的特点是：逻辑严密，条款脉络清楚，风险分担合理，文字上无模棱两可之处。FIDIC 条件具有单价合同特点，以图纸、技术规范、工程量清单为招标条件。突出了监理工程师的作用是独立的第三方，进行项目监理。

5. 合同的专用条款

专用合同条款是针对具体工程项目，业主方对通用合同条件进行具体补充，以使合同条件更加具体适用。在世界银行工程项目采购的标准招标文件中，将专用合同条件中列出的各种条款分成两类、三个层次：两类：WB 指世界银行编制的条件；F 指 FIDIC“土木工程施工合同条件”第 4 版 1992 年版中的条件。三个层次：M 指强制性；R 指建议性；Z 指选择性。

6. 技术规范（略）

7. 投标书格式、投标书附录和投标保函

投标书格式、投标书附录和投标保函这 3 个文件是投标阶段的重要文件，投标书附录不仅是投标者在投标时要首先认真阅读的文件，而且对合同实施期都有约束和指导作用，因而应该仔细研究和填写。

投标书格式汇总了投标人中标后总的责任。相当于国内投标书的投标函。标书业主应在投标函开头部分注有“合同名称”、“致：（业主名称）”的空格内填入相应的内容。投标人应填写此函并将其加入到投标文件中。按照投标函格式填写的投标函和业主的书面中标通知书，在签订正式的合同协议书之前，组成了约束双方的合同。“投标书”不等于投标者的全部投标报价资料。“投标书”被认为是正式合同文件之一，而投标者的投标报价资料，除合同协议书中列明者外，均不属于合同文件。

投标书附录对合同条款的作用与投标资料表对投标人须知的作用相同。由于投标书附录的目的是修改补充通用合同条款和专用合同条款 A 和 B，使其适用于具体的合同，投标书附录应与通用合同条款和专用合同条款对应。范本中的投标书附录列出了一些共同的问题，具体的合同可能还要在投标书附录中增加一些不同的条款：如果专用合同条款的某条不适用，则应在投标书附录的相应条款中注明“不适用”。投标人应在投标书附录的每一页上都签字，表示确认。外汇需求表、调价用的权重系数与基期指数等表格放在投标书附录后。是投标书组成部分，由投标人填写。投标者还需填写“分包商一览表”，包括分包项目名称、分包项目估计金额、分包商名称、地址以及该分包商施工过的同类工程的介绍。

投标保函的有效期一般应比投标有效期长 28 天，招标机构在发出招标文件前应填入日期。投标人应按规定的格式提供。

8. 工程量清单

工程量清单提供工程数量资料，使投标书可以编写的有效准确，便于评标。在合同实施期间，标价的工程量清单是支付基础，用工程量清单中所报的单价乘以当月完成的工程量计算支付额。工程清单一般分为前言、工程细目、计日工表和汇总表 4 部分。

前言说明下述问题：

（1）应将工程量表与投标者须知、合同条件、技术规范、图纸等资料综合起来阅读。

（2）工程量表中的工程量是估算的，只能作为投标报价时的依据，付款的依据是实际完成的工程量和订合同时工程量表中最后确定的费率。

（3）除合同另有规定外，工程量表中提供的单价必须包括全部施工设备、劳力、管理、燃料、材料、运输、安装、维修、保险、利润、税收以及风险费。

（4）每一项目内容，投标者均应填入单价或价格，如果漏填，则认为此项目的单价或价格已被包含在其他项目之中。

（5）规范和图纸上有关工程和材料的说明不必在工程量表重复强调。在计算工程量表中每个项目的价格时，应参考合同文件对项目的描述，如土方开挖应包含什么内容，注意什么问题。

（6）根据业主选定的工程测量标准计量已完工程数量，或以工程量表规定的计量方法为准。

(7) 暂定金额是业主方的备用金，按照合同条件的规定支付。

(8) 计量单位使用通用的计量单位和缩写词（除非在业主所属国有强制性的标准）。

工程细目是指编制工程量表注意将不同等级要求的工程区分开；将同性质，不属于同部分的工作区分开；将情况不同、进行不同报价的项目区分开。编制工程量表划分“项目”要做到简单、概括，使项目既具有高度的概括性，条目简明，又不漏项和计价的内容。工程量表是以作业内容列表，叫作业顺序工程量表，另一种是以工种内容列表叫工种工程量表，使用较少。

计日工表是指出现工程量清单以外的不可预见工作，不能在工程量清单中明确给出工程量，合同中就要有合理计日工表。计日工表包括：计日工劳务、材料和施工机械的单价表；投标人填报的以计日工劳务、材料和设备的合计为基础的百分比的承包商应获利润管理费；工程量清单中还可以开列一项价格“暂定金额”，代表价格上涨不可预见费。避免在预算批准后，要求追加补批。由指定分包商施工的工程或供应的特殊货物的估计费用应在工程量清单中列出并附简要说明。该暂定金项目业主另行招标，选择专业公司作为主承包商的指定分包商。主承包商要为指定分包商的施工提供方便，为了使主承包商提供的管理参与竞争，工程量清单中的每一项暂定金都应在实际开支的暂定金的基础上增加一个百分率。

(1) 计日工表是劳务计日工表。劳务计日工费用包括两部分：劳务的基本费率，承包商按基本费率的某一百分比得到承包商的利润、管理费、劳务监管费、保险费以及各项杂费等费用。

(2) 材料计日工表。材料计日工费用包括两部分：材料的基本费率是发票价格加运费、保险费、装卸费、损耗费等；按照某一百分比得到利润、管理费等费用。对以计日工支付的工地内运送材料费用项目，按劳务与施工设备的计日工表支付。

(3) 施工设备计日工表。费率包括设备的折旧费、利息、保险、维修及燃料等消耗品，以及管理费、利润费用，但机械驾驶员及其助手应依劳务计日工表中的费率计价。施工设备按现场实际工时数支付。以上各费要用当地货币报价，但也可依据票据的实际情况用多种货币支付。

汇总表是工程量清单的一个单独的表格，各表结转的合计金额，并且列有计日合计，工程量方面的不可预见费和价格不可预见费的暂定金额。

9. 合同协议书格式、履约保函格式和预付款银行保函格式

投标人在投标时不填写招标文件中提供的合同协议书格式、履约保证金格式和预付款银行保函格式，中标的投标人才要求提交。许多国家规定，投标书与中标通知书即构成合同，有的国家要求双方签订合同协议书，如世界银行贷款合同，由合同双方签署后生效。

履约保证是承包商向业主提出的保证认真履行合同的一种经济担保，一般有两种形式，即银行保函或叫履约保函，以及履约担保。世界银行贷款项目一般规定，履约保函金额为合同总价的10%，履约担保金额则为合同总价的30%以上。保函或担保中的“保证金额”由保证人根据投标书附录中规定的合同价百分数折成金额填写。美洲习惯采用履约担保，欧洲采用银行保函。只有世界银行贷款项目两种保证形式均可。亚洲开发银行则规

定只能用银行保函。在编制国际工程的招标文件时应注意。银行履约保函分为两种形式：一种是无条件银行保函；另一种是有条件银行保函。对于无条件银行保函，银行见票即付，不需业主提供任何证据，承包商不能要求银行止付。有条件银行保函即银行在支付之前，业主有理由指出承包商违约，业主和工程师出示证据，提供损失计算数值。银行、业主均不愿承担这种保函。履约担保由担保公司、保险公司或信托公司开出的保函。承包商违约，业主要求承担责任前，必须证实承包商违约。担保公司可以采取以下措施之一，根据原要求完成合同：可以另选承包商与业主另签合同完成此工程，增加的费用由担保公司承担，不超过规定的担保金额；也可按业主要求支付给业主款额，但款额不超过规定的担保金额。银行预付款保函，即银行或金融机构应填入等于预付款的保证金数量。

10. 图纸

图纸是招标文件和合同的重要组成部分，是投标者在拟定施工方案，选用施工机械，提出备选方案，计算投标报价的资料。业主方一般应向投标者提供图纸的电子版。招标文件应该提供合适尺寸的图纸，补充和修改的图纸经工程师签字后正式下达，才能作为施工及结算的依据。在国际招标项目中，图纸有时较简单，可以减少承包商索赔机会，让承包商设计施工详图，利用了承包商的经验。当然这样做对图纸要认真检查，以防造价增加。

业主方提供的图纸中所包括的地质钻孔、水文、气象资料属于参考资料。而投标者应对资料做出的正确分析判断，业主和工程师对投标者分析不负责任。投标者要注意潜在风险。

5.2 国际工程投标

5.2.1 确定投标项目

1. 收集项目信息

(1) 通过国际金融机构的出版物。所有利用世界银行、亚洲开发银行等国际性金融机构贷款的项目，都要在世界银行的《商业发展论坛报》、亚洲开发银行的《项目机会》上发表。

(2) 通过公开发行的国际性刊物。如《中东经济文摘》、《非洲经济发展月刊》上刊登的招标邀请公告。

(3) 借助公共关系提早获取信息。

(4) 通过驻外使馆、驻外机构、外经贸部、公司驻外机构、国外驻我国机构获取。

(5) 通过国际信息网络。

2. 跟踪招标信息

国际工程承包商从工程项目信息中，选择符合本企业的项目进行跟踪，初步决定是否准备投标，再对项目进一步调查研究。跟踪项目或初步确定投标项目的过程是一项重要的经营决策过程。

5.2.2 准备投标

1. 在工程所在国登记注册

国际上有些国家允许外国公司参加该国的建设工程的投标活动，但必须在该国注册登记，取得该国的营业执照。一种注册是先投标，经评标获得工程合同后才允许该公司注册；另一种是外国公司欲参与该国投标，必须先注册登记，在该国取得法人地位后，正式投标。公司注册通常通过当地律师协助办理。承包商提供公司章程、所属国家颁发的营业证书、原注册地、日期、董事会在该国建立分支机构的决议，对分支机构负责人的授权证书。

2. 雇用当地代理人

进入该国市场开拓业务，由代理人协调当地事务。有些国家法律明确规定，任何外国公司必须指定当地代理人，才能参加所在国建设项目的投标承包。国际工程承包业务的80%都是通过代理人和中介机构完成的，他们的活动有利于承包商、业主，促进当地建设经济发展。代理人可以为外国公司承办注册、投标等。选定代理人后，双方应签订正式代理协议，付给代理人佣金和酬金。代理佣金一般是按项目合同金额的一定比例确定，如果协议需要报政府机构登记备案，则合同中的佣金比例不应超过当地政府的限额和当地习惯。佣金一般在合同总价的2%～3%左右。大型项目比例会适当降低，小型项目适当提高，但一般不宜超过5%。代理投标业务时，一般在中标后支付佣金。

3. 选择合作伙伴

国家要求外国承包商在本地投标时，要尽量与本地承包商合作，承包商最好是先从以前的合作者中选择两三家公司进行询价，可以采取联营体合作，也可以在中标前后选择分包。

投标前选择分包商。应签订排他性意向书或协议。分包商还应向总包商提交其承担部分的投标保函，一旦总包商中标，分包合同即自动成立。但事先无总包、分包关系，只要求分包商对其报价有效期作出承诺，不签订任何互相限制的文件。总包商保留中标后任意选择分包商的权利，分包商也有权调整他的报价；中标后选择分包商可以将利润相对丰厚的部分工程留给自己施工，有意识地将价格较低或技术不擅长的分包，向分包商转嫁风险；在某些工程项目的招标文件中，有时规定业主或工程师可以指定分包人，或要求承包商在业主指定的分包商名单中选择分包商。指定分包人向总包商承担义务责任，保障总承包商免受损害，获得补偿。

联营体合作伙伴的选择是为了在激烈的竞争中获胜，一些公司相互联合组成临时性的长期性的联合组织，以发挥企业的特长，增强竞争能力。联营体一般可分为两类：一类叫分担施工型；另一类叫联合施工型。分担施工型是合伙人各自分担一部分作业，并按照各自的责任实施项目。可以按设计、设备采购和安装调试、土建施工分，也可按工程项目或设备分，即把土建工程分为若干部分，由各家分别独立施工，设备也可根据情况分别采购、安装调试，有时这种形式也叫联合集团；一般的变更和修改可由联营体特定的领导者来处理。在项目合同中要明确规定这个特定的领导者具有代理全体合伙人的权限，便于和业主合作；联合施工型联营体的合伙者不分担作业，而是一同制定参加项目的内容及分担的权利、义务、利润和损失。因此，合伙人关心的是整个项目的利润或损失和以此为基础的正确决算。也采用合伙人代表会议方式，由一位推选的领导者负责，这种方式的领导者职责、权限更具有权威性。

4. 成立投标小组

投标小组由经验丰富、有组织协调能力、善于分析形势和有决策能力的人员担任领导，要有熟悉各专业施工技术和现场组织管理的工程师，还要有熟悉工程量核算和价格编制的工程估算师。此外，还要有精通投标文件文字的人员，最好是工程技术人员和估价师能使用该语言工作，还要有一位专职翻译，以保证投标书文件的质量。

5.2.3 参加资格预审

首先进行填报前的准备，在填报前应首先将各方面的原始资料准备齐全。内容应包括财务、人员、施工设备和施工经验等资料。在填报资格预审文件时应按照业主提出资格预审文件要求，逐项填写清楚，针对所投工程项目的特点，有重点地填写，要强调本公司的优势。实事求是地反映本公司的实力。一套完整的资格预审文件一般包括资格预审须知、项目介绍以及一套资格预审表格。资格预审须知中说明对参加资格预审公司的国别限制、公司等级、资格预审截止日期、参加资格预审的注意事项以及申请书的评审等。项目介绍则简要地介绍了招标项目的基本情况，使承包商对项目有一个总体的认识和了解。资格预审表格是由业主和工程师编制的一系列表格，不同项目资格预审表格的内容大致相同。

5.2.4 编制正式的投标文件

在报价确定后，就可以编制正式的投标文件（关于国际招标项目报价的分析策略在下一节讲述），投标文件又称标函或标书，应按业主招标文件规定的格式和要求编制。

1. 投标书的填写

投标书的内容与格式由业主拟定，一般由正文与附件两部分组成。承包商投标时应填写业主发给的投标书及其附录中的空白，并与其他投标文件寄交业主。投标中标后，标书就成为合同文件的一个主要组成部分。

有的投标书中还可以提出承包商的建议，以此得到业主的欢迎，如可以表明用什么材料代用可以降低造价而又不降低标准；修改某部分设计，则可降低造价等。

2. 复核标价和填写

标书标价进行调整以后，要认真反复审核标价，无误后才能开始填写投标书等投标文件，填写时要用墨汁笔，不允许用圆珠笔，然后翻译、打字、签章、复制。填写内容除了投标书外，还应包括招标文件规定的项目，如施工进度计划、施工机械设备清单及开办费等。有的工程项目还要求将主要分部分项工程报价分析表填写在内。

3. 投标文件的汇总装订

投标书编制完毕后，要进行整理和汇总。国外的标书要求内容完整、纸张一致，字迹清楚、美观大方，汇总后即可装订。整理时，一定不要漏装，往往容易将投标书与投标保函漏装。投标书不完整，会导致投标无效。

4. 内部标书的编制

内部标书是指投标人为确定报价所需各种资料的汇总，其目的是作为报价人今后投标报价的依据，也是工程中标后向工程项目施工有关人员交底的依据。内部标书的编制不需重新计算，而是将已经报价的成果资料进行整理，其内容一般有：

(1) 编制说明。主要叙述工程概况、编制依据、工资、材料、机械设备价格的计算原则；采用定额和费用标准的计算原则；人民币与规定外币的比值；劳动力、主要材料设备、施工机械的来源；贷款额及利率；盈亏测算结果等。

（2）内部标价总表。标价总表分为按工程项目划分的标价总表和单独列项计算的标价总表两种。工程项目划分的标价总表，按工程项目的名称及标价分别列出，单独列项的标价总表，应单独列表，如开办费中的施工水、电、临时设施等。

（3）人工、材料设备和施工机械价格计算。此部分应加以整理，分别列出计算依据和公式。

（4）分部分项工程单价计算。此部分的整理要仔细，并可建立汇总表。

（5）开办费、施工管理费和利润计算。要求应分别列项加以整理，其中利润率计算的依据等均应详细标明。

（6）内部盈亏计算。根据标价分析作出盈亏与风险分析，分别计算后得出高、中、低三档报价，供决策者选择。

经过以上工作，国际施工项目投标的主要工作业已完成，之后便是投送标书、参加开标、接受评标，获得中标通知书后进行合同谈判，最终签订承包合同。

5.3 FIDIC 合同条件

5.3.1 FIDIC 合同条件概述

5.3.1.1 FIDIC 简介

FIDIC 是指国际咨询工程师联合会（Federation Internationale Des Ingenieurs-Conseils)，是该联合会法文名称的缩写。该联合会是被世界银行认可的咨询服务机构，是国际上具有权威性的咨询工程师组织，总部设在瑞士洛桑。1913 年欧洲 3 个国家的咨询工程师协会成立了国际咨询工程师联合会。第二次世界大战结束后，受此次战争波及的国家急于医治战争创伤，建筑业得到了巨大的发展机会。与此同时，由于在咨询和协调建筑业各项活动所取得的业绩，FIDIC 也日益壮大。联合会成员在每个国家只有一个，至今已包括有 60 多个国家和地区，我国在 1996 年正式加入。

FIDIC 下设 5 个长期性的专业委员会：业主咨询工程师关系委员会（CCRC)、合同委员会（CC)、风险管理委员会（RMC)、质量管理委员会（QMC）和环境委员会（ENVC)。FIDIC 的各专业委员会编制了许多规范性的文件，这些文件 FIDIC 成员国采用。目前作为惯例已成为国际工程界公认的标准化合同格式有适用于工程咨询的《业主—咨询工程师标准服务协议书》；适用于施工承包的《土木工程分包合同条件》、《电气与机械工程合同条件》、《设计—建造与交钥匙合同条件》和《土木工程分包合同条件》。1999 年 9 月，FIDIC 又出版了新的《施工合同条件》、《工程设备与设计—建造合同条件》、《EPR 交钥匙合同条件》及《合同简短格式》。这些合同文件不仅被 FIDIC 成员国广泛采用，而且世界银行、亚洲开发银行、非洲开发银行等金融机构也要求在其贷款建设的土木工程项目中使用以该文本为基础编制的合同条件。

这些合同条件的文本不仅适用于国际工程，而且稍加修改后同样适用于国内工程，我国有关部委编制的适用于大型工程施工的标准化范本都以 FIDIC 编制的合同条件为蓝本。

常用的 FIDIC 合同条件有以下几点：

1. 土木工程施工合同条件

《土木工程施工合同条件》是 FIDIC 最早编制的合同文本，也是其他几个合同条件的基础。该文本适用于业主（或业主委托第三人）提供设计的工程施工承包，是基于单价合同的标准化合同格式。土木工程施工合同条件的主要特点表现为，条款中责任的约定以招标选择承包商为前提，合同履行过程中建立以工程师为核心的管理模式。

2. 电气与机械工程合同条件

《电气与机械工程合同条件》适用于大型工程的设备提供和施工安装，承包工作范围包括设备的制造、运送、安装和保修几个阶段。这个合同条件是在土木工程施工合同条件基础上编制的，针对相同情况制定的条款完全照抄土木工程施工合同条件的规定。与土木工程施工合同条件的区别主要表现为：一是该合同涉及的不确定风险的因素较少，但实施阶段管理程序较为复杂，因此条目少、款数多；二是支付管理程序与责任划分基于总价合同。这个合同条件一般适用于大型项目中的安装工程。

3. 设计—建造与交钥匙工程合同条件

FIDIC 编制的《设计—建造与交钥匙工程合同条件》是适用于总承包的合同文本，承包工作内容包括：设计、设备采购、施工、物资供应、安装、调试、保修。这种承包模式可以减少设计与施工之间的脱节或矛盾，而且有利于节约投资。该合同文本是基于不可调价的总价承包编制的合同条件。土建施工和设备安装部分的责任，基本上套用土木工程施工合同条件和电气与和机械合同条件的相关约定。交钥匙合同条件既可以用于单一合同施工的项目，也可用于作为多合同项目中的一个合同，如承包商负责提供各项设备、单项构筑物或整套设施的承包。

4. 土木工程分包合同条件

FIDIC 编制的《土木工程施工分包合同条件》是与《土木工程施工合同条件》配套使用的分包合同文本。分包合同条件可用于承包商与其选定的分包商，或与业主选择的指定的权利义务约定一致，又要区分负责实施分包工作当事人改变后两个合同之间的差异。

5.3.1.2 FIDIC 合同条件的发展历程

由于全球一体化进程快速推进，国际工程建设的快速发展，工程建设规模不断扩大、风险增加，这给当事人签订合同时再作约定带来一定的困难，需要对当事人的权利和义务有更明确详细的约定。在客观上，国际工程界需要一种标准合同文本，能在工程项目建设中普遍使用或稍加修改即可使用。而标准合同文本在工程的费用、进度、质量、当事人的权利义务方面都有明确而详细的规定。FIDIC 合同条件正是顺应这一要求而产生的。

1957 年，FIDIC 与欧洲建筑工程联合会（FIEIC）一起在英国土木工程师协会（ICE）编写的《标准合同》基础上，制定了 FIDIC 合同条件第一版。第一版主要沿用英国的传统做法和法律体系，包括一般条件和特殊条件两部分。1969 年修订的第二版 FIDIC 合同条件，没有修改第一版的内容，只是增加了适用疏浚工程的特殊条件。1977 年修订的第三版 FIDIC 合同条件，则对第二版作了较大修改，同时还出版了《土木工程合同文件注释》。1987 年 FIDIC 合同条件第四版出版，此后又于 1988 年出版了第四版修订版。第四版出版后，为指导应用，FIDIC 又于 1989 年出版了一本更加详细的《土木工程施工合同条件应用指南》。1999 年 FIDIC 又出版了新的《施工合同条件》，这是目前正在使用的合同条件版本。

5.3.1.3 FIDIC 合同条件的构成

FIDIC 合同条件由通用合同条件和专用合同条件两部分构成。

1. FIDIC 通用合同条件

所谓“通用”的含义是，FIDIC 通用条件是固定不变的，工程建设项目只要是属于土木工程施工，如工业与民用建筑工程、水电工程、路桥工程、港口工程等建设项目均可适用。通用条件共分 20 条 163 款。20 条分别是：一般规定，雇主，工程师，承包商，指定的分包商，员工，工程设备、材料和工艺，开工、延误和暂停，竣工检验，雇主接受，缺陷责任，测量和估价，变更和调整，合同价款和支付，由雇主终止，由承包商暂停和终止，风险与职责，保险，不可抗力，索赔、争端和仲裁。在通用条件中还有附录及程序规则。

通用条件是可以适用于所有土木工程的，条款也非常具体而明确。但不少条款还需要前后串联、对照才能最终明确其全部含义，或与其专用条件相应序号的条款联系起来，才能构成一条完整的内容。FIDIC 条款属于双方合同，即施工合同的签约双方（业主和承包商）都承担风险，又各自分享一定的权益。因此，其大量的条款明确地规定了在工程实施某一具体问题上双方的权利和义务。

2. FIDIC 专用合同条件

基于不同地区、不同行业的土建类工程施工共性条件而编制的通用条件已是分门别类、内容详尽的合同文件范本。但有这些是不够的，具体到某一工程项目，有些条款应进一步明确，有些条款还必须考虑工程的具体特点和所在地区情况予以必要的变动。FIDIC 专用合同条件就是为了实现这一目的。第一部分的通用条件和第二部分专用条件，构成了决定一个具体工程项目各方的权利和义务的内容。

第二部分专用条件的编制原则是：根据具体工程的特点，针对通用条件中的不同条款进行选择、补充或修正，使由这两部分相同序号组成的条款内容更为完备。因此，第二部分专用条件并不像第一部分通用条件那样，条款序号依次排列，以及每一序号下都有具体的条款内容，而是视情况第一部分条款内容是否需要修改、取代或补充，而决定相应序号的专用条款是否需要修改、取代或补充，从而决定相应序号的专用条款是否存在。

5.3.1.4 FIDIC 合同条件下的建设项目工作程序

在 FIDIC 合同条件下，建设项目的工作大致按以下程序进行：

（1）进行项目立项，筹措资金。

（2）通过工程监理招投标选择工程师，签订工程监理委托合同。

（3）通过竞争性勘察设计招标确定或直接委托勘察设计单位对工程项目进行勘察设计，也可委任工程师对此进行监理。

（4）通过竞争性招标，确定承包商。

（5）业主与承包商签订施工承包合同，作为 FIDIC 合同文件的组成部分。

（6）承包商按合同要求的履约担保、预付款保函、保险等事项，并取得业主的批准。

（7）业主支付预付款。在国际工程中，一般情况下，业主在合同签订后、施工前支付给承包商一定数额的资金（无息），以供承包商进行施工人员的组织、材料设备的购置及进入现场、完成临时工程等准备工作，这笔资金称工程预付款。预付款的有关事项，如数量、支付时间和方式、支付条件、扣还方式等，应在专用合同条件或投标书附件中明确。一般为合同价款的10％～15％。

（8）承包商提交工程师所需的施工组织设计、施工技术方案、施工进度计划和现金流量估算。

（9）准备工作就绪后，由工程师下达开工令，业主同时移交工地占有权。

（10）承包商根据合同的要求进行施工，而工程师则进行日常的监理工作。这一阶段是承包商与工程师的主要工作阶段，也是FIDIC合同条件要规范的主要内容。

（11）根据承包商的申请，工程师进行竣工检验。若工程合格，颁发接收证书，业主归还部分保留金。

（12）承包商提交竣工报表，工程师签发支付证书。

（13）在缺陷通知期内，承包商应完成剩余工作并修补工程缺陷。

（14）缺陷期满后，经工程师检验，证明承包商已根据合同履行了施工、竣工以及修补所有的工程缺陷的义务，工程质量达到了工程师满意的程度，则由工程师颁发履约证书，业主应归还履约保证金及剩余保留金。

（15）承包商提出最终报表，工程师签发最终支付证书，业主与承包商结清余款。随后，业主与承包商的权利、义务关系即告终结。

5.3.1.5 FIDIC合同条件下合同文件的组成及优先次序

在FIDIC合同条件下，合同文件除合同条件外，还包括其他对业主、承包商都有约束力的文件，如中标函、投标书、各种规范、施工图纸和标准图集、资料表和构成合同组成部分的其他文件。构成合同的这些文件应该是互相补充、互相说明的，但是这些文件有时会产生冲突或含义不清。此时，工程师进行解释，其解释应根据合同文件的内容按以下先后顺序进行：①合同协议书；②中标函；③投标函；④合同条件专用条款；⑤合同条件通用条款；⑥各种规范；⑦施工图纸及标准图集；⑧资料表和构成合同组成部分的其他文件。

1. 合同协议书

合同协议书有业主和承包商的签字，有对合同文件组成的约定，是使合同文件对业主和承包商产生约束力的法律形式和手续。

2. 中标函

中标函是由业主签署的正式接受投标函的文件，即业主向中标的承包商发出的中标通知书。它的内容很简单，除明确中标的承包商外，还明确项目名称、中标标价、工期、质量等事项。

3. 投标函

投标函是由承包商填写的，提交给业主的对其具有法律约束力的文件。其主要内容是工程报价，同时保证按合同条件规范、图纸工程量表、其他资料表、所附的附录及补充文件的要求，实施并完成招标工程并修补其任何缺陷；保证中标后，在规定的开工日期后尽早地开工，并在规定的的竣工日期内完成合同中规定的全部工作。

4. 合同条件的专用部分条款

这部分的效力高于通用条款，有可能对通用条款进行修改。

5. 合同条件的通用条款

这部分内容若与专用条款冲突，应以专用条款为准。

6. 规范

规范包括强制性标准和一般性规范。它是指对工程范围、特征、功能和质量的要求和施工方法，技术要求的说明书，对承包商提供的材料的质量和工艺标准、样品和试验、施工顺序和时间安排等都要做出明确规定。一般技术规范还包括计量、支付方法的规定。

规范是招标文件中的重要组成部分。编写规范时可引用某一通用外国规范，但一定要结合本工程的具体环境和要求来选用，同时还包括按照合同根据具体工程的要求对选用规范的补充和修改内容。

7. 图纸

图纸是指合同中规定的工程图纸、标准图集，也包括在工程实施过程中对图纸进行的修改和补充。这些修改补充的图纸均须经工程师签字后正式下达，才能作为施工及结算的依据。另外，招标时提供的地质钻孔柱状图、探坑展示图等地质、水文图纸也是投标人的参考资料。

8. 资料表

资料表包括工程量表、数据、表册、费率或价格表等。标价的工程量表是由招标人和投标人共同完成的。作为招标文件的工程量表中有工程的每一类项目或分项工程的名称、估计数量以及计量单位，但留出单价和合价的空格，这些空格由投标人填写。投标人填入单价和合价后的工程量表称为“标价的工程量表”，是投标文件的重要组成部分。

5.3.2 FIDIC 土木工程施工合同条件

《土木工程工程施工合同条件》是 FIDIC 最早编制的合同文本，也是其他几个合同条件的基础。土木工程施工合同条件的主要特点表现为：条款中责任的约定以招标选择承包商为前提；合同履行过程中建立以工程师为核心的管理模式；以单价合同为基础（也允许部分工作以总价合同承包）。建设部和国家行政管理局联合颁发的《建设工程施工合同示范文本》用了很多土木工程施工合同条件的条款。

5.3.2.1 合同履行中涉及的几个时间概念

1. 合同工期

合同工期是所签合同内注明的完成全部工程或分部移交工程的时间，加上合同履行过程中因非承包商应负责原因导致变更和索赔事件发生后，经工程师批准顺延工期之和。合同内约定的工期指承包商在投标书附录中承诺的竣工时间。合同工期的日历天数作为衡量承包商是否按合同约定期限履行施工义务的标准。

2. 施工期

从工程师按合同约定发布的“开工令”中指明的应开工之日起，至工程移交证书注明的竣工日止的日历天数为承包商的施工期。用施工期与合同工期比较，判定承包商的施工是提前竣工，还是延误竣工。

3. 缺陷责任期

缺陷责任期即国内施工合同文本所指的工程保修期，是自工程移交证书中写明的竣工日开始，至工程师颁发解除缺陷责任证书为止的日历天数。尽管工程移交前进行了竣工检验，但工程移交证书只是证明承包商的施工工艺达到了合同规定的标准，设置缺陷责责任期的目的是为了考验工程在动态运行条件下是否达到了合同中技术规范的要求。因此，从开工之日起至颁发解除缺陷责任证书日止，承包商要对工程的施工质量负责。合同工程的缺陷责任期及分阶段移交工程的缺陷责任期，应在专用条件内具体约定。次要部位工程通常为半年；主要工程及设备大多为一年；个别重要设备也可以约定为一年半。

4. 合同有效期

自合同签字日至承包商提交给业主的“结清单”生效日止，施工合同对业主和承包商均具有法律约束力。颁发解除缺陷责任证书只是表示承包商的施工义务终止，即证明承包商的工程施工、竣工和保修义务满足合同条件的要求，但合同约定的权利义务并未完全结束，不定期剩有管理和结算等手续。结算单生效指业主已按工程师签发的最终支付证书中的金额付款，并退还承包商的履约保函。结清单一经生效，承包商在合同内拥有的索赔权力自行终止。

5.3.2.2　合同价格

合同条件中通用条件第 1.1 款规定：“合同价格指中标通知书中写明的，按照合同规定为了工程的实施、完成及其任何缺陷的修补应付给承包商的金额。”但应注意，中标通知书中写明的合同价格仅指业主接受承包商投标书中为完成全部招标范围内工程报价的金额，不能简单地理解为承包商完成施工任务后应得到的结算款额。因为合同条件内很多条款都规定，工程师根据现场情况发布非承包商应负责原因的变更指令后，如果导致承包商施工中发生额外费用所应给予的补偿，以及批准承包商索赔给予补偿的费用，都应增加到合同价格上去。所以，签约原定的合同价格在实施过程中会有所变化。大多数情况下，承包商完成合同规定的施工义务后，累计获得的工程款也不等于原定合同价格与批准的变更和索赔补偿款之和，可能比其多，也可能比其少。究其原因，涉及以下几方面因素的影响。

1. 合同类型特点

《土木工程施工合同条件》适用于大型复杂工程采用单价合同的承包方式。为了缩短建设周期，通常在初步设计完成后就开始施工招标，在不影响施工进度的前提下陆续发放施工图。因此，承包商据以报价的工程量清单中各项工作内容项下的工程量一般为概算工程量。合同履行过程中，承包商实际完成的工程量可能多于或少于清单中的估计量。单价合同的支付原则是，按承包商实际完成工程量乘以清单中相应工作内容的单价，结算该部分工作的工程款。

2. 可调价合同

大型复杂工程的施工期较长，通用条件中包括合同工期内因物价变化对施工成本产生影响后计算调价费用的条款，每次支付工程进度款时均要考虑约定可调价范围内项目当地市场价格的涨落变化。而这笔调价没有包含在中标价格内，仅在合同条款中约定了调价原则和调价费用的计算方法。

3. 发生应由业主承担的计算方法

合同履行过程中，可能因业主的行为或其他应承担风险责任的事件发生后，导致承包商增加施工成本，合同相应条款都规定应对承包商受到的实际损害给予补偿。

4. 承包商的质量责任

合同履行过程中，如果承包商没有完全地或正确地履行合同义务，业主可凭工程师出具的证明，从承包商应得工程款内扣减该部分给业主带来损失的款额。合同条件内明确规定的情况包括：

（1）不合格材料和工程的重复检验费用由承包商承担。工程师对承包商采购的材料和施工的工程通过检验后发现质量没达到规定的标准，承包商应自费改正并在相同条件下进行重复检验所发生的额外费用由承包商承担。

（2）承包商没有改正忽视质量的错误行为。当承包商不能在工程师限定的时间内将不合格的材料或设备移出施工现场，以及在限定时间内没有或无力修复缺陷工程，业主可以雇用其他人来完成，该项费用应从承包商处扣回。

（3）折价接收部分有缺陷工程。某项处于非关键部位的工程施工质量未达到合同规定的标准，如果业主和工程师经过适当考虑后，确信该部分的质量缺陷不会影响总体工程的运行安全，为了保证工程按期发挥效益，可以与承包商协商后折价接收。

5. 承包商延误工期或提前竣工

（1）因承包商责任的延误竣工。签订合同时双方需约定日拖期赔偿和最高赔偿限额。如果因承包商的原因使竣工时间迟于合同工期，将按日拖期赔偿额乘以延误天数计算拖期违约赔偿金，但以约定的最高赔偿限额为赔偿业主延迟发挥工程效益的最高款额。

如果合同内规定有分阶段移交的工程，在整个合同工程竣工日期以前，工程师以对部分阶段移交的工程颁发了工程移交证书，且证书中注明的该部分工程竣工日期未超过约定的分阶段竣工时间，则全部工程剩余部分的日拖期违约赔偿额应相应折减。折减的原则是，将拖延竣工部分的合同金额除以整个合同工程的总金额所得比例乘以拖期赔偿额，但不能影响约定的最高赔偿限额。

（2）提前竣工。承包商通过自己的努力使工程提前竣工是否应得到奖励，在土木工程施工合同条件中列入可选择条款一类。业主要看提前竣工的工程或区段是否能让其得到提前使用的收益，而决定该条款的取舍。如果招标工作内容仅为整体工程中的部分工程且这部分工程的提前完成不能单独发挥效益，则没有必要鼓励承包商提前竣工，可以不设奖励。若选用奖励条款，则需要在专用条件中具体约定奖金的计算办法。FIDIC 编制的《土木工程施工合同条件应用指南》中说明，当合同内约定有部分区段工程的竣工时间和奖励办法时，为了使业主能够在完成全部工程之前占有并启用工程的某些区段使其提前发挥效益，约定的段完工日期应固定不便。也就是说，不因该区段的施工过程中出现非承包商应负责原因，工程师批准顺延合同工期而对计算奖励的应竣工时间予以调整（除非合同中另有规定）。

6. 包含在合同价格之内的暂定金额

某些项目的工程量清单中包括有“暂定金额”款项，尽管这笔款额计入在合同价格内但其使用却归工程师控制。暂定金额实际上是一笔业主方的备用金，工程师有权依据工程进展的实际需要，用于施工或提供物资、设备以及技术服务等内容的开支，也可以作为供意外用途的开支。他有权全部使用、部分使用或完全不用。工程师可以发布指不，要求承包商或其他人完成暂定金额项内开支的工作。因此，只有当承包商按工程师的指示完成暂定金额项内开发的工作任务后，才能从其中获得相应支付。由于暂定金额是用于招标文件规定承包商必须完成的承包工作之外的费用，承包商报价时不将承包范围内发生的间接费、利润、税金等摊入其中，所以他未获得暂定金额的支付并不损害其利益。

复习指导☞

本章重点介绍了国际工程招标投标的方式、程序，招标文件编制，投标文件的编制，FIDIC合同条件等。

国际工程招标方式包括国际竞争性招标（又称国际公开招标）、国际有限招标、两阶段招标和议标（又称邀请协商）。国际竞争性招标系指在国际范围内，采用公平竞争方式，定标时按事先规定的原则，对所有具备要求资格的投标商一视同仁，根据其投标报价机评标的所有依据进行评标、定标。国际有限招标是一种有限竞争招标，它有其局限性，即投标人选有一定的限制，不是任何对发包项目有兴趣的承包商都有资格投标。两阶段招标实质上是国际竞争性招标和国际有限招标相结合的方式。第一阶段按公开招标方式招标，经过开标和评标后，再邀请其中报价较低的或较合格的3家或4家投标人进行第二次投标报价。议标亦称邀请协商，是由发包人物色一家承包商直接进行合同谈判。

国际工程招标投标程序，可以分为3大步骤，即对投标者的资格预审；投标者得到招标文件和递交投标文件；开标、评标、合同谈判和签订合同。

FIDIC是指国际咨询工程师联合会，由通用合同条件和专用合同条件两部分构成。

5.4 习　　题

1. 简述国际工程招标程序？
2. 资格预审文件的主要内容是什么？
3. 国际工程招标文件包含哪些主要内容？
4. FIDIC合同条件主要包括哪些内容？
5. 在FIDIC合同条件下，工程合同文件有哪些？其解释的次序是什么？
6. 怎样区别合同工期、施工工期、缺陷责任期、合同有效期？

第6章 合同管理概论

本章要点

1. 建设工程合同管理的概念、特征、种类、主要内容及无效建设工程合同的认定
2. 业主和承包商的各种合同关系
3. 施工合同示范文本的组成、结构
4. 施工合同示范文本通用条款的内容

6.1 建设工程合同概述

6.1.1 建设工程合同的概念

根据《中华人民共和国合同法》第269条规定："建设工程合同是指承包人进行工程建设，发包人支付价款的合同。建设工程合同包括工程勘察、设计、施工合同。建设工程实行监理的，发包人也应与监理人订立委托监理合同。"

建设工程合同是一种诺成合同，合同订立生效后双方应当严格履行。同时建设工程合同也是一种双务、有偿合同，当事人双方在合同中都有各自的权利和义务，在享有权利的同时必须履行义务。由于建设工程合同涉及的工程量通常较大，履行周期长，当事人的权利、义务关系复杂，因此，《中华人民共和国合同法》第270条明确规定："建设工程合同应当采用书面形式。"

6.1.2 建设工程合同的特征

1. 合同主体的严格性

建设工程的主体一般只能是法人，发包人、承包人必须具备一定的资格，才能成为建设工程合同的合法当事人，否则，建设工程合同可能因主体不合格而导致无效。发包人对需要建设的工程，应经过计划管理部门审批，落实投资计划，并且应当具备相应的协调能力。承包人是有资格从事工程建设的企业，而且应当具备相应的勘察、设计、施工等资质，没有资格证书的，一律不得擅自从事工程勘察、设计业务；资质等级低的，不能越级承包工程。

2. 形式和程序的严格性

建设工程合同，履行期限长，工作环节多，涉及面广，应当采取书面形式，双方权利、义务应通过书面合同形式予以确定。此外由于工程建设对于国家经济发展、公民工作生活有重大影响，国家对建设工程的投资和程序有严格的管理程序，建设工程合同的订立和履行也必须遵守国家关于基本建设程序的规定。

3. 合同标的的特殊性

建设工程合同的标的是各类建筑产品，建设产品通常是与大地相连的，建筑形态往往

是多种多样的，另外，建筑产品的类别庞杂，其结构、使用目的、使用人都各不相同，这就要求每一个建筑产品都需单独设计和施工，建筑产品单体性生产也决定了建设工程合同标的的特殊性。

4. 合同履行的长期性

建设工程由于结构复杂、体积大、建筑材料类型多、工作量大、投资巨大，使得建设工程合同履行期限都较长。而且，因为投资的巨大，建设工程合同的订立和履行一般都需要较长的准备期。在合同的履行过程中，还可能因为不可抗力、工程变更、材料供应不及时等原因而导致合同期限顺延。所有这些情况，决定了建设工程合同的履行期限具有长期性。

6.1.3 建设工程合同的种类

建设工程合同可从不同的角度进行分类。

6.1.3.1 按承发包的范围和数量分类

按承发包的范围和数量，可以将建设工程合同分为建设工程总承包合同、建设工程承包合同、分包合同。发包人将工程建设的全过程发包给一个承包人的合同即为建设工程总承包合同。发包人如果将建设工程的勘察、设计、施工等的每一项分别发包给一个承包人的合同即为建设工程承包合同。经合同约定和发包人认可，从工程承包人的工程中承包部分工程而订立的合同即为建设工程分包合同。

6.1.3.2 按完成承包的内容分类

按完成承包的内容来划分，建设工程合同可以分为建设工程勘察合同、建设工程设计合同和建设工程施工合同3类。

6.1.3.3 按计价方式分类

业主与承包商所签订的合同，按计价方式不同，可以分为单价合同、总价合同、成本加酬金合同和目标合同4大类。建设工程勘察、设计合同和设备加工采购合同，一般为总价合同；建设工程监理合同大多数为成本加酬金合同；而建设工程施工合同则根据招标准备和工程项目特点不同，可选择其适用的一种合同。

1. 单价合同

单价合同，即根据计划工程内容和估算工程量，合同中明确每项工程内容的单位价格，实际支付时根据实际完成的工程量乘以合同单价来计算应付工程款的一种合同。这是最常见的合同种类，适用范围广，如我国的建设工程施工合同主要就是这一类合同。在这种合同中，承包商仅按合同规定承担报价的风险，即对报价（主要为单价）的正确性和适宜性承担责任；而工程量变化的风险由业主承担。由于风险分配比较合理，能够适应大多数工程，能调动承包商和业主双方的管理积极性。

单价合同又分为固定单价合同和可调单价合同等形式。在固定单价合同下，无论发生哪些影响价格的因素都不对单价进行调整，因而对承包人而言就存在一定的风险。当采用可调单价合同时，合同双方可以约定一个估计的工程量，当实际工程量发生较大变化时单价如何来调整等。

单价合同的特点是单价优先，例如FIDIC施工合同，业主给出的工程量表中的工程量是参考数字，而实际合同价款按实际完成的工程量和承包商所报的单价计算。虽然在投标报价、评标、签订合同中，人们常常注重合同总价格，但在工程款结算中单价优先，所以单价是不能错的。对于投标书中明显的数字计算的错误，业主有权先作修改再评标。

2. 总价合同

所谓总价合同，是指根据合同规定的工程施工内容和有关条件，发包人应付各承包人的款项是一个规定的金额，即总价。总价合同也称作总价包干合同，即根据施工招标时的要求和条件，当施工内容和有关条件不发生变化时，业主付给承包商的价款总额就不发生变化。

总价合同又分固定总价合同和变动总价合同两种。

(1) 固定总价合同。

固定总价合同以一次包死（包定）的总价委托，价格不因环境的变化和工程量增减而变化，所以在这类合同中承包商承担了全部的工作量和价格风险。除了设计有重大变更，一般不允许调整合同价格。在现代工程中，特别在合资项目中，业主喜欢采用这种合同形式。

固定总价合同适用于以下情况：

1）工程量小、工期短、估计在施工过程中环境因素变化小，工程条件稳定并合理。

2）工程设计详细，图纸完整、清楚，工程任务和范围明确。

3）工程结构和技术简单，风险小。

4）投标期相对宽裕，承包商可以有充足的时间详细考察现场、复核工程量，分析招标文件，拟定施工计划。

固定总价合同的计价方式：

1）业主为了方便承包商投标给出工程量表，但业主对工程量表中的数量不承担责任，承包商必须复核。各分项工程的固定总价之和即为整个工程的价格。

2）如果招标文件中没有给出工程量清单，而由承包商制定，则工程量表仅作为付款文件，不属合同规定的工程资料。合同价款总额由各分项工程的固定总价构成。承包商必须根据工程信息计算工程量，若工程量有漏项或计算不正确，则被认为已包括在整个合同的总价中。

固定总价合同是总价优先，承包商报总价，双方商定合同总价，最终按总价结算。通常只在设计变更或符合合同规定的调价条件时才允许调整合同价格。

采用固定总价合同时承包商的风险

1）价格风险：报价计算错误；漏报项目；工程实施中物价和人工费涨价风险。

2）工作量风险：工作量计算错误；由于工程范围不确定或预算时工程项目未列全造成的损失；由于设计深度不够造成的工程量计算误差。

(2) 变动总价合同又称为可调总价合同。合同价格是以图纸及规定、规范为基础，按照时价进行计算，得到包括全部工程任务和内容的暂定合同价格。它是一种相对固定的价格，在合同执行过程中，由于通货膨胀等原因而使所使用的工、料成本增加时，可以按照合同约定对合同总价进行相应的调整。当然，一般由于设计变更、工程量变化和其他工程条件变化所引起的费用变化也可以进行调整。因此，通货膨胀等不可预见因素的风险由业主承担，对承包商而言，其风险相对较小，但对业主而言，不利于其进行投资控制，突破投资的风险就增大了。

3. 成本加酬金合同

这是与固定总价合同截然相反的合同类型。工程最终合同价格按承包商的实际成本加一定比率的酬金（间接费）计算。在合同签订时不能确定一个具体的合同价格，只能确定酬金的比率。由于合同价格按承包商的实际成本结算，所以在这类合同中，承包商不承担任何风险，而业主承担了全部工作量和价格风险，所以承包商在工程中没有成本控制的积极性，常常不仅不愿意压缩成本，相反期望提高成本以提高他自己的工程经济效益。这样会损害工程的整体效益。所以这类合同的使用应受到严格限制，通常应用于如下情况：

（1）投标阶段依据不准，工程的范围无法界定，无法准确估价，缺少工程的详细说明。

（2）工程特别复杂，工程技术、结构方案不能预先确定。它们可能按工程中出现的新的情况确定。

（3）时间特别紧急，要求尽快开工。如抢救、抢险工程，人们无法详细地计划和商谈。

为了克服该种合同的缺点，调动承包商成本控制的积极性，可对上述合同予以改进：事先确定目标成本，实际成本在目标成本范围内按比例支付酬金，超过目标成本部分不再增加酬金；若实际成本低于目标成本，则除支付合同规定的酬金外，另给承包商一定比例的奖励；成本加固定额度的酬金，不随实际成本数量的变化而变化。

4. 目标合同

这是固定总价合同和成本加酬金合同相结合的形式，在发达国家，广泛应用于工业项目、研究和开发项目、军事工程项目中。

目标合同以全包形式承包工程，通常合同规定承包商对工程建成后的生产能力或功能、工程总成本、工期目标承担责任。若工程投产后的规定时间内达不到预定生产能力，则按一定的比例扣减合同价款；若工期拖延，则承包商承担工期拖延违约金；若实际总成本低于预定总成本，则节约的部分按预定比例奖励承包商，反之，则由承包商按比例承担。

6.1.4 建设工程合同的主要内容

6.1.4.1 建设工程合同的主体

发包人、承包人是建设工程合同的当事人。发包人、承包人必须具备一定的资格，才能成为建设工程合同的合法当事人，否则，建设工程合同可能因主体不合格而导致无效。

1. 发包人的主体资格

发包人有时也称发包单位、建设单位、业主或项目法人。发包人的主体资格也就是进行工程发包并签订建设工程合同的主体资格。发包人进行工程发包应当具备下列基本条件：

（1）应当具有相应的民事权利能力和民事行为能力；

（2）实行招标发包的，应当具有编制招标文件和组织评标的能力或者委托招标代理机构代理招标事宜；

（3）进行招标项目的相应资金或者资金来源已经落实。

发包人的主体资格除应符合上述基本条件外，还应符合国家计委发布的《关于实行建设项目法人责任制的暂行规定》、建设部和国家工商行政管理总局所发的《建筑市场管理规定》（建法〔1991〕798号）、建设部印发的《工程项目建设单位管理暂行办法》的具体规定；当建设单位为房地产开发企业时，还应符合《房地产开发企业资质管理规定》（2000年3月29日建设部令第77号发布）。

2. 承包人的主体资格

建设工程合同的承包人分为勘察人、设计人、施工人。对于建设工程承包人，我国实行严格的市场准入制度。《中华人民共和国建筑法》第26条规定："承包建筑工程的单位应当持有依法取得的资质证书，并在其资质等级许可的业务范围内承揽工程。"2000年1月30日国务院令第279号发布的《建设工程质量管理条例》第18条规定："从事建设工程勘察、设计的单位应当依法取得相应等级的资质证书，并在其资质等级许可的范围内承揽工程。"第25条规定："施工单位应当依法取得相应等级的资质证书，并在其资质等级许可的范围内承揽工程。"

关于建设工程勘察、设计、施工单位的资质等级，建设部已经分别颁布了《建设工程勘察设计企业资质管理规定》（2001年7月25日建设部令第93号发布）、《建筑业企业资质管理规定》（2001年4月18日建设部令第87号发布）予以规范。

6.1.4.2 建设工程合同的基本条款

建设工程合同应当具备一般合同的条款，如发包人、承包人的名称和住所、标的、数量、质量、价款、履行方式、地点、期限；违约责任、解决争议的方法等。由于建设工程合同标的的特殊性，法律还对建设工程合同中某些内容作出了特别规定，成为建设工程合同中不可缺少的条款。

1. 勘察、设计合同的基本条款

为了规范勘察设计合同，《中华人民共和国合同法》第274条规定："勘察、设计合同的内容包括提交有关基础资料和文件（包括概预算）的期限、质量要求、费用以及其他协作条件等条款。"

（1）提交有关基础资料和文件（包括概预算）的期限。这是对勘察人、设计人提交勘察、设计成果时间上的要求。当事人之间应当根据勘察、设计的内容和工作难度确定提交工作成果的期限。勘察人、设计人必须在此期限内完成并向发包人提交工作成果。超过这一期限的，应当承担违约责任。

（2）勘察或者设计的质量要求。这是此类合同中最为重要的合同条款，也是勘察或者设计人所应承担的最重要的义务。勘察或者设计人应当对没有达到合同约定质量的勘察或者设计方案承担违约责任。

（3）勘察或者设计费用。这是勘察或者设计合同中的发包人所应承担的最重要的义务。勘察设计费用的具体标准和计算办法应当按《工程勘察收费标准》、《工程设计收费标准》中的规定执行。

（4）其他协作条件。除上述条款外，当事人之间还可以在合同中约定其他协作条件。至于这些协作条件的具体内容，应当根据具体情况来认定。如发包人提供资料的期限，现场必要的工作和生活条件，设计的阶段、进度和设计文件份数等。

2. 建设施工合同的基本条款

《中华人民共和国合同法》第275条规定："施工合同的内容包括工程范围、建设工期、中间交工工程的开工和竣工时间、工程质量、工程造价、技术资料交付时间、材料和设备供应责任、拨款和结算、竣工验收、质量保修范围和质量保证期、双方相互协作等条款。"

（1）工程范围。当事人应在合同中附上工程项目一览表及其工程量，主要包括建筑栋数、结构、层数、资金来源、投资总额以及工程的批准文号等。

（2）建设工期。即全部建设工程的开工和竣工日期。

（3）中间交工工程的开工和竣工日期。所谓中间交工工程，是指需要在全部工程完成期限之前完工的工程。对中间交工工程的开工和竣工日期，也应当在合同中作出明确约定。

（4）工程质量。建设项目是百年大计，必须做到质量第一，因此这是最重要的条款。发包人、承包人必须遵守《建设工程质量管理条例》的有关规定，保证工程质量符合工程建设强制性标准。

（5）工程造价。工程造价，或工程价格，由成本（直接成本、间接成本）、利润（酬金）和税金构成。工程价格包括合同价款、追加合同价款和其他款项。实行招投标的工程应当通过工程所在地招标投标监督管理机构采用招投标的方式定价；对于不宜采用招投标的工程，可采用施工图预算加变更洽商的方式定价。

（6）技术资料交付时间。发包人应当在合同约定的时间内按时向承包人提供与本工程项目有关的全部技术资料，否则造成的工期延误或者费用增加应由发包人负责。

（7）材料和设备供应责任。即在工程建设过程中所需要的材料和设备由哪一方当事人负责提供，并应对材料和设备的验收程序加以约定。

（8）拨款和结算。即发包人向承包人拨付工程价款和结算的方式和时间。

（9）竣工验收。竣工验收是工程建设的最后一道程序，是全面考核设计、施工质量的关键环节，合同双方还将在该阶段进行结算。竣工验收应当根据《建设工程质量管理条例》第16条的有关规定执行。

（10）质量保修范围和质量保证期。合同当事人应当根据实际情况确定合理的质量保修范围和质量保证期，但不得低于《建设工程质量管理条例》规定的最低质量保修期限。

除了上述10项基本合同条款以外，当事人还可以约定其他协作条款，如施工准备工作的分工、工程变更时的处理办法等等。

6.1.4.3 建设工程合同的形式

建设工程合同具有标的额大、履行时间长、不能即时清结等特点，因此应当采用书面形式。由于建筑工程、建筑工程合同以及合同的履行过程十分复杂，所以建筑工程合同的形式也十分多样。有非标准合同和标准合同两种。非标准合同是人们自己起草的合同协议书，合同的形式和内容随意性较大，常常不反映工程惯例，内容不完备，执行起来风险很大，通常对双方都不利。标准合同是国家有关部门制定了统一的示范文本，订立合同时可以参照相应的示范文本。合同的示范文本，实际上就是含有格式条款的合同文本。最常见的标准合同条件有国外的FIDIC合同条件，我国的《建设工程施工合同（示范文本)》等。

近20多年来，我国在建筑工程合同的标准化方面做了许多工作，颁布了一些合同范本。其中最重要、也最典型的是1991年颁布的《建设工程施工合同示范文本》(GF—91—0201)。它作为在我国国内工程中使用最广的施工合同标准文本，经过10年的使用，人们已积累了丰富的经验。1999年在此基础上经过修改，颁布了《建设工程施工合同（示范文本)》。本章第3节会给大家简介《建设工程施工合同（示范文本)》。

6.1.4.4 无效建设工程合同的认定

无效建设工程合同系指虽由发包方与承包方订立，因违反法律规定而没有法律约束力，国家不予承认和保护，甚至对违法当事人进行制裁的建设工程合同。具体而言，建设工程合同属下列情况之一的，合同无效：

1. 没有经营资格而签订的合同

《建筑市场管理规定》第14条规定："承包工程勘察、设计、施工和建筑构配件、非标准设备加工生产的单位（以下统称承包方)，必须持有营业执照、资质证书或产品生产许可证、开户银行资信证等证件，方准开展承包业务，对从事建设工程承包业务的企业明确提出了必须具备相应资质条件的要求。"

2. 超越资质等级所订立的合同

根据《建筑业企业资质管理规定》，建筑安装企业应当按照《建筑业企业资质证书》所核定的承包工程范围从事工程承包活动，无《建筑业企业资质证书》避开或擅自超越《建筑业企业资质证书》所核定的承包工程范围从事承包活动的，由工程所在地县级以上人民政府建设行政主管部门给予警告、停工的处罚，并可处以罚款。

3. 跨越省级行政区域承揽工程，但未办理审批许可手续而订立的合同

根据《建筑市场管理规定》，第15条的规定，跨省、自治区、直辖市承包工程或者分包工程、提供劳务的施工企业，应当持单位所在地省、自治区、直辖市人民政府建设行政主管部门或者国务院有关主管部门出具的外出承包工程的证明和资质等级证书等证件，向工程所在地的省、自治区、直辖市人民政府建设行政主管部门办理核准手续，并到工商行政等机关办理有关手续。

4. 违反国家、部门或地方基本建设计划的合同

建设工程承包合同的显著特点之一就是合同的标的具有计划性，即工程项目的建设大多数必须经过国家、部门或者地方的批准。《建设工程施工合同管理办法》规定，工程项目已经列入年度建设计划，方可订合同。

5. 未取得《建设工程规划许可证》或者违反《建设工程规划许可证》的规定进行建设，严重影响城市规划的合同

《建设工程规划许可证》是新建、扩建、改建建筑物、构筑物和其他工程设施等申请办理开工许可手续的法定条件，由城市规划行政主管部门根据划设计要求核发。没有该证或者违反该证的规定进行建设，影响城市规划但经批准尚可采取改正措施的，可维持合同的效力；严重影响城市规划的，因合同的标的系违法建筑而导致合同无效。

6. 未取得《建设用地规划许可证》而签订的合同

《中华人民共和国城市规划法》第31条规定："在城市规划区内进行建设，需要申请

用地的，必须持国家批准建设项目的有关文件，向城市规划行政主管部门申请定点，由城市规划行政主管部门核定其用地位置和界限，提供规划设计条件，核发建设用地规划许可证。”取得建议用地规划许可证是申请建设用地的法定条件。无证取得用地的，属非法用地；以此为基础而进行的工程建设显然属于违法建设，因内容违法而无效。

7. 未依法取得土地使用权而签订的合同

进行工程建设，必须合法取得土地使用权。任何单位和个人没有依法取得土地使用权（如未经批准或采取欺骗手段骗取批准）进行建设的，均属非法占用土地，合同的标的——建设工程为违法建筑物，导致合同无效。实践中，如果施工承包合同订立时，发包方尚未取得土地使用证的，应区别不同情况认定合同的效力：如果发包方已经取得《建设用地规划许可证》，并经土地管理部门审查批准用地，只是用地手续尚未办理完毕未能取得土地使用证的，不应因发包方用地手续在形式上存在欠缺而认定合同无效；如果未经审查批准用地的合同无效。

8. 未依法办理报建手续而签订的合同

为了有效掌握建设规模，规范工程建设实施阶段程序管理，统一工程项目报建的有关规定，达到加强建筑市场管理的目的，建设部于 1994 年颁布《工程建设项目报建管理办法》，实行严格的报建制度。根据该《办法》的规定，凡未报建的工程建设项目，不得办理招标投标手续和发放施工许可证，设计、施工单位不得承接该项工程的设计和施工任务。

9. 应当办理而未办理招标投标手续所订立的合同

《建筑市场管理规定》规定，凡政府和公有制企、事业单位投资的新建、改建、扩建和技术改造的工程项目，除某些不宜招标的军事、保密等工程，以及外商投资、国内私人投资、境外个人捐资和县级以上人民政府确认的抢险、救灾等工程可以不实行招投标以外，必须采取招标投标的方式确定施工单位。对于应实行招标投标确定施工单位即签订合同的，合同无效，如果工程尚未开工，不准开工；如果已经开工，则责令停止施工。

10. 根据无效定标结果所签订的合同

依法实行招标投标确施工单位的工程，招标单位应当与中标单位签订合同。中标是承包单位与发包单位签订合同的依据，如果定标结果是无效的，则所订合同因无合法基础而无效。

11. 非法转包的合同

转包可分为全部工程整体转包与肢解工程转包两种基本形式。转包行为有损发包人的合法权益，扰乱建筑市场管理秩序，为《中华人民共和国建筑法》等法律、法规和规章明文禁止。

12. 不符合分包条件而分包的合同

承包人欲将所承包的工程分包的，应当征得发包人的同意，并且分包工程的承包人必须具备相应的资质等级条件。分包单位所承包的工程不得再行分包工，凡违反规定分包的合同均属无效合同。

13. 违法带资、垫资施工的合同

合同内容违法是多方面的，实践中较为突出的是关于带资、垫资施工的约定。带资、垫资往往是发包方强行要求的，也有施工单位以带资、垫资作为竞争手段以达到能承揽工程的目的的情况。

14. 采取欺诈、胁迫的手段所签订的合同

这两种情形并不鲜见。一些不法分子虚构、伪造工程项目情况，以骗取财物为目的，引诱施工单位签订所谓“施工承包合同”。有的不法分子则强迫投资者将建设项目由其承包。凡此种种，不仅合同无效，而且极有可能触犯刑律。

15. 损害国家利益和社会公共利益的合同（略）

16. 违反国家指令性建设计划而签订的合同

《中华人民共和国合同法》第273条规定：“国家重大建设工程合同的订立，应当符合国家规定的程序和国家批准的投资计划、可行性研究报告等要求。”国家指令性计划“国家重大建设工程项目”建设的作用不言而喻。

6.2 建筑工程合同关系

6.2.1 建筑工程中的主要合同关系

建筑工程项目是一个极为复杂的社会生产过程，它分别经历可行性研究、勘察设计、工程施工和运行等阶段；有建筑、土建、水电、机械设备、通讯等专业设计和施工活动；需要各种材料、设备、资金和劳动力的供应。由于现代的社会化大生产和专业化分工，一个稍大一点的工程其参加单位就有十几个、几十个，甚至成百上千个。它们之间形成各式各样的经济关系。工程项目的建设过程实质上就是一系列经济合同的签订和履行过程。由于工程中维系这种关系的纽带是合同，所以就有各式各样的合同。形成一个复杂的合同体系。在这个体系中，业主和工程的承包商是两个最主要的节点。

6.2.1.1 业主的主要合同关系

业主作为工程（或服务）的买方，是工程的所有者，他可能是政府、企业、其他投资者，或几个企业的组合（合资或联营），或政府与企业的组合。他投资一个项目，通常委派一个代理人（或代表）以业主的身份进行工程项目的经营管理。

业主根据对工程的需求，确定工程项目的总目标。这个目标是所有相关工程合同的核心。要实现工程总目标，业主必须将建筑工程的勘察、设计、各专业工程施工、设备和材料供应、建设过程的咨询（可行性研究、技术咨询等）与项目管理等工作委托出去，按照不同的项目实施战略，业主签订的合同种类和形式是多种多样的，签订合同的数量也不定，主要如下各种合同：

1. 咨询（监理）合同

咨询（监理）合同即业主与咨询（监理）公司签订的合同。咨询（监理）公司负责工程的可行性研究、设计监理、招标和施工阶段监理等某一项或几项工作。

2. 勘察合同

勘察合同即业主与勘察单位签订的合同。

3. 设计合同

设计合同即业主与设计单位签订的合同。

4. 供应合同

供应合同对由业主负责提供的材料和设备，他必须与有关的材料和设备供应单位签订供应（采购）合同。在一个工程中，业主可能签订许多供应合同，也可以把材料设备等委托给工程承包商。

5. 贷款合同

贷款合同即业主与金融机构（如银行）签订的合同。后者向业主提供资金保证。按照资金来源的不同，可能有贷款合同、合资合同或 BOT 合同等。

6. 工程承包合同

工程承包合同即业主可以采用不同的工程承发包模式，可以将工程施工分专业、分阶段委托，将材料和设备供应分别委托，也可以将上述工作以各种形式合并委托，也可以采用模式。通常业主签订的工程承发包合同的种类包括：

(1)"设计—采购—施工"总承包合同（即一揽子承包合同），业主将工程的设计、施工、供应、项目管理全部委托给一个承包商，即业主仅面对一个工程承包商。

(2) 工程施工合同，也就是一个或几个承包商承包或分别承包土建、机械安装、电器安装、装饰、通讯等工程施工。根据施工合同所包括的工作范围的不同，又可分为：

1) 施工总承包合同，即承包商承担一个工程的全部施工任务，包括土建、水电设备安装等。

2) 单位工程施工承包合同，业主将专业性很强的单位工程分别委托给不同的承包商，这些承包商之间为平行关系。

7. 其他合同

如业主负责签订的工程保险合同等。

6.2.1.2 承包商的主要合同关系

承包商是工程施工的具体实施者，是工程承包合同的执行者。承包商通过投标接受业主的委托，签订工程承包合同。工程承包合同和承包商是任何建筑工程中都不可缺少的。承包商要完成承包合同的责任，包括由工程量表所确定的工程范围的施工、竣工和保修，为完成这些工程提供劳动力、施工设备、材料，有时也包括技术设计。任何承包商都不可能，也不必具备所有的专业工程的施工能力、材料和设备的生产和供应能力，他同样必须将许多专业工作委托出去。所以承包商常常又有自己复杂的合同关系：

1. 工程分包合同

承包商把从业主那里承接到的工程中的某些分项工程或工作分包给另一承包商来完成，则与他签订分包合同。承包商在承包合同下可能订立许多分包合同，而分包商仅完成总承包商的工程，向承包商负责，与业主无合同关系。承包商仍向业主担负全部工程责任，负责工程的管理和所属各分包商工作之间的协调，以及各分包商之间合同责任界面的划分，同时承担协调失误造成损失的责任，向业主承担工程风险。如果在工程施工中重新委托分包商，必须经过工程师（或业主代表）的批准。

2. 供应合同

承包商为工程所进行的必要的材料和设备的采购和供应，必须与供应商签订供应合同。

3. 运输合同

运输合同即承包商为解决材料和设备的运输问题而与运输单位签订的合同。

4. 加工合同

加工合同即承包商将建筑构配件、特殊构件加工任务委托给加工承揽单位而签订的合同。

5. 租赁合同

在建筑工程中承包商需要许多施工设备、运输设备、周转材料。当有些设备、周转材料在现场使用率较低，或自己购置需要大量资金投入而自己又不具备这个经济实力时，可以采用租赁方式，与租赁单位签订租赁合同。

6. 劳务供应合同

劳务供应合同即承包商与劳务供应商之间签订的合同，由劳务供应商向工程提供劳务。

7. 保险合同

保险合同承包商按施工合同要求对工程进行保险，与保险公司签订保险合同。

6.2.1.3 其他情况

在实际工程中还可能有如下情况：

(1) 设计单位、各供应单位也可能存在各种形式的分包。

(2) 承包商有时也承担工程（或部分工程）的设计（如设计—施工总承包），则他有时也必须委托设计单位，签订设计合同。

(3) 如果工程付款条件苛刻，要求承包商带资承包，他就必须借款，与金融单位订立借（贷）款合同。

(4) 在许多大工程中，尤其是在业主要求全包的工程中，承包商经常是几个企业的联营体，即联营承包。若干家承包商（最常见的是设备供应商、土建承包商、安装承包商、勘察设计单位）之间订立联营合同，联合投标，共同承接工程。联营承包已成为许多承包商经营战略之一，国内外工程中都很常见。

(5) 在一些大工程中，分包商还可能将自己承包的工程或工作的一部分再分包出去。他也需要材料和设备的供应，也可能租赁设备，委托加工，需要材料和设备的运输，需要劳务。所以他又有自己复杂的合同关系。

6.2.2 建筑工程合同体系

按照上述的分析和项目任务的结构分解，就得到不同层次、不同种类的合同，它们共同构成该工程的合同体系。

在一个工程中，所有合同都是为了完成业主的工程项目目标，都必须围绕这个目标签订和实施。由于这些合同之间存在着复杂的内部联系，构成了该工程的合同网络。其中，工程承包合同是最有代表性、最普遍，也是最复杂的合同类型，在工程项目的合同体系中处于主导地位，是整个工程项目合同管理的重点。无论是业主、监理工程师或承包商都将它作为合同管理的主要对象。深刻了解承包合同将有助于对整个项目合同体系以及对其他合同的理解。

工程项目的合同体系在项目管理中也是一个非常重要的概念。它从一个重要角度反映了项目的形象，对整个项目管理的运作有很大的影响：

（1）它反映了项目任务的范围和划分方式。

（2）它反映了项目所采用的管理模式，例如监理制度，全包方式或平行承包方式。

（3）它在很大程度上决定了项目的组织形式，因为不同层次的合同，常常又决定了合同实施者在项目组织结构中的地位。

6.2.3 建筑工程合同体系的协调

从上述分析可见，业主为了实现工程总目标，必须签订许多主合同；承包商为了完成他的承包合同责任也必须订立许多分合同。这些合同从宏观上构成项目的合同体系，从微观上每个合同都定义并安排了一些工程活动，共同构成项目的实施过程。在这个合同体系中，相关的同级合同之间，以及主合同和分合同之间存在着复杂的关系，在国外人们又把这个合同体系称为合同网络。在工程项目中这个合同网络的建立和协调是十分重要的。要保证项目顺利实施，就必须对此作出周密的计划和安排。在实际工作中由于这几方面的不协调而造成的工程失误是很多的。合同之间关系的安排及协调通常包含以下几方面的内容。

1. 工程和工作内容的完整性

业主的所有合同确定的工程或工作范围应能涵盖项目的所有工作，即只要完成各个合同，就可实现项目总目标；承包商的各个分包合同与拟由自己完成的工程（或工作）一齐应能涵盖总承包合同责任。在工作内容上不应有缺陷或遗漏。在实际工程中，这种缺陷会带来设计的修改、新的附加工程、计划的修改、施工现场的停工、缓工，导致双方的争执。

为了防止缺陷和遗漏，应做好如下工作：

（1）在招标前认真地进行总项目的系统分析，确定总项目的系统范围。

（2）系统地进行项目的结构分解，在详细的项目结构分解的基础上列出各个合同的工程量表。实质上，将整个项目任务分解成几个独立的合同，每个合同中又有一个完整的工程量表，这都是项目结构分解的结果。

（3）进行项目任务（各个合同或各个承包单位，或项目单元）之间的界面分析。划定各个界面上的工作责任、成本、工期、质量的定义。工程实践证明，许多遗漏和缺陷常常都发生在界面上。

2. 技术上的协调

这里包括极其复杂的内容，例如：

（1）几个主合同之间设计标准的一致性，如土建、设备、材料、安装等应有统一的质量、技术标准和要求。各专业工程之间，如建筑、结构、水、电、通讯之间应有很好的协调。在建设项目中建筑师常常作为技术协调的中心。

（2）分包合同必须按照总承包合同的条件订立，全面反映总合同相关内容。采购合同的技术要求必须符合承包合同中的技术规范。总包合同风险要反映在分包合同中，由相关的分包商承担。为了保证总承包合同不折不扣地完成，分包合同一般比总承包合同条款更为严格、周密和具体，对分包单位提出更为严格的要求，所以对分包商的风险更大。

（3）各合同所定义的专业工程之间应有明确的界面和合理的搭接。例如供应合同与运输合同，土建承包合同和安装合同，安装合同和设备供应合同之间存在责任界面和搭接。界面上的工作容易遗漏，容易产生争执。

各合同只有在技术上协调，才能共同构成符合总目标的工程技术系统。

3. 价格上的协调

一般在总承包合同估价前，就应向各分包商（供应商）询价，或进行洽商，在分包报价的基础上考虑到管理费等因素，作为总包报价，所以分包报价水平常常又直接影响总包报价水平和竞争力。

(1) 对大的分包（或供应）工程如果时间来得及，也应进行招标，通过竞争降低价格。

(2) 作为总承包商，周围最好要有一批长期合作的分包商和供应商作为忠实的伙伴。这是有战略意义的。可以确定一些合作原则和价格水准，这样可以保证分包价格的稳定性。

(3) 对承包商来说，由于与业主的承包合同先订，而与分包商和供应商的合同后订，一般在订承包合同前先向分包商和供应商询价；待承包合同签订后，再签订分包合同和供应合同。则要防止在询价时分包商（供应商）报低价，而承包商中标后又报高价，特别是当询价时对合同条件（采购条件）未来得及细谈，分包商（供应商）有时找一些理由提高价格。一般可先订分包（或供应）意向书，既要确定价格，又要留有活口，防止总合同不能签订。

4. 时间上的协调

由各个合同所确定的工程活动不仅要与项目计划（或总合同）的时间要求一致，而且它们之间时间上要协调，即各种工程活动形成一个有序的，有计划的实施过程。例如设计图纸供应与施工，设备、材料供应与运输，土建和安装施工，工程交付与运行等之间应合理搭接。

每一个合同都定义了许多工程活动，形成各自的子网络。它们又一同形成一个项目的总网络。常见的设计图纸拖延，材料、设备供应脱节等都是这种不协调的表现。

例如某工程，主楼基础工程施工尚未开始，而供热的锅炉设备已提前到货，要在现场停放两年才能安装。这样不仅要占用大量资金，占用现场场地，增加保管费，而且超过设备的保修期，再出现设备质量问题供应商将不再负责。从中可以看出，签订各份合同要有统一的时间的安排。要解决这种协调的一个比较简单的手段是在一张横道图或网络图上标示出相关合同所定义的里程碑事件和它们的逻辑关系。这样便于计划，协调和控制。

5. 合同管理的组织协调

在实际工程中，由于工程合同体系中的各个合同并不是同时签订的，执行时间也不一致，而且常常也不是由一个部门统一管理的，所以它们的协调更为重要。这个协调不仅在签约阶段，而且在工程施工阶段都要重视；不仅是合同内容的协调，而且是职能部门管理过程的协调。例如承包商对一份供应合同，必须在总承包合同技术文件分析后提出供应的数量和质量要求，向供应商询价，或签订意向书；供应时间按总合同施工计划确定；付款方式和付款时间应与财务人员商量；供应合同签订前或后，应就运输等合同作出安排，并报财务备案，作资金计划或划拨款项；施工现场应就材料的进场和储存作出安排。这样形成一个有序的管理过程。如果合同中各个体系安排的比较好，这对整个项目的实施是有利的，业主可以更好地进行项目管理，承包商也易于完成工作。从而实现业主的总目标。

6.3 《施工合同示范文本》通用条款内容简介

6.3.1 建设工程施工合同示范文本概述

为了规范和指导合同当事人双方的行为，完善合同管理制度，解决施工合同中存在的合同文本不规范、条款不完备、合同纠纷多等问题，在1991年3月31日发布的《建设工程施工合同示范文本》(GF—91—0201)的基础上，建设部和国家工商行政管理局根据最新颁布和实施的工程建设有关法律、法规，总结了近几年施工合同示范文本推行的经验，结合我国建设工程施工的实际情况，并借鉴国际上通用的土木工程施工合同的成熟经验和有效作法，于1999年12月24日又颁发了修改后的新版《建设工程施工合同示范文本》(GF—99—0201)，它是一种建设施工合同。该文本适用于土木工程，包括各类公用建筑、民用住宅、工业厂房、交通设施及线路、管道的施工和设备安装。

《建设工程施工合同示范文本》由“协议书”、“通用条款”、“专用条款”三部分组成，并附有三个附件：附件一是《承包人承揽工程项目一览表》、附件二是《发包人供应材料设备一览表》、附件三是《工程质量保修书》。

1. 协议书

“协议书”是《建设工程施工合同示范文本》中总纲性文件，是发包人与承包人依据《中华人民共和国合同法》、《中华人民共和国建筑法》及其他有关法律、法规，遵循平等、自愿、公平和诚实信用的原则，就建设工程施工中最基本、最重要的事项协商一致而订立的合同。虽然其文字量并不大，但它规定了合同当事人双方最主要的权利义务，规定了组成合同的文件及合同当事人对履行合同义务的承诺，并且合同当事人在这份文件上签字盖章，因此具有很高的法律效力，在所有施工合同文件组成中具有最优的解释效力。“协议书”主要包括以下内容：工程概况、工程承包范围、合同工期、质量标准、合同价款、组成合同的文件、合同生效时间等。

2. 通用条款

“通用条款”是根据《中华人民共和国合同法》、《中华人民共和国建筑法》、《建设工程施工合同管理办法》等法律法规对承发包双方的权利义务作出的具体规定，除双方协商一致对其中的某些条款作修改、补充或取消外，双方都必须履行。它是将建设工程施工合同中共性的一些内容抽象出来编写的一份完整的合同文件。

3. 专用条款

《专用条款》是对通用条款规定内容的确认和具体化，它是合同双方根据其企业实际情况和工程项目的具体特点，经过协商达成一致的内容。考虑到建设工程的内容各不相同，工期、造价也随之变动，承包、发包人各自的能力、施工现场的环境和条件也各不相同，《通用条款》不能完全适用于各个具体工程，因此配之以《专用条款》对其作必要的修改和补充，使《通用条款》和《专用条款》成为双方统一意愿的体现。“专用条款”也有47条，与“通用条款”条款序号一致，主要是空格，为承发包双方补充协议提供了一个可供参考的提纲或格式。

4. 附件

《施工合同文本》的附件是对施工合同当事人的权利义务的进一步明确，并且使得施工合同当事人的有关工作一目了然，便于执行和管理。有 3 个附件：承包人承揽工程项目一览表、发包人供应材料设备一览表、工程质量保修书。

6.3.2 通用条款内容简介

《通用条款》具有很强的通用性，基本适用于各类建设工程。“通用条款”共有 11 部分 47 大条 172 小条。11 部分为：①词语定义及合同文件；②双方一般权利和义务；③施工组织设计和工期；④质量与检验；⑤安全施工；⑥合同价款与支付；⑦材料设备供应；⑧工程变更；⑨竣工验收与结算；⑩违约、索赔和争议；⑪其他。

6.3.2.1 词语定义及合同文件

1. 词语定义

条目中包含了建设工程施工中最常用的 23 个词语，它们主要包括：发包人、承包人、工程、合同价款及追加合同价款、费用、工期、书面形式、小时或天等。

2. 合同文件及解释顺序

施工合同文件应能相互解释、互为说明。除专用条款另有约定外，组成施工合同的文件和优先解释顺序为：

(1) 双方签署的合同协议书。

(2) 中标通知书。

(3) 投标书及其附件。

(4) 合同专用条款。

(5) 合同通用条款。

(6) 本工程所适用的标准、规范及有关技术文件。在专用条款中约定：

1) 适用的我国国家标准、规范的名称。

2) 没有国家标准、规范但有行业标准、规范的，则约定适用行业标准、规范的名称。

3) 没有国家和行业标准、规范的，则约定适用工程所在地的地方标准、规范的名称。发包人应按专用条款约定的时间向承包人提供一式两份约定的标准、规范。

4) 国内没有相应标准、规范的，由发包人按专用条款约定的时间向承包人提出施工技术要求，承包人按约定的时间和要求提出施工工艺，经发包人认可后执行。

5) 若发包人要求使用国外标准、规范的，应负责提供中文译本。所发生的购买和翻译标准、规范或制定施工工艺的费用，由发包人承担。

(7) 图纸。

(8) 工程量清单。

(9) 工程报价单或预算书。

合同履行中，双方有关工程的洽商、变更等书面协议或文件视为本合同的组成部分。在不违反法律和行政法规的前提下，当事人可以通过协商变更合同的内容，这些变更的协议或文件的效力高于其他合同文件，且签署在后的协议或文件效力高于签署在先的协议或文件。

当合同文件内容含糊不清或不相一致时，在不影响工程正常进行的情况下，由发包人承包人协商解决。双方也可以提请负责监理的工程师作出解释。双方协商不成或不同意负责监理的工程师的解释时，按有关争议的约定处理。

3. 语言文字和适用法律、标准规范（略）

4. 图纸

指由发包人提供或由承包人提供并经发包人批准，满足承包人施工需要的所有图纸（包括配套说明和有关资料）。发包人应按专用条款约定的日期和套数，向承包人提供图纸。承包人需要增加图纸套数的，发包人应代为复制，复制费用由承包人承担。若发包人对工程有保密要求的，应在专用条款中提出，保密措施费用由发包人承担，承包人在约定保密期限内履行保密义务。承包人未经发包人同意，不得将本工程图纸转给第三人。工程质量保修期满后，除承包人存档需要的图纸外，应将全部图纸退还给发包人。承包人应在施工现场保留一套完整图纸，供工程师及有关人员进行工程检查时使用。

6.3.2.2 双方一般权利和义务

了解施工合同中承发包双方的一般权利和义务，是建筑施工企业项目经理最基本的要求。在市场经济条件下，施工任务的最终确认是以施工合同为依据的，项目经理必须代表施工企业（承包人）完成应当由施工企业完成的工作；了解发包人的工作则是项目经理在施工中要求发包人合作的基础，也是维护己方权益的基础。《施工合同文本》第5～9条规定了施工合同双方的一般权利和义务。

1. 发包方工作

根据专用条款约定的内容和时间，发包人应分阶段或一次完成以下的工作：

（1）办理土地征用、拆迁补偿、平整施工场地等工作，使施工场地具备施工条件，并在开工后继续负责解决以上事项的遗留问题。

（2）将施工所需水、电、电讯线路从施工场地外部接至专用条款约定地点，并保证施工期间需要。

（3）开通施工场地与城乡公用道路的通道，以及专用条款约定的施工场地内的主要交通干道，满足施工运输的需要，保证施工期间的畅通。

（4）向承包人提供施工场地的工程地质和地下管线路资料，对资料的真实准确性负责。

（5）办理施工许可证及其他施工所需证件、批件和临时用地、停水、停电、中断道路交通、爆破作业等的申请批准手续（证明承包人自身资质的证件除外）。

（6）确定水准点与坐标控制点，以书面形式交给承包人，并进行现场交验。

（7）组织承包人和设计单位进行图纸会审和设计交底。

（8）协调处理施工现场周围地下管线和邻近建筑物、构筑物（包括文物保护建筑）古树名木的保护工作，并承担有关费用。

（9）发包人应做的其他工作，双方在专用条款内约定。

发包人可以将上述部分工作委托承包人办理，具体内容由双方在专用条款内约定，费用由发包人承担。其发包人不按合同约定完成以上义务，应赔偿承包人的有关损失，延误的工期相应顺延。

2. 承包人工作

承包人按专用条款约定的内容和时间完成以下工作：

（1）根据发包人的委托，在其设计资质允许的范围内，完成施工图设计或与工程配套的设计，经工程师确认后使用，发生的费用由发包人承担。

（2）向工程师提供年、季、月工程进度计划及相应进度统计报表。

（3）根据工程需要提供和维修需夜间施工使用的照明、围栏设施，并负责安全保卫。

（4）按专用条款约定的数量和要求，向发包人提供在施工现场办公和生活的房屋及设施，发生费用由发包人承担。

（5）遵守有关部门对施工场地交通、施工噪声以及环境保护和安全生产等的管理规定，按规定办理有关手续，并以书面形式通知发包人。发包人承担由此发生的费用，因承包人责任造成的罚款除外。

（6）已竣工工程未交付发包人之前，承包人按专用条款约定负责已完工程的成品保护工作，保护期间发生损坏，承包人自费予以修复。要求承包人采取特殊措施保护的工程部位和相应的追加合同价款，专用条款内约定。

（7）按专用条款的约定做好施工现场地下管线和邻近建筑物、构筑物（包括文物保护建筑）、古树名木的保护工作。

（8）保证施工场地清洁符合环境卫生管理的有关规定，交工前清理现场达到专用条款约定的要求，承担因自身原因违反有关规定造成的损失和罚款。

（9）承包人应做的其他工作，双方在专用条款内约定。承包人不履行上述各项义务，应对发包人的损失给予赔偿。

3. 工程师的产生和职权

（1）工程师的产生。工程师包括监理单位委派的总监理工程师或者发包人指定的履行合同的负责人两种情况。

1）发包人委托监理。发包人可以委托监理单位，全部或者部分负责合同的履行。工程施工监理应当依照法律、行政法规及有关的技术标准、设计文件和建设工程施工合同，对承包人在施工质量、建设工期和建设资金使用等方面，代表发包人实施监督。发包人应当将委托的监理单位名称、监理内容及监理权限以书面形式通知承包人。

监理单位委派的总监理工程师在施工合同中称为工程师。总监理工程师是经监理单位法定代表人授权，派驻施工现场监理组织的总负责人，行使监理合同赋予监理单位的权利和义务，全面负责受委托工程的建设监理工作。监理单位委派的总监理工程师姓名、职务、职责应当向发包人报送，在施工合同的专用条款中应当写明总监理工程师的姓名、职务、职责。

2）发包人派驻代表。发包人派驻施工场地履行合同的代表在施工合同中也称工程师。发包人代表是经发包人单位法定代表人授权，派驻施工现场的负责人，其姓名、职务、职责在专用条款内约定，但职责不得与监理单位委派的总监理工程师职责相互交叉。发生交叉或不明确时，由发包人法定代表人明确双方职责，并以书面形式通知承包人。

（2）工程师的职责。

1）工程师委派工程师代表后任继续行使合同。在施工过程中，不可能所有的监督和管理工作都由工程师自己完成。工程师可委派工程师代表，行使自己的部分权利和职责，并可在认为必要时撤回委派。委派和撤回均应提前7天以书面形式通知承包人，委派书和撤回通知作为合同附件。工程师代表在工程师授权范围内向承包人发出的任何书面形式的函件具有同等效力。工程师代表发出的指令有失误时，工程师应进行纠正。

2）工程师发布指令、通知。工程师的指令、通知由其本人签字后，以书面形式交给项目经理，项目经理在回执上签署姓名和收到时间后生效。确有必要时，工程师可发出口头指令，并在48小时内给予书面确认，承包人对工程师的指令应予执行。工程师不能及时给予书面确认，承包人应于工程师发出口头指令后7天内提出书面确认要求。工程师在承包人提出确认要求后48小时内不予答复，应视为承包人要求已被确认。承包人认为工程师指令不合理，应在收到指令后24小时内提出书面申告，工程师在收到承包人报告后24小时内作出修改指令或继续执行原指令的决定，并以书面形式通知承包人。紧急情况下，工程师要求承包人立即执行的指令或承包人虽有异议，但工程师决定仍继续执行的指令，承包人应予执行。因指令错误发生的费用和给承包人造成的损失由发包人承担，延误的工期相应顺延。

上述规定同样适用于工程师代表发出的指令、通知。

3）工程师应当及时完成自己的职责。工程师应按合同约定，及时向承包人提供所需指令、批准、图纸并履行其他约定的义务，否则承包人在约定时间后24小时内将具体要求、需要的理由和延误的后果通知工程师，工程师收到通知后48小时内不予答复，应承担延误造成的追加合同价款，并赔偿承包人有关损失，顺延延误的工期。

4）工程师做出处理决定。在合同履行中，发生影响承发包双方权利或义务的事件时，负责监理的工程师应做出公正的处理。为保证施工正常进行，承发包双方应尊重工程师的决定。承包人对工程师的处理有异议时，按照合同约定争议处理办法解决。

4. 项目经理的产生和职责

（1）项目经理的产生。项目经理是由承包人单位法定代表人授权的，派驻施工场地的承包人的总负责人，他代表承包人负责工程施工的组织、实施。承包人施工质量、进度的好坏与承包人代表的水平、能力、工作热情有很大的关系，一般都应当在投标书中明确，并作为评标的一项内容。最后，项目经理的姓名、职务在专用条款内约定。项目经理一旦确定后，承包人不能随意将项目经理移人，承包人应至少于移人前7天以书面形式通知发包人，后任继续履行合同文件约定的前任的权利和义务，不得更改前任作出的书面承诺。发包人可以与承包人协商，建议调换其认为不称职的项目经理。

（2）项目经理的职责。项目经理应当积极履行合同规定的职责，完成承包人应当完成的各项工作。项目经理应当对施工现场的施工质量、成本、进度、安全等负全面的责任。对于在施工现场出现的超过自己权限范围的事件，应当及时向上级有关部门和人员汇报，请示处理方案或者取得自己处理的授权。其日常性的工作有：

1）代表承包人向发包人提出要求和通知。项目经理有权代表承包人向发包人提出要求和通知。承包人的要求和通知，是由项目经理签字后送交工程师，工程师在回执上签署姓名和收到时间后生效。

2）组织施工。项目经理按发包人认可的施工组织设计（或施工方案）和依据合同发出的指令、要求组织施工。在情况紧急且无法与工程师联系时，应当采取保证人员生命和工程财产安全的紧急措施，并在采取措施后 48 小时内向工程师送交报告。责任在发包人和第三方，由发包人承担由此发生的追加合同价款，相应顺延工期；责任在承包人，由承包人承担费用，不顺延工期。

6.3.2.3 施工组织设计和工期

本项包括 5 部分内容：进度计划、开工及延期开工、暂停施工、工期延误、工程竣工。

6.3.2.4 质量与检验

本项包括 5 部分内容：工程质量、检查和返工、隐蔽工程和中间验收、重新检验、工程试车。

6.3.2.5 安全施工

本项包括 3 部分内容：安全施工与检查、安全防护、事故管理。

6.3.2.6 合同价款与支付

本项包括 4 部分内容：合同价款及调整、工程预付款、工程量的确认、工程款（进度款）支付。

6.3.2.7 材料设备供应

本项包括两部分内容：发包人供应材料设备、承包人采购材料设备。

6.3.2.8 工程变更

本项包括 3 部分内容：工程设计变更、其他变更、确定变更价款。

6.3.2.9 竣工验收与结算

本项包括 3 部分内容：竣工验收、竣工结算、质量保修。

6.3.2.10 违约、索赔和争议

6.3.2.11 其他

本项包括 10 部分内容：工程分包、不可抗力、保险、担保、专利技术及特殊工艺、文物和地下障碍物、合同解除、合同生效与终止、合同份数、补充条款。

复习指导☞

建设工程合同的概念：建设工程合同是指承包人进行工程建设，发包人支付价款的合同。建设工程合同包括工程勘察、设计、施工合同。建设工程实行监理的，发包人也应与监理人订立委托监理合同。

建设工程合同的特征：合同主体的严格性、形式和程序的严格性、合同标的的特殊性、合同履行的长期性。

建设工程合同按承发包的范围和数量，可以将建设工程合同分为建设工程总承包合同、建设工程承包合同、分包合同；按完成承包的内容来划分，建设工程合同可以分为建设工程勘察合同、建设工程设计合同和建设工程施工合同 3 类；业主与承包商所签订的合同，按计价方式不同，可以分为单价合同、总价合同、成本加酬金合同和目标合同四大类。

建设工程合同的主要内容：建设工程合同的主体，建设工程合同的基本条款，建设工程合同的形式。

无效建设工程合同的认定。

建筑工程中的主要合同关系包括业主的主要合同关系和承包商的主要合同关系。

建筑工程合同体系的协调主要在工程和工作内容的完整性、技术上的协调、价格上的协调、时间上的协调、合同管理的组织协调。

《建设工程施工合同示范文本》由“协议书”、“通用条款”、“专用条款”三部分组成，并附有三个附件：附件一是《承包人承揽工程项目一览表》、附件二是《发包人供应材料设备一览表》、附件三是《工程质量保修书》。

《通用条款》共有11部分：①词语定义及合同文件；②双方一般权利和义务；③施工组织设计和工期；④质量与检验；⑤安全施工；⑥合同价款与支付；⑦材料设备供应；⑧工程变更；⑨竣工验收与结算；⑩违约、索赔和争议；⑪其他。

6.4 习　题

1. 《合同法》对建设工程合同是如何规定的？
2. 简述建设工程合同的种类及特征。
3. 建设工程合同管理有哪些主要内容？
4. 何谓无效合同？在哪些情况下合同无效？
5. 建设工程合同中主要包括哪些合同关系？
6. 建设工程合同体系应如何协调？
7. 施工合同示范文本有几部分组成？其中通用条款的主要内容是什么？

第7章 建设工程施工合同管理

本章要点

1. 建设工程施工合同分析
2. 建设工程施工合同控制
3. 建设工程施工合同变更
4. 建设工程施工合同风险管理
5. 建设工程施工合同监督管理

7.1 施工合同的分析及控制

7.1.1 施工合同的分析

7.1.1.1 施工合同分析概述

1. 施工合同分析的概念

施工合同分析是指从执行的角度分析、补充、解释施工合同，将施工合同目标和施工合同规定落实到施工合同实施的具体问题上和具体事件上，用以指导具体工作，使施工合同能符合日常工程管理的需要。

施工合同分析就是为施工合同控制确定依据。施工合同分析确定施工合同控制的目标，并结合项目进度控制、质量控制、投资控制的计划，为施工合同控制提供相应的对策及措施。施工合同分析是承包商项目管理的起点。施工合同履行阶段的施工合同分析主要是对已经生效的施工合同进行分析，其目的主要是明确施工合同目标，并进行施工合同结构分解，将施工合同落实到合同实施的具体问题上和具体事件上，用以指导具体工作，保证施工合同能够得到顺利履行。

2. 施工合同分析的作用

(1) 分析施工合同漏洞、解释争议内容。

(2) 分析施工合同风险、制定风险对策。

(3) 分解施工合同工作并落实施工合同责任。

(4) 进行施工合同交底，简化施工合同管理工作。

3. 施工合同分析的要求

(1) 准确客观：施工合同分析的结果应准确、全面地反映合同内容。如果不能透彻、准确地分析合同，就不能有效全面地执行合同，从而导致合同实施产生更大失误。事实证明许多工程失误和争议都起源于不能准确地理解施工合同。

(2) 简明清晰：施工合同分析的结果必然采用使不同层次的管理人员、工作人员都能够接受的表达方式，使用简单易懂的工程语言，如图、表等形式，对不同层次的管理人员提供不同要求、不同内容的施工合同分析资料。

（3）协调一致：施工合同双方及双方的所有人员对施工合同的理解应一致，施工合同分析实质上是双方对施工合同的详细解释。由于在施工合同分析时要落实各方面的责任界面，这容易引起争执。

（4）全面完整：施工合同分析不能只观大略，应全面对全部的施工合同文件进行解释。对施工合同中的每一条款、每句话，甚至每个词都应认真推敲，细心琢磨，全面落实。同时，应当从整体上分析施工合同，不能断章取义，特别当不同文件、不同施工合同条款之间规定不一致或有矛盾时，更应当全面整体地理解施工合同。

4. 施工合同分析的内容

施工合同分析应当在前述施工合同谈判前的审查分析的基础上进行。按其性质、对象和内容，施工合同分析可分为：施工合同总体分析与施工合同结构分解、施工合同的缺陷分析、施工合同的风险分析及施工合同交底。

7.1.1.2 施工合同的总体分析与结构分解

1. 施工合同的总体分析

施工合同总体分析的主要对象是施工合同协议书和施工合同条件。通过施工合同的总体分析，将施工合同条款和施工合同规定落实到一些带全局性的具体问题上。对工程施工合同来说，承包方合同总体分析的重点包括：承包方的主要合同责任及权力、工程范围；业主方的主要责任和权力；施工合同价格、计价方法和价格补偿条件；工期要求和顺延条件；施工合同双方的违约责任；施工合同变更方式、程序；工程验收方法；索赔规定及施工合同解除的条件和程序；争执的解决等。

在分析中应对施工合同执行中的风险及应注意的问题作出特别的说明和提示。施工合同总体分析的结果是工程施工总的指导性文件，应将它以最简单的形式和最简洁的语言表达出来，以便进行施工合同的结构分解和施工合同交底。

2. 施工合同的结构分解

施工合同结构分解是指按照系统规则和要求将施工合同对象分解成互相独立、互相影响、互相联系的单元。施工合同的结构分解应与项目的施工合同目标相一致。根据结构分解的一般规律和施工合同条件自身的特点，作者认为施工合同条件结构分解应遵守如下规则：

（1）保证施工合同条件的系统性和完整性。施工合同条件分解和结果应包含所有的施工合同要素，这样才能保证应用这些分解结果时才能等同于应用施工合同条件。

（2）保证各分解单元间界限清晰、意义完整、内容大体上相当，这样才能保证应用分解结果明确有序且各部分工作量相当。

（3）易于理解和接受，便于应用，即要充分尊重人们已经形成的概念和习惯，只在根本违背施工合同原则的情况下才作出更改。

（4）便于按照项目的组织分工落实施工合同工作和施工合同责任。

7.1.1.3 施工合同缺陷的补充和解释

在施工合同总体分析及进行施工合同结构分解时，可能会发现已订立的施工合同有缺陷，如施工合同条款不完整或约定不明，施工合同条款规定含糊甚至有些条款相互矛盾等。这就需要施工合同当事人对这些施工合同瑕疵根据法律规定及行业惯例进行修正，作出特殊的解释，以保证能够得到公正合理顺利地履行。施工合同缺陷的修正包括漏洞补充和歧义分析。

1. 漏洞补充

施工合同漏洞是指当事人应当约定的施工合同条款而未约定或者约定不明确、无效和被撤销而使施工合同处于不完整的状态。为鼓励交易、节约交易成本，法律要求对施工合同漏洞应尽量予以补充，使之足够明确、清楚，达到使施工合同全面适当履行的条件。根据《施工合同法》第 61 条、62 条的规定，补充施工合同漏洞有以下 3 种方式：

（1）约定补充。当事人享有订立施工合同的自由，也就享有补充施工合同漏洞的自由。因此，《施工合同法》规定当事人可以通过协议补充施工合同漏洞。即当事人对于施工合同的疏漏之处按照施工合同订立的规则，在平等自愿的基础上另行协商，达成一致意见作为施工合同的补充协议，并与原施工合同共同构成一份完整的施工合同。

（2）解释补充。解释补充是指以施工合同的客观内容为基础，依据诚实信用原则并斟酌交易惯例对施工合同的漏洞作出符合施工合同目的的填补。

（3）法定补充。在由当事人约定补充和解释补充仍不足以补充施工合同漏洞时，适用《施工合同法》关于法定补充的规定。所谓法定补充，是指根据法律的直接规定，对施工合同的漏洞加以补充。

2. 歧义解释

施工合同应当是合同当事人双方完全一致的意思表示。但是，在实际操作中，由于各方面的原因，如当事人的经验不足、素质不高、出于疏忽或是故意，对施工合同中应当包括的条款未作明确规定，或者对有关条款用词不够准确，从而导致施工合同内容表达不清楚。一旦在施工合同履行过程中产生上述问题，合同当事人双方往往就可能会对施工合同文件的理解出现偏差，从而导致双方当事人产生施工合同争议。因此，如何对内容表达不清楚的施工合同进行正确的解释就显得尤为重要。

7.1.1.4 施工合同的工作分析及施工合同的交底

1. 施工合同工作分析

施工合同工作分析是在施工合同总体分析和进行施工合同结构分解的基础上，依据施工合同协议书、施工合同条件、规范、图纸、工作量表等，确定各项目管理人员及各工程小组的施工合同工作，以及划分各责任人的施工合同责任。施工合同工作分析涉及承包商签约后的所有活动，其结果实质上是承包商的施工合同执行计划，它包括：

（1）工程项目的结构分解，即工程活动的分解和工程活动逻辑关系的安排。

（2）技术会审工作。

（3）工程实施方案、总体计划和施工组织计划。在投标书中已包括这些内容，但在施工前，应进一步细化，作详细的安排。

（4）工程详细的成本计划。

（5）施工合同工作分析，不仅针对承包施工合同，而且包括与承包施工合同同级的各个施工合同的协调，包括各个分施工合同的工作安排和各分施工合同之间的协调。

根据施工合同工作分析，落实各分包商、项目管理人员及各工程小组的施工合同责任。对分包商，主要通过分包合同确定双方的责权利关系，以保证分包商能及时按质、按量地完成施工合同责任。如果出现分包商违约或完不成合同，可对他进行施工合同处罚和索赔。对承包商的工程小组可以通过内部的经济责任制来保证。落实工期、质量、消耗等目标后，应将它们与工程小组经济利益挂钩，建立一套经济奖罚制度，以保证目标的实现。

2. 施工合同交底

施工合同交底指施工合同管理人员在对合同的主要内容作出解释和说明的基础上，通过组织项目管理人员和各工程小组负责人学习合同条文和合同总体分析结果，使大家熟悉合同中的主要内容、各种规定、管理程序，了解承包商的合同责任和工程范围、各种行为的法律后果等，使大家都树立全局观念，避免在执行中的违约行为，同时使大家的工作协调一致。

在我国传统的施工项目管理系统中，人们十分注重“图纸交底”工作，但却没有“合同交底”工作，所以项目组和各工程小组对项目的合同体系、合同基本内容不甚了解。我国工程管理者和技术人员有十分牢固的按图施工的观念，这本身无可厚非。但在现代市场经济中必须转变到“按合同施工”上来，特别在工程使用非标准施工合同文本或本项目组不熟悉的施工合同文本时，这个“合同交底”工作就显得更为重要。

施工合同交底应分解落实合同分析文件：施工合同事件表（任务单、分包施工合同），图纸，设备安装图纸，详细的施工说明等。最重要的是如下几方面内容：

（1）工程的质量、技术要求和实施中的注意点。

（2）工期要求。

（3）消耗标准。

（4）施工合同事件之间的逻辑关系。

（5）各工程小组（分包商）责任界限的划分。

（6）完不成责任的影响和法律后果等。

施工合同管理人员应在合同的总体分析和合同结构分解、合同工作分析的基础上，按施工管理程序，在工程开工前，逐级进行合同交底，使得每一个项目参加者都能够清楚地掌握自身的合同责任，以及自己所涉及的应当由对方承担的施工合同责任。以保证在履行合同义务过程中自己不违约，同时，如发现对方违约，及时向施工合同管理人员汇报，以便及时要求对方履行施工合同义务及进行索赔。在交底的同时，应将各种施工合同事件的责任分解落实到各分包商或工程小组直至每一个项目参加者，以经济责任制形式规范各自的施工合同行为，以保证施工合同目标能够得到实现。

7.1.2 施工合同控制

在工程施工中施工合同对项目管理的各个方面起总协调和总控制作用，所以施工合同的控制管理是综合性的。施工合同的控制主要包括施工合同的进度控制、施工合同的质量控制和施工合同的投资控制。

7.1.2.1 施工合同的进度控制

进度控制，是施工合同管理的重要组成部分。合同当事人应当在合同规定的工期内完成施工任务，发包人应当按时做好准备工作，承包人应当按照施工进度计划组织施工。为此，工程师应当落实进度控制部门的人员、具体的控制任务和管理职能分工；承包人也应当落实具体的进度控制人员，并且编制合理的施工进度计划并控制其执行，即在工程进展全过程中，进行计划进度与实际进度的比较，对出现的偏差及时采取措施。

施工合同的进度控制可以分为施工准备阶段、施工阶段和竣工验收阶段的进度控制。

(1) 施工准备阶段的进度控制。施工准备阶段的许多工作都对施工的开始和进度有直接的影响，包括双方对合同工期的约定、承包人提交进度计划、设计图纸的提供、材料设备的采购、延期开工的处理等。

(2) 施工阶段的进度控制。工程开工后，合同履行即进入施工阶段，直至工程竣工。这一阶段进行控制的任务是控制施工任务在协议书规定的合同工期内完成。

(3) 竣工验收阶段的进度控制。竣工验收，是发包人对工程的全面检验，是保修期外的最后阶段。在竣工验收阶段，工程师进度控制的任务是督促承包人完成工程扫尾工作，协调竣工验收中的各方关系，参加竣工验收。

7.1.2.2 施工合同的质量控制

工程施工中的质量控制是合同履行中的重要环节。施工合同的质量控制涉及许多方面的因素，任何一个方面的缺陷和疏漏，都会使工程质量无法达到预期的标准。

1. 标准、规范和图纸

(1) 合同适用标准、规范：《中华人民共和国建筑法》规定："建筑工程施工的质量必须符合国家有关建筑工程安全标准的要求。"因此，施工中必须使用国家标准、规范；没有国家标准、规范但有行业标准、规范的，使用行业标准、规范；没有国家和行业标准、规范的，适用工程所在地的地方标准、规范。双方应当在专用条款中约定适用标准、规范的名称。发包人应当按照专用条款约定的时间向承包人提供一式两份约定的标准、规范。

(2) 图纸：建设工程施工应当按照图纸进行。在施工合同管理中的图纸是指由发包人提供或者由承包人提供经工程师批准、满足承包人施工需要的所有图纸（包括配套说明和有关资料)。按时、按质、按量提供施工所需图纸，也是保证工程施工质量的重要方面。

2. 材料设备供应的质量控制

工程建设的材料设备供应的质量控制，是整个工程质量控制的基础。建筑材料、构配件生产及设备供应单位对其生产或者供应的产品质量负责。而材料设备的需方则应根据买卖合同的规定进行质量验收。

3. 施工企业的质量管理

施工企业的质量管理是工程师进行质量控制的出发点和落脚点。工程师应当协助和监督施工企业建立有效的质量管理体系。建设工程施工企业的经理，要对本企业的工程质量负责，并建立有效的质量保证体系。施工企业的总工程师和技术负责人要协助经理管好质量工作。

用于工程的建筑材料，必须送试验室检验，并经试验室主任签字认可后，方可使用。实行总分包的工程，分包单位要对分包工程的质量负责，总包单位对承包的全部工程质量负责。

国家对从事建筑活动的单位推行质量体系认证制度。施工企业根据自身原则可以向国务院产品质量监督管理部门或者其授权的部门认可的认证机构申请质量体系认证。

4. 工程验收的质量控制

工程验收是一项以确认工程是否符合施工合同规定目的的行为，是质量控制的最重要的环节。

(1) 工程质量标准：工程质量应当达到协议书约定的质量标准，质量标准的评定以国家或者专业的质量检验评定标准。发包人对部分或者全部工程质量有特殊要求的，应支付由此增加的追加合同价款，对工期有影响的应给予相应顺延。

(2) 施工过程中的检查和返工：在工程施工过程中，工程师及其委派人员对工程的检查检验，是他们一项日常性工作和重要职能。承包人应认真按照标准、规范和设计要求以及工程师依据合同发生的指令施工，随时接受工程师及其委派人员的检查检验，为检查检验提供便利条件。工程质量达不到约定标准的部分，工程师一经发现，可要求承包人拆除和重新施工，承包人应按工程师及其委派人员的要求拆除和重新施工，承担由于自身原因导致拆除和重新施工的费用，工期不予顺延。

(3) 隐蔽工程和中间验收：由于隐蔽工程在施工中一旦完成隐蔽，很难再对其进行质量检查（这种检查成本很大），因此必须在隐蔽前进行检查验收。对于中间验收，合同双方应在专用条款中约定需要进行中间验收的单项工程和部位的名称、验收的时间和要求，以及发包人应提供的便利条件。

5. 工程竣工验收

工程竣工验收，是全面考核建设工作，检查施工是否符合设计要求和工程质量的重要环节。

工程施工具备竣工验收条件，承包人按国家工程竣工验收有关规定，向发包人提供完整竣工资料及竣工验收报告。双方约定由承包人提供竣工图，应当在专用条款内约定提供的日期和份数。发包人收到竣工验收报告后 28 天内组织有关部门验收，并在验收后 14 天内给予认可或提出修改意见。承包人按要求修改。由于承包人原因，工程质量达不到约定的质量标准，承包人承担违约责任。因特殊原因，发包人要求部分单位工程或者工程部位须甩项竣工时，双方另行签订甩项竣工协议，明确各方责任和工程价款的支付办法。

6. 工程保修

建设工程办理交工验收手续后，在规定的期限内，因勘察、设计、施工、材料等原因造成的质量缺陷，应当由施工单位负责维修。所谓质量缺陷是指工程不符合国家或行业现行的有关技术标准、设计文件以及合同中对质量的要求。

7.1.2.3 施工合同的投资控制

1. 施工合同价款

施工合同价款，按有关规定和协议条款约定的各种取费标准计算，用以支付承包方按照合同要求完成工程内容的价款总额。这是合同双方关心的核心问题之一，招投标等工作主要是围绕合同价款展开的。合同价款应依据中标通知书中的中标价格或非招标工程的工程预算书确定。合同价款在协议书内约定后，任何一方不得擅自改变。合同价款可以按照固定价格合同、可调整价格合同、成本加酬金合同 3 种方式约定。

2. 工程预付款

双方应当在专用条款内约定发包人向承包人预付工程款的时间和数额，开工后按约定的时间和比例逐次扣回。预付时间应不迟于约定的开工日期前7天。发包人不按约定预付，承包人在约定预付时间7天后向发包人发出要求预付的通知，发包人收到通知后仍不能按要求预付，承包人可在发出通知后7天停止施工，发包人应从约定应付之日起向承包方支付应付款的贷款利息，并承担违约责任。

3. 工程款（进度款）支付

（1）工程量的确认：对承包人已完成工程量的核实确认，是发包人支付工程款的前提，其具体的确认程序如下。

1）承包人向工程师提交已完工程量的报告。承包人应按专用条款约定的时间，向工程师提交已完工程量的报告。该报告应当由《完成工程量报审表》和作为其附件的《完成工程量统计报表》组成。承包人应当写明项目名称、申报工程量及简要说明。

2）工程师的计量。工程师接到报告后7天内按设计图纸核实已完工程量（以下称计量），并在计量前24小时通知承包人，承包人为计量提供便利条件并派人参加。承包人不参加计量，发包人自行进行，计量结果有效，作为工程价款支付的依据。

（2）工程款（进度款）结算方式。

1）按月结算。这种结算办法实行旬末或月中预支，月末结算，竣工后清算的办法。跨年度施工的工程，在年终进行工程盘点，办理年度结算。

2）竣工后一次结算。建设项目或单项工程全部建筑安装工程建设期较短或施工合同价较低的，可以实行工程价款每月月中预支，竣工后一次结算。

3）分段结算。这种结算方式要求当年开工、当年不能竣工的单项工程或单位工程按照工程形象进度，划分不同阶段进行结算。分段的划分标准，由各部门和省、自治区、直辖市、计划单列市规定，分段结算可以按月预支工程款。

4. 变更价款的确定

设计变更发生后，承包人在工程设计变更确定后14天内，提出变更工程价款的报告，经工程师确认后调整合同价款。承包人在确定变更后14天内不向工程师提出变更工程价款报告时，视为该项设计变更不涉及合同价款的变更。

工程师收到变更工程价款报告之日起14天内，予以确认。工程师无正当理由不确认时，自变更价款报告送达之日起14天后变更工程价款报告自行生效。工程师不同意承包人提出的变更价格，按照合同约定的争议解决方法处理。

5. 施工中涉及的其他费用

（1）安全施工方面的费用。承包人按工程质量、安全及消防管理有关规定组织施工，采取严格的安全防护措施，承担由于自身的安全措施不力造成事故的责任和因此发生的费用。非承包人责任造成安全事故，由责任方承担责任和发生的费用。

（2）专利技术及特殊工艺涉及的费用。发包人要求使用专利技术或特殊工艺，须负责办理相应的申报手续，承担申报、试验、使用等费用。承包人按发包人要求使用，并负责试验等有关工作。承包人提出使用专利技术或特殊工艺，报工程师认可后实施。承包人负责办理申报手续并承担有关费用。

擅自使用专利技术侵犯他人专利权，责任者依法承担相应责任。

（3）文物和地下障碍物。在施工中发现古墓、古建筑遗址等文物及化石或其他有考古、地质研究等价值的物品时，承包人应立即保护好现场并于4小时内以书面形式通知工程师，工程师应于收到书面通知后24小时内报告当地文物管理部门，并按有关管理部门要求采取妥善保护措施。发包人承担由此发生的费用，延误的工期相应顺延。

6. 工程竣工结算

(1) 承包人递交竣工决算报告及违约责任。工程竣工验收报告经发包人认可后，承发包双方应当按协议书约定的合同价款及专用条款约定的合同价款调整方式，进行工程竣工结算。

工程竣工验收报告经发包人认可后28天，承包人向发包人递交竣工决算报告及完整的结算资料。程竣工验收报告经发包人认可后28天内，承包人未能向发包人递交竣工决算报告及完整的结算资料，造成工程竣工结算不能正常进行或工程竣工结算价款不能及时支付，发包人要求交付工程的，承包人应当交付；发包人不要求交付工程的，承包人承担保管责任。

(2) 发包人的核实和支付。发包人自收到竣工结算报告及结算资料后28天内进行核实，确认后支付工程竣工结算价款。承包人收到竣工结算价款后14天内将竣工工程交付发包人。

7. 质量保修金

(1) 质量保修金的支付。保修金由承包人向发包人支付，也可由发包人从应付承包人工程款内预留。质量保修金的比例及金额由双方约定，但不应超过施工合同价款的3%。

(2) 质量保修金的结算与返还。工程的质量保证期满后，发包人应当及时结算和返还(如有剩余)质量保修金。发包人应当在质量保证期满后14天内，将剩余保修金和按约定利率计算的利息返还承包人。

7.2 施工合同的变更管理

任何工程项目在实施过程中由于受到各种外界因素的干扰，都会发生程度不同的变更，它无法事先做出具体的预测，而在开工后又无法避免。而由于合同变更涉及到工程价款的变更及时间的补偿等，这直接关系到项目效益。因此，变更管理在合同管理中就显得相当重要。

变更是指当事人在原合同的基础上对合同中的有关内容进行修改和补充，包括工程实施内容的变更和合同文件的变更。

7.2.1 合同变更的起因

合同内容频繁的变更是工程合同的特点之一。一个较为复杂的工程合同，实施中的变更可能有几百项。合同变更一般主要有如下几方面原因：

(1) 业主新的变更指令，对建筑的新要求。如业主有新的意图，业主修改项目计划，削减项目预算等。

(2) 由于设计人员、监理方人员、承包商事先没有很好地理解业主的意图，或设计的错误，导致图纸修改。

(3) 工程环境的变化，预定的工程条件不准确，要求实施方案或实施计划变更。

(4) 由于产生新技术和知识，有必要改变原设计、原实施方案或实施计划，或由于业主指令及业主责任的原因造成承包商施工方案的改变。

(5) 政府部门对工程新的要求，如国家计划变化、环境保护要求、城市规划变动等。

(6) 由于合同实施出现问题，必须调整合同目标或修改合同条款。

7.2.2 合同变更的影响

合同变更实质上是对合同的修改，是双方新的要约和承诺。这种修改通常不能免除或改变承包商的合同责任，但对合同实施影响很大，造成原“合同状态”的变化，必须对原合同规定的内容作相应的调整。主要表现在如下几方面：

(1) 导致设计图纸、成本计划和支付计划、工期计划、施工方案、技术说明和适用的规范等定义工程目标和工程实施情况的各种文件作相应的修改和变更。相关的其他计划如材料采购订货计划、劳动力安排、机械使用计划等也应作相应调整。所以它不仅引起与承包合同平行的其他合同的变化，而且会引起所属的各个分合同，如供应合同、租赁合同、分包合同的变更。有些重大的变更会打乱整个施工部署。

(2) 引起合同双方、承包商的工程小组之间、总承包商和分包商之间合同责任的变化。如工程量增加，则增加了承包商的工程责任，增加了费用开支和延长了工期。

(3) 有些合同变更还会引起已完工程的返工、现场工程施工的停滞、施工秩序被打乱及已购材料出现损失。

7.2.3 合同变更的范围

工程变更的范围根据 FIDIC 施工合同条件，工程变更的内容可能包括以下几个方面。

(1) 改变合同中所包括的任何工作的数量。

(2) 改变任何工作的质量和性质。

(3) 改变工程任何部分的标高、基线、位置和尺寸。

(4) 删减任何工作。

(5) 任何永久工程需要的附加工作、工程设备、材料或服务。

(6) 改动工程的施工顺序或时间安排。

根据我国施工合同示范文本，工程变更包括设计变更和工程质量标准等其他实质性内容的变更，其中设计变更包括：

(1) 更改工程有关部分的标高、基线、位置和尺寸。

(2) 增减合同中约定的工程量。

(3) 改变有关工程的施工时间和顺序。

(4) 其他有关工程变更需要的附加工作。

7.2.4 工程变更的程序

工程变更应有一个正规的程序，应有一整套申请、审查、批准手续。

1. 提出工程变更要求

监理工程师、业主和承包商均可提出工程变更请求。

(1) 监理工程师提出工程变更：在施工过程中，由于设计中的不足或错误或施工时环境发生变化，监理工程师以节约工程成本、加快工程进度和保证工程质量为原则，提出工程变更。

(2) 承包商提出工程变更：承包商在两种情况下提出工程变更，①工程施工中遇到不能预见的地质条件或地下障碍；②承包商考虑为便于施工，降低工程费用，缩短工期之目的，提出工程变更。

(3) 业主提出工程变更：业主提出工程的变更则常常是为了满足使用上的要求。也要说明变更原因，提交设计图纸和有关计算书。

2. 监理工程师的审查和批准

对工程的任何变更，无论是哪一方提出的，监理工程师都必须与项目业主进行充分的协商，最后由监理工程师发出书面变更指示。项目业主可以委任监理工程师一定的批准工程变更的权限（一般是规定工程变更的费用额），在此权限内，监理工程师可自主批准工程变更，超出此权限则由业主批准。

3. 编制工程变更文件，发布工程变更指示

一项工程变更应包括以下文件：

(1) 工程变更指令：主要说明工程变更的原因及详细的变更内容说明（应说明根据合同的哪一条款发出变更指示；变更工作是马上实施，还是在确定变更工作的费用后实施；承包商发出要求增加变更工作费用和延长工期的通知的时间限制；变更工作的内容等。）

(2) 工程变更指令的附件：包括工程变更设计图纸、工程量表和其他与工程变更有关的文件等。

4. 承包商项目部的合同管理负责人员向监理工程师发出合同款调整和/或工期延长的意向通知

(1) 由承包商将变更工作所涉及的合同款变化量或变更费率或价格及工期变化量（如果有的话）的意图通知监理工程师。承包商在收到监理工程师签发的变更指示时，应在指示规定的时间内，向监理工程师发出该通知，否则承包商将被认为自动放弃调整合同价款和延长工期的权利。

(2) 由监理工程师将其改变费率或价格的意图通知承包商。工程师改变费率或价格的意图，可在签发的变更指示中进行说明，也可单独向承包商发出此意向通知。

5. 工程变更价款和工期延长量的确定

工程变更价款的确定原则如下。

(1) 如监理工程师认为适当，应以合同中规定的费率和价格进行计算。

(2) 如合同中未包括适用于该变更工作的费率和价格，则应在合理的范围内使用合同中的费率和价格作为估价的基础。

(3) 如监理工程师认为合同中没有适用于该变更工作的费率和价格，则工程师在与业主和承包商进行适当的协商后，由监理工程师和承包商议定合适的费率和价格。

(4) 如未能达成一致意见，则监理工程师应确定他认为适当的此类另外的费率和价格，并相应地通知承包商，同时将一份副本呈交业主。

上述费率和价格在同意或决定之前，工程师应确定暂行费率和价格以便有可能作为暂付款，包含在当月发出的证书中。

工期补偿量依据变更工程量和由此造成的返工、停工、窝工、修改计划等引起的损失

情况由双方洽商来确定。

6. 变更工作的费用支付及工期补偿

如果承包商已按工程师的指示实施变更工作，工程师应将已完成的变更工作或已部分完成的变更工作的费用，加入合同总价中，同时列入当月的支付证书中支付给承包商。

将同意延长的工期加入合同工期。

7.3 施工合同的风险管理

施工合同是建设工程项目的主要合同，是工程建设质量控制、进度控制、投资控制的主要依据。在市场经济条件下，承发包双方的权利义务关系主要是通过合同来确定的，建筑市场实行的是先定价后成交的期货交易，其远期交割的特性决定了建筑行业的高风险性。因此，尽可能有效地防范和控制施工合同的风险是每个施工企业面临的问题。我国的许多工程项目中，风险常常是导致项目失败的主要原因之一，因此在现代工程项目中，合同风险的控制已成为管理的重点之一。

7.3.1 施工合同风险的概念

工程项目的立项、分析和实施的全过程，都存在不能预先确定的内部和外部的干扰因素，这种干扰因素称为工程风险。

施工合同的风险主要可分为两大类：

（1）合同条文存在的风险。虽然从施工合同中合同条件规定看，业主在合同中应承担的风险较多，但在目前建筑市场竞争激烈，业主利用有利的优势地位和起草合同的便利条件，在合同中用苛刻的合同条款把相当一部分风险转嫁给承包人，主要有合同存在单方面的约束性，不平衡的责权利条款，合同内缺少和有不完善的转移风险的担保、索赔、保险等条款，缺少因第三方造成工期延误或经济损失的赔偿条款，缺少对发包人驻工地代表或监理工程师工作效率低或发出错误指令的制约条款等。

（2）合同履行存在的风险。一般施工企业仅注重施工合同的静态管理，而忽视施工合同的动态管理。在签订合同前，虽然注意审查合同对方的资信和履约能力，但施工合同的履行是一个动态的过程，包括签约、开工、施工、变更、验收、结算支付等环节，业主的资信和经济实力到底如何，是在合同履行过程中体现出来的，业主过去的资信和履约能力强并不能证明其对当前签订的合同履约资信和能力就高，因此，注重签约时对方当事人的资信调查和合同文本的审查，而忽略合同履行中各个环节的管理，也会导致施工企业存在风险。

7.3.2 施工合同风险的主要表现形式

目前施工合同风险的主要形式有以下几点：

1. 采用固定价格合同带来的风险

采用固定价格合同，双方在专用条款内约定合同价款包含的风险范围和风险费用的计算方法，在约定风险范围内合同价款不再调整。在这种合同形式下，建筑施工企业所承担的风险最大。在近来工程项目中，业主喜欢采用固定总价合同，因为这种合同形式工程中双方结算方式较为简单，比较省事。合同的执行中，施工企业的索赔机会较少。但施工企业要承担很大的风险。

（1）价格风险。包括：报价计算错误，漏报项目。

（2）工作量风险。包括：工作量计算的错误。

如果业主用初步设计文件招标，让施工企业计算工作量报价，或尽管施工图设计已经完成，但做标期太短，施工企业无法详细核算，通常只有按经验或统计资料估算工作量。这时施工企业处于两难的境地；工作量高算报价没有竞争力，不易中标；低算则自己要承担风险和亏损。

2. 工程款支付条款中的风险

工程款的支付按时间划分大致可分为 4 个阶段，即预付款、工程进度款、最终付款和质量保证金。当前拖欠工程款已成为困扰施工企业的突出问题，也是造成“烂尾楼”现象的成因之一。许多工程合同对这部分条款不甚明确，尤其是对工程款支付违约索赔条款约定不完整、不严密，给施工企业造成经济纠纷和经济损失。

3. 标准不明确所带来的风险

建筑产品由于具有单件性、施工生产和技术复杂性，决定了工程合同的复杂性。合同中涉及许多标准和细节问题。例如，在工程合同中通用条款中规定工程质量达不到约定标准的部分，施工企业应按监理工程师的要求拆除和重做，直至符合约定标准。如果在专用条款中对于“约定标准”没有做出明确具体的或缺乏可操作性，很容易造成返工损失。

4. 合同文件前后不一致所带来的风险

即工程洽商、变更等方面协议和文件在合同文件中的效力顺序问题，若约定不明，则签署在后的协议和文件效力高于先签署的。如果工程管理人员在合同执行过程中，签署文件时出现了与早期文件不一致而且不利于自己这一方的内容，就会带来额外的损失。

5. 工程变更风险

由于工程项目的复杂性，合同执行过程中经常涉及工程变更问题。如果施工企业在施工中提出了关于设计更改、材料设备的合理化建议，经业主工程师同意，可以变更。但如未经工程师同意，擅自变更，即使是合理的，施工企业也要对此赔偿损失，并且不顺延工期。在变更程序上的疏忽容易导致业主的反索赔。

7.3.3 合同风险防范的基本措施

（1）施工合同谈判前，施工企业应设立专门的合同管理机构负责施工合同的订立，并实施监督、管理、控制。要深入了解发包人的资信、经营作风和订立合同应当具备的相应条件。了解的主要内容应包括有权部门设计的施工图纸，是否有计划部门立项文件、土地、规划、建设许可手续，应拆迁的是否已到位，“三通一平”工作是否已到位等。从侧面调查了解发包人资信情况，特别是该工程的资金到位率，如果是开发单位应了解其主要业绩。招标工程应在投标之前，对招标文件深入研究和全面分析，正确理解招标文件，吃透业主意图和要求，全面分析投标人须知，详细勘察现场，审查图纸，复核工程量，分析合同条款，制定投标策略，以减少合同签订后的风险。

（2）合同谈判或投标时，施工企业在对发包人详细了解后，认为可以承担这项工程时，才能进行合同实质性谈判。对投标工程要对合同条款认真研究，尽可能在投标书中作出响应投标文件条款的前提下，作出有利的选择。根据发包人提出的要求，逐条进行研究，再做出是否能够承诺。尽可能采用建设工程合同《示范文本》，要依据通用条款，结合协议书和专用条款，逐条与发包人谈判，部分发包人提供的非示范文本合同，往往条款不全、不完备、不具体，缺乏对业主的权利限制性条款和对承包商保护性条款，要尽可能地修改完善，这样的合同一旦签订存在大量的隐含风险，最终将导致施工单位的巨大损失。为减少合同签订过程中的漏洞，可以采用施工合同洽谈权、审查权、批准权三权相对独立，相互制约的办法。

（3）实行全过程全方位的合同履行管理。实行规范化、制度化、标准化的合同管理必须以合同为主线、以合同为核心实施工程项目管理。施工企业应制定一整套合同管理的有关工作制度和规定，对合同管理的组织、合同管理的程序以及合同的起草、谈判、审查、签订、改造、检查、清理等每一个工作环节均作出明确规定。由于施工合同管理贯穿于施工企业经营管理的各个环节，因而履行施工合同必然涉及企业各项管理工作，施工合同一经生效，企业的各个部门都要按照各自的职权，按施工合同规定行使权利履行义务，保证施工合同的圆满实现，这就需要制定完善的合同管理制度。在整个施工合同履行过程中，对每一项工作，施工企业都要严格管理，妥善安排；记录清楚，手续齐全，否则会造成差错引起合同纠纷，给企业带来不应有的损失。合同文件是记录和反映项目实施过程和项目投资等的重要资料，但在目前项目实施过程中对合同文件的管理普遍没有得到应有的重视，集中表现在没有统一的规范和标准，在实施过程中合同文件书面格式不规范，随意性大，保管和检索手段落后等方面。施工项目在建设过程中会形成大量的合同文件，对合同文件的管理也是一个艰巨的任务，如能在项目建设之初重视合同文件的管理，制定一个统一的标准，如合同文件的书面格式、装订标准以及保管借阅等方面的制度，采取现代化的保管、检索手段，做到合同文件的及时归档，对合同档案的完整性、安全性、方便查阅、永久保存以及项目的竣工审计和验收都有重要意义。

（4）合理转移风险。对于预测到的合同风险，在谈判和签订施工合同时，采取双方合理分担的方法。但由于一些不可预测的风险总是存在的，因而合同中始终存在一定的缺陷，双方的责权利不可能绝对平衡，施工企业就存在一定的风险。因此对不可预测风险的发生，在合同履行过程中，推行索赔制度是转移风险的有效方法，尽可能把风险降到最低程度。在实际工程中，索赔是双向的，施工企业可以向业主索赔，业主也可以向施工企业索赔，但业主索赔处理比较方便。它可以通过扣拨工程款及时解决索赔问题，相反，施工企业向业主索赔处理较为困难。或因工程索赔制度问题未普遍推广，承发包双方对索赔的认识都不够深刻，作为施工企业要增强市场意识、法律意识、合同意识、管理意识、经济效益意识外，更关键的是要学会科学的索赔方法。科学的索赔方法在于施工企业必须熟悉索赔业务，注意索赔策略和方法，严格要求按合同规定要求的程度提出索赔，努力促进索赔制度得到健康地开展，把开展索赔工作成为合理合法的转移工程风险的主要手段。

（5）另外，由于目前建筑市场竞争激烈，许多开发商要求施工企业垫资建设或不支付预付款或采取其他变相垫资的形式。这样就加大了施工企业的风险。为确保所垫付资金能够收回，施工企业应采取积极措施要求业主提供担保。担保应采用书面形式，在合同中设立保证条款或抵押条款，明确担保期限、范围等，设立抵押的还应办理抵押登记。要求业主通过保证人为其提供担保，保证人应承担工程款项支付的连带保证责任。因此，施工企业还应在签订合同之前就担保人的资格和信誉认真进行调查。实行合同担保可有效防止欠款现象的发生。

7.4 施工合同的监督管理

7.4.1 施工合同监督管理概述

施工合同的监督管理，是指各级工商行政管理机关、建设行政主管机关和金融机构，以及工程发包单位、监理单位、承包单位依据法律和行政法规、规章制度，采取法律的、行政的手段，对施工合同关系进行组织、指导、协调及监督，保护施工合同当事人的合法权益，调解施工合同纠纷，防止和制裁违法行为，保证施工合同法规的贯彻实施等一系列法定活动。

施工合同监督管理，既包括各级工商行政管理机关、建设行政主管机关、金融机构对施工合同的监督，也包括发包单位、监理单位、承包单位对施工合同的管理。可将这些监督管理划分为两个层次：①为国家机关及金融机构对施工合同的监督管理；②为建设工程施工合同当事人及监理单位对施工合同的管理。

各级工商行政管理机关、建设行政主管机关对合同的监督侧重于宏观的依法监督，而发包单位、监理单位、承包单位对施工合同的管理则是具体的管理，也是合同管理的出发点和落脚点。发包单位、监理单位、承包单位对施工合同的管理体现在施工合同从订立到履行的全过程中，本节主要是介绍一些在合同履行过程中的一些重点和难点。

7.4.2 不可抗力、保险和担保的管理

1. 不可抗力

不可抗力事件发生后，对施工合同的履行会造成较大的影响。在合同订立时应当明确不可抗力的范围。工程师应当对不可抗力风险的承担有一个通盘的考虑：哪些不可抗力风险可以自己承担，哪些不可抗力风险应当转移出去（如投保等）。在施工合同的履行中，应当加强管理，在可能的范围减少或者避开不可抗力事件的发生（如爆炸、火灾等有时就是因为管理不善引起的）。

（1）不可抗力的范围。不可抗力，是指合同当事人不能预见、不能避免并不能克服的客观情况。例如因战争、动乱、空中飞行物坠落或其他非发包人责任造成的爆炸、火灾，以及专用条款约定的风、雨、雪、洪水、地震等自然灾害。

（2）不可抗力事件发生后双方的工作。不可抗力事件发生后，承包人应在力所能及的条件下迅速采取措施，尽量减少损失，并在不可抗力事件结束后 48 小时内向工程师通报受害情况和损失情况，及预计清理和修复的费用。发包人应协助承包人采取措施。不可抗力事件继续发生，承包人应每隔 7 天向工程师报告一次受害情况，并于不可抗力事件结束后 14 天内，向工程师提交清理和修复费用的正式报告及有关资料。

（3）不可抗力的承担。因不可抗力事件导致的费用及延误的工期由双方按以下方法分别承担：

1）工程本身的损害、因工程损害导致第三方人员伤亡和财产损失以及运至施工场地

用于施工的材料和待安装的设备的损害，由发包人承担。

2）承发包双方人员伤亡由其所在单位负责，并承担相应费用。

3）承包人机械设备损坏及停工损失，由承包人承担。

4）停工期间，承包人应工程师要求留在施工场地的必要的管理人员及保卫人员的费用由发包人承担。

5）工程所需清理、修复费用，由发包人承担。

6）延误的工期相应顺延。

因合同一方迟延履行合同后发生不可抗力的，不能免除迟延履行方的相应责任。

2. 保险

目前我国对工程保险（主要是施工过程中的保险）没有强制性的规定，但是随着项目法人责任制的推行，以前存在着事实上由国家承担不可抗力风险的情况将会有很大改变。工程项目参加保险的情况会越来越多。

双方的保险义务分担如下：

(1) 工程开工前，发包人应当为建设工程和施工场地内的发包人人员及第三方人员生命财产办理保险，支付保险费用。发包人可以将上述保险事项委托承包人办理，但费用由发包人承担。

(2) 承包人必须为从事危险作业的职工办理意外伤害保险，并为施工场地内自有人员生命财产和施工机械设备办理保险，并支付保险费用。

(3) 运至施工场地内用于工程的材料和待安装设备，不论由承发包双方任何一方保管，都应由发包人（或委托承包人）办理保险，并支付保险费用。

保险事故发生时，承发包双方有责任尽力采取必要的措施，防止或者减少损失。

3. 担保

承发人双方为了全面履行合同，应互相提供以下担保：

(1) 发包人向承包人提供履约担保，按合同约定支付工程价款及履行合同约定的其他义务。

(2) 承包人向发包人提供履约担保，按合同约定履行自己的各项义务。

承发人双方的履约担保一般都是以履约保函的方式提供的，实际上是担保方式中的保证。履约保函往往是由银行出具的，即以银行为保证人。一方违约后，另一方可要求提供担保的第三方（如银行）承担相应责任。当然，履约担保也不排除其他担保人出具的担保书，但由于其他担保人的信用低于银行，因此担保金额往往较高。

提供担保的内容、方式和相关责任，承包人双方除在专用条款中约定外，被担保方与担保方还应签订担保合同，作为施工合同的附件。

7.4.3 工程转包与分包

施工企业的施工力量、技术力量、人员素质、信誉等好坏，对工程质量、投资控制、进度控制等有直接影响。发包人是在经过了一系列考察以及资格预审、投标和评标等活动之后选中承包人的，签订合同不仅意味着双方对报价、工期等可定量化因素的认可，也意味着发包人对承包人的信任。因此在一般情况下，承包人应当以自己的力量来完成施工任务或者主要施工任务。

1. 关于工程转包

工程转包，是指不行使承包人的管理职能，不承担技术经济责任，将所承包的工程倒手转给他人承包的行为。承包人不得将其承包的全部工程转包给他人，也不得将其承包的全部工程肢解以后以分包的名义分别转包给他人。工程转包，不仅违反合同，也违反我国有关法律和法规的规定。

下列行为均属转包：

(1) 承包人将承包的工程全部包给其他施工单位，从中提取回扣者。

(2) 承包人将工程的主要部分或群体工程（指结构技术要求相同的）中半数以上的单位工程包给其他施工单位者。

(3) 分包单位将承包的工程再次分包给其他施工单位者。

2. 关于工程分包

工程分包，是指经合同约定和发包单位认可，从工程承包人承担的工程中承包部分工程的行为。承包人按照有关规定对承包的工程进行分包是允许的。

(1) 分包合同的签订。承包人必须自行完成建设项目的主要部分，非主要部分或专业性较强的工程可分包给营业条件符合该工程技术要求的建筑安装单位。结构和技术要求相同的群体工程，承包人应自行完成半数以上的单位工程。

承包人按专用条款的约定分包所承包的部分工程，并与分包单位签订分包合同。非经发包人同意，承包人不得将承包工程的任何部分分包。

分包合同签订后，发包人与分包单位之间不存在直接的合同关系。分包单位应对承包人负责，承包人对发包人负责。

(2) 分包合同的履行。工程分包不能解除承包人任何责任与义务。承包人应在分包场地派驻相应监督管理人员，保证本合同的履行。分包单位的任何违约行为、安全事故或疏忽导致工程损害或给发包人造成其他损失，承包人承担连带责任。

分包工程价款由承包人与分包单位结算。发包人未经承包人同意不得以任何名义向分包单位支付各种工程款项。

7.4.4 违约责任

7.4.4.1 发包人违约

1. 发包人的违约行为

发包人应当完成合同约定，应由乙方完成的义务。如果发包人不履行合同义务或不按合同约定履行义务，则应承担相应的民事责任。发包人的违约行为包括：

(1) 发包人不按时支付工程预付款。

(2) 发包人不按合同约定支付工程款。

(3) 发包人无正当理由不支付工程竣工结算价款。

(4) 发包人其他不履行合同义务或者不按合同约定履行义务的情况。

2. 发包人承担违约责任的方式

(1) 赔偿损失。赔偿损失是发包人承担违约责任的主要方式，其目的是补偿因违约给承包人造成的经济损失。承发人双方应当在专用条款内约定发包人赔偿承包人损失的计算方法。损失赔偿额应当相当于因违约所造成的损失，包括合同履行后可以获得的利益，但不得超过发包人在订立合同时预见或者应当预见到的因违约可能造成的损失。

(2) 支付违约金。支付违约金的目的是补偿承包人的损失，双方也可在专用条款中约定违约金的数额或计算方法。

(3) 顺延工期。对于因为发包人违约而延误的工期，应当相应顺延。

(4) 继续履行。承包人要求继续履行合同的，发包人应当在承担上述违约责任后继续履行施工合同。

7.4.4.2 承包人违约

1. 承包人的违约行为

承包人的违约行为包括：

(1) 因承包人原因不能按照协议书约定的竣工日期或者工程师同意顺延的工期竣工。

(2) 因承包人原因工程质量达不到协议书约定的质量标准。

(3) 其他承包商不履行合同义务或不按合同约定履行义务的情况。

2. 承包人承担违约责任的方式

(1) 赔偿损失。承发人双方应当在专用条款内约定承包人赔偿发包人损失的计算方法。损失赔偿额应当相当于违约所造成的损失，包括合同履行后发包人可以获得的利益，但不得超过承包人在订立合同时预见或者应当预见到的因违约可能造成的损失。

(2) 支付违约金。双方可以在专用条款内约定承包人应当支付违约金的数额或计算方法。

(3) 采取补救措施。对于施工质量不符合要求的违约，发包人有权要求承包人采取返工、修理、更换等补救措施。

(4) 继续履行。如果发包人要求继续履行合同的，承包人应当在承担上述违约责任后继续履行施工合同。

7.4.4.3 担保方承担责任

在施工合同中，一方违约后，另一方可按双方约定的担保条款，要求提供担保的第三方承担相应责任。

7.4.5 合同争议的解决

1. 施工合同争议的解决方式

合同当事人在履行施工合同时发生争议，可以和解或者要求合同管理及其他有关主管部门调解。和解或调解不成的，双方可以在专用条款内约定以下一种方式解决争议：第一种解决方式：双方达成仲裁协议，向约定的仲裁委员会申请仲裁；第二种解决方式：向有管辖权的人民法院起诉。

如果当事人选择仲裁的，应当在专用条款中明确以下内容：

(1) 请求仲裁的意思表示。

(2) 仲裁事项。

(3) 选定的仲裁委员会。

在施工合同中直接约定仲裁，关键是要指明仲裁委员会，因为仲裁没有法定管辖，而是依据当事人的约定确定由哪一个仲裁委员会仲裁。而请求仲裁的意思表示和仲裁事项则可在专用条款中以隐含的方式实现。当事人选择仲裁的，仲裁机构作出的裁决是终局的，具有法律效力，当事人必须执行。如果一方不执行的，另一方可向有管辖权的人民法院申请强制执行。如果当事人选择诉讼的，则施工合同的纠纷一般应由工程所在地的人民法院管辖。当事人只能向有管辖权的人民法院起诉作为解决争议的最终方式。

2. 争议发生后允许停止履行合同的情况

发生争议后，在一般情况下，双方都应继续履行合同，保持施工连续，保护好已完工程。

只有出现下列情况时，当事人方可停止履行施工合同：

（1）单方违约导致合同确已无法履行，双方协议停止施工。

（2）调解要求停止施工，且为双方接受。

（3）仲裁机关要求停止施工。

（4）法院要求停止施工。

7.4.6 合同解除

施工合同订立后，当事人应当按照合同的约定履行。但是，在一定的条件下，合同没有履行或者没有完全履行，当事人也可以解除合同。

1. 可以解除合同的情形

（1）合同的协商解除。

（2）发生不可抗力时合同的解除。

（3）当事人违约时合同的解除。

2. 当事人一方主张解除合同的程序

一方主张解除合同的，应向对方发出解除合同的书面通知，并在发出通知前7天告知对方。通知到达对方时合同解除。对解除合同有异议的，按照解决合同争议程序处理。

3. 合同解除后的善后处理

合同解除后，当事人双方约定的结算和清理条款仍然有效。承包人应当妥善做好已完工程和已购材料、设备的保护和移交工作，按照发包人要求，将自有机械设备和人员撤出施工场地。发包人应为承包人撤出提供必要条件，支付以上所发生的费用，并按合同约定支付已完工程价款。已经订货的材料、设备由订货方负责退货或解除订货合同，不能退还的货款和退货、解除订货合同发生的费用，由发包人承担。但未及时退货造成的损失由责任方承担。除此之外，有过错的一方应当赔偿因合同解除给对方造成的损失。

7.5 建设工程合同管理案例

1. 工程项目背景摘要

某大型工程建筑面积为1000m^2，该工程共两层为钢筋混凝土结构，技术难度大、对施工单位的施工设备和同类工程施工经验要求高，而且对工期的要求也比较紧迫，且图纸不齐全，业主提前对该项目进行公开招标，具备国家二级施工企业都可参加投标。经资格预审确定3家施工企业参加投标活动，评标委员会按照招标文件中确定的综合评标标准，确定3家施工企业综合得分从高到低依次顺序为B、A、C，承包商B（该单位采用低报价策略，编制了投标文件，并获得中标）于4月12日收到中标通知书，最终双方在5月12日订立书面合同。

双方签订的是固定总价合同，合同期为8个月。工程招标文件参考资料中提供的使用砂的地点距工地4km。但是开工后，检查该地砂的质量不符合要求，承包商只得从另一距工地201km的供砂地点采购。由于提供砂的距离增大，必然引起费用的增加，承包商经过仔细计算后，在业主指令下达的第3天，向业主提交了将原用砂单价每吨提高5元人民币的索赔要求。工程进行了一个月后业主因资金紧缺，无法如期支付工程款，口头要求承包商暂停施工1个月。承包商亦口头答应。恢复施工后不久，在一个关键工作面上又发生了几种原因造成的临时停工：5月20日至5月24日承包商的施工设备出现了故障；6月8日至6月12日施工现场下了罕见的特大暴雨，造成了6月13日至6月14日的该地区的供电全面中断。针对上述两次停工，承包商向业主提出要求顺延工期共计42天。

2. 问题

(1) 招标公告、预审公告应该是要约还是要约邀请？投标人的投标、业主发出中标通知书是要约还是承诺？并说明理由。

(2)《中华人民共和国招标投标法》中规定的招标方式有几种？该工程确定3家投标人参与投标，是否违反有关规定？为什么？

(3) 承包人B如果资质等级不符合要求，超越其经营范围，所签订的合同是否有效？无效合同与可撤消可变更合同一样吗，为什么？如果承包人B隐瞒其资质不够的情况订立合同应承担什么责任？

(4) 该项目采用固定价格合同是否合适？变更形式是否妥当？应该采用什么形式？

(5) 承包商的索赔要求成立的条件？索赔要求是否合理？说明理由。

3. 法理评析

(1) 招标公告、预审公告是要约邀请，投标人的投标是要约，业主发出中标通知书是承诺。理由（略）。

(2)《招标投标法》中规定的招标方式有两种，公开招标和邀请招标。该工程确定3家投标人参与投标不违反有关规定。

(3) 承包人B如果资质等级不符合要求，超越其经营范围，签订的合同是无效的，无效合同与可撤销可变更合同不一样，如果承包人B隐瞒其资质不够的情况订立合同应承担缔约过失责任。

(4) 该项目采用固定价格合同不合适，变更形式不妥当。因为固定价格合同适用于工程量不大且能够较准确计算、工期较短、技术不太复杂、风险不大的项目。该工程不符合这些条件；根据《中华人民共和国合同法》和《建设工程施工合同（示范文本）》的有关规定，建设工程合同应当采取书面形式，合同变更亦应采取书面形式。若在应急情况下，可采取口头形式，但事后应予以书面形式确认。否则，在合同双方对合同变更内容有争议时，往往因口头形式协议很难举证而不得不以书面协议约定的内容为准。本案例中业主要求临时停工，承包商亦答应，是双方的口头协议，且事后并未以书面的形式确认，所以该合同变更形式不妥。

(5) 承包商的索赔要求成立必须同时具备如下4个条件；与合同相比较，造成了实际的额外费用或工期损失；造成费用增加或工期损失的原因不属于承包商的行为责任；造成的费用增加或工期损失不是应由承包商承担的风险；承包商在事件发生后的规定时间内提交了索赔的书面意向通知和索赔报告。

因供砂场地点变化提出的索赔要求不合理。原因是：承包商应对自己就招标文件的解释负责；承包商应对自己报价的正确性勺完备性负责；作为一个有经验的承包商可以通过现场踏勘确认招标文件参考资料中提供的用砂质量是否合格，若承包商没有通过现场踏勘发现用砂质量问题，其相关风险应由承包商承担。

有几种情况的暂时停工提出的工期索赔不合理，可以批准的延长工期为 7 天。原因是：5 月 20 日至 5 月 24 日出现的设备故障，属于承包商应承担的风险，不应考虑承包商的延长工期和费用索赔要求。6 月 8 日至 6 月 12 日的特大暴雨属于双方共同的风险，应延长工期 5 天。6 月 13 日至 6 月 14 日的停电属于有经验的承包商无法预见的自然条件变化。

复习指导☞

本章主要介绍了施工合同管理中的分析及控制、变更管理、风险管理及监督管理等内容，并通过案例介绍了合同管理在建设工程中的实际应用。

建设工程施工合同管理主要包括 5 个方面的管理：分析、控制、变更、风险、监督。

施工合同的控制包括：施工合同的进度控制、施工合同的质量控制和施工合同的投资控制。

合同变更是指在原合同的基础上对合同中的有关内容进行修改和补充。它是施工索赔产生的主要方面。

本书还介绍了合同变更的程序及变更后对合同实施的影响，风险防范的基本措施，施工合同监督管理的内容。

7.6 习　　题

1. 简述施工合同分析的内容。
2. 简述施工合同控制的主要内容。
3. 引起施工合同变更的起因有哪些？
4. 工程变更的程序是什么？
5. 施工合同风险的主要表现形式有哪些？
6. 简述合同争议的解决方式及途径。

第 8 章　建设工程相关合同管理

本章要点

1. 了解勘察设计合同的概念、内容、主要条款
2. 掌握勘察设计合同的订立与履行
3. 掌握勘察设计合同双方的责任、义务
4. 了解监理合同的概念、内容、主要条款
5. 掌握监理合同的订立与履行
6. 掌握监理合同双方的责任、义务
7. 了解材料设备采购合同有关内容
8. 了解加工合同、劳务合同

8.1　建设工程勘察设计合同管理

8.1.1　概述

1. 勘察设计合同的概念

建设工程勘察设计合同是委托方（主要指建设单位或项目管理部门）与承包方（勘察、设计单位）为完成一定的勘察设计任务，明确相互权利和义务关系的协议。

2. 勘察设计合同的内容

建设工程勘察设计合同一般包括以下内容：

1）合同依据。

2）发包人义务。

3）勘察人、设计人的义务。

4）发包人权利。

5）勘察人、设计人的权利。

6）发包人责任。

7）勘察人、设计人的责任。

8）合同生效、变更与终止。

9）勘察、设计取费。

10）争议的解决及其他。

3. 建设工程勘察合同的主要条款

（1）建设工程名称、规模、特征、投资额、建设地点、承发包方的概况等。

（2）发包人提交有关基础资料的期限。

有关基础资料包括：工程勘察任务委托书、勘察技术要求、有关地形图及建筑总平面布置图、勘察工作范围地下已有埋藏物（如电力、电讯电缆、各种管道、人防设施、洞室等）的资料及具体位置分布图等；

(3) 开工及提交勘察成果资料时间、要求等。

1) 合同中要明确约定勘察开工以及开工到提交勘察成果资料的具体时间。

2) 勘察工作有效期限以发包人下达的开工通知书或合同规定的时间为准。

3) 承包人向发包人提交勘察成果资料并对其质量负责。

(4) 收费标准及付费方式。

1) 收费标准及付费方式是合同的重点，关系到勘察工作开展，也关系到双方的经济利益。但在勘察招标的条件下，往往是作为招标条件写进招标文件的。

2) 在勘察合同中，双方应当明确勘察费用的数额和计算方法，勘察费用支付方式、地点、期限等内容。

3) 国家计委、建设部于2002年1月7日颁发了《工程勘察设计收费管理规定》，对工程测量、岩土工程勘察、岩土工程设计与检测监测、水文地质勘察、工程水文气象勘察、工程物探、室内试验等通用工程勘察收费标准作了规定，同时又对专业工程勘察（如煤炭、水利水电、电力、长输管道、铁路、公路、通信、海洋工程等）收费标准作了规定。

4) 勘察合同生效后，发包人应向承包人支付合同约定的定金（一般为勘察费用总额的30%）；全部勘察工作结束，发包人验收勘察成果资料后，应在合同规定的期限内结清勘察费。

5) 属于特殊工程（如自然地质条件复杂、技术要求高、特别重大、紧急、有特殊要求的工程或特别小的工程）的勘察工作，原则上其费用应按勘察工程总价加收20%～40%的勘察费。

6) 由于发包人原因造成工程勘察、工程设计工作量增加或者工程勘察现场停工、窝工的，发包人应当向勘察人、设计人支付相应的工程勘察费或者工程设计费。

7) 工程勘察或者工程设计质量达不到相关规定的，勘察人或者设计人应当返工。由于返工增加工作量的，发包人不另外支付工程勘察费或者工程设计费。由于勘察人或者设计人工作失误给发包人造成经济损失的，应当按照合同约定承担赔偿责任。

(5) 承发包人责任。分为承包人责任和发包人责任两部分。

(6) 违约责任。主要包括承包人的违约责任和发包人的违约责任两部分。

(7) 双方的其他协作条件。其他协作条件是指双方当事人为了保证勘察工作顺利完成所应当履行的相互协助的义务。

(8) 争议解决事项。

(9) 合同的生效和失效日期。

1) 通常情况下，勘察合同在全部勘察工作验收合格、委托方勘察费支付完毕后失效。

2) 勘察合同的未尽事宜，需经双方协商，作出补充规定。补充规定与原合同具有同等效力，但不得与原合同内容冲突。

3) 附件是勘察合同的组成部分。勘察合同的附件一般包括测量任务和质量要求表，工程地质勘察任务和质量要求表等。

4. 建设工程设计合同的主要条款

（1）建设工程名称、规模、阶段、建设地点、投资额及设计内容、合同双方的概况。

（2）发包人向设计人（承包人）提交的有关资料、文件及期限。

委托人应负责及时地向有关部门办理各阶段设计文件的审批工作，在委托书中明确设计范围和深度。

（3）承包人向发包人交付的设计文件、地点及期限。

（4）收费标准及付费方式。

1）工程设计收费是指设计人根据发包人的委托，提供编制建设项目初步设计文件、施工图设计文件、非标准设备设计文件、施工图预算文件、竣工图文件等服务所收取的费用。

2）国家计委、建设部于2002年1月7日颁发了《工程勘察设计收费管理规定》，工程设计收费采取按照建设项目单项工程概算投资额分档定额计费方法计算收费。承包方按承担任务的工程性质，分别执行标准中有关行业的收费标准。

3）设计费按设计进度分期拨付：设计合同生效后，发包方应向设计单位预付设计费的20%作为定金；初步设计完成后付30%；施工图完成后付50%。

4）设计合同履行后，定金抵作设计费。设计费付清后，设计单位对所承担设计任务的建设项目应配合施工，参加试车考核及工程竣工验收等，不应另收技术服务费和差旅费。

（5）违约责任。

（6）争议解决事项。

（7）合同的生效与鉴证。

合同自发包人、设计人签字盖章后成立，发包人支付设计定金后生效；设计合同还应按规定到省级建设行政主管部门指定的建设工程设计合同审查部门备案；当双方认为必要时，还可到项目所在地工商行政管理部门申请鉴证。

8.1.2 勘察设计合同的订立与履行

8.1.2.1 建设工程勘察设计合同的订立

1. 承包方资质的审查

在合同签订前对合同双方当事人的资质进行审查，不仅是为了保证合同有效和受法律保护，而且是保证合同得到有效实施的必不可少的工作。

资质审查主要包括：

（1）资格审查。审查承包方是否是合法的法人组织、有无营业执照、有无勘察设计证书、其证书批准范围与勘察设计任务是否符合等。

（2）资信状况审查。主要指工作质量、生产经营状况、信用状况、履约能力等。

2. 建设工程勘察设计合同订立的形式

2000年3月1日，建设部和国家工商行政管理局颁布了勘察合同的示范文本和设计合同的示范文本。勘察设计合同按委托的内容及计价的不同分为不同的合同类型。

（1）按委托的内容进行分类：

1）勘察设计总承包合同。这是由具有相应资质的承包人与发包人签订的包含勘察和设计两部分内容的承包合同。

2）勘察合同。发包人与具有相应勘察资质的勘察人签订的委托勘察合同。

3）设计合同。发包人与具有相应设计资质的设计人签订的委托设计合同。

（2）按计价方式分类：

1）按比例取费合同。一般以工程造价为基数来确定费用。

2）总价合同。总价合同可以采用预算总价一步到位的方式，价格一次确定，中间不再调整；也可以采用中标价加签证的方式，当工作量发生较大的变化时，合同价可作相应的调整。后者常用于勘察合同中。

3）单价合同。即按实际完成工作量来结算的合同。

8.1.2.2 建设工程勘察设计合同的履行

8.1.2.2.1 勘察合同中双方的义务和责任

1. 双方的义务

（1）发包人的义务。发包人应向承包人提供开展勘察设计所必需的有关基础资料，并对提供的时间与资料的可靠性负责。委托勘察工作的，应在勘察工作开始前，向承包人提交：

1）本工程批准文件（复印件），以及用地（附红线范围）、施工、勘察许可等批件（复印件）。

2）工程勘察任务委托书、技术要求和工作范围的地形图、建筑总平面布置图。

3）勘察工作范围已有的技术资料及工程所需的坐标与标高资料。

4）勘察工作范围地下已有埋藏物的资料（如电力、电讯电线，各种管道，人防设施，洞室等）及具体位置分布图。

发包人不能提供上述资料，由勘察人收集的，发包人需向勘察人支付相应费用。

在勘察工作范围内，没有资料、图纸的地区（段），发包人应负责查清地下埋藏物，若因未提供上述资料、图纸，或提供的资料图纸不可靠、地下埋藏物不清，致使勘察人在勘察工作过程中发生人身伤害或造成经济损失时，由发包人承担民事责任。

在勘察人员进入现场作业时，发包人应对必要的工作和生活条件负责。发包人应及时为勘察人提供并解决勘察现场的工作条件和出现的问题。如落实土地征用、青苗树木赔偿、拆除地上地下障碍物、处理施工扰民及影响施工正当进行的有关问题、平整施工现场、修通道路、接通电源水源、挖好排水沟渠等，并承担其费用。

发包人应保护勘察人的投标书、勘察方案、报告书、文件、资料图纸、数据、特殊工艺（方法）、专利技术和合理化建议，未经勘察人同意，发包人不得复制、不得泄露、不得擅自修改、传送或向第三人转让或用于本合同外的项目。

（2）承包人的义务。

1）勘察单位应按照现行的标准、规范、规程和技术条例，进行工程测量和工程地质、水文地质等方面的勘察工作，并按合同规定的进度、质量要求提供勘测成果，并对其负责。

2）在工程勘察前，提出勘察纲要或勘察组织设计，派人与发包人的人员一起验收发包人提供的材料。

3）在现场工作的勘察人的人员，应遵守发包人的安全保卫及其他有关的规章制度，承担其有关资料保密义务。在勘察过程中，承包人有权根据岩土工程条件（或工作现场地形地貌、地质和水文地质条件）及技术规范要求，向发包人提出增减工作量或修改勘察的意见，并办理正式变更手续。

2. 双方的责任

（1）发包人的责任。

1）发包人应负责勘察现场的水电供应、道路平整、现场清理等工作，以保证勘察工作的顺利进行。

2）若勘察现场需要看守，特别是在有毒、有害等危险现场作业时，发包人应派人负责安全保卫工作，按国家有关规定，对从事危险作业的现场人员进行保健防护，并承担费用。

3）工程勘察前，若发包人负责提供材料的，应根据勘察人提出的工程用料计划，按时提供各种材料及其产品合格证明，并承担费用和运到现场，派人与勘察人的人员一起验收。

4）勘察过程中的任务变更，经办理正式变更手续后，发包人应按实际发生的工作量支付勘察费。

5）由于发包人原因造成勘察人停、窝工，除工期顺延外，发包人应支付停、窝工费；发包人若要求在合同规定时间内提前完工（或提交勘察成果资料）时，发包人应向勘察人支付一定的加班费。

6）按照国家有关规定和合同的约定支付勘察费用，按规定收取费用的勘察合同生效后，发包人应向承包人支付定金。勘察合同履行后，定金抵作勘察费。勘察任务的定金为勘察费的20%。勘察规模大、工期长的大型勘察工程，发包人还应按实际完成的工程进度向勘察人支付工程进度款；提交勘察成果资料后，发包人应在合同规定时间内一次性付清全部工程费用。

7）发包人承担合同有关条款规定和补充协议中发包人应负的其他责任。

（2）承包人的责任。

1）由于勘察人提供的勘察成果资料质量不合格，勘察人应负责无偿给予补充完善使其达到质量合格；若勘察人无力补充完善，需另委托其他单位时，勘察人应承担全部勘察费用；或因勘察质量造成重大经济损失或工程事故时，勘察人除应负法律责任和免收直接受损失部分的勘察费外，并根据损失程度向发包人支付赔偿金。

2）勘察人承担合同有关条款规定和补充协议中勘察人应负的其他责任。

8.1.2.2.2 设计合同中双方的义务和责任

1. 双方的义务

（1）发包人的义务。

1）委托初步设计的，在初步设计前，发包人在规定的日期内应向承包人提供经过批准的设计任务书（或可行性研究报告），选择建设地址的报告、原料（或经过批准的资源收支）、燃料、水、电、运输等方面的协议文件和能满足初步设计要求的勘察资料，以及需要经过科研取得的技术资料等。超过规定期限时，设计单位有权重新确定提交设计文件的时间。

2）委托施工图设计的，在施工图设计前，发包人应在规定日期内提供经过批准的初步设计文件和能满足施工图设计要求的勘察资料、施工条件，以及有关设备的技术资料等。

3）发包人变更委托设计项目、规模、条件或因提交的资料错误，或所提交资料作较大修改，以致造成设计人设计需返工时，双方除需另行协商签订补充协议（或另订合同）、重新明确有关条款外，发包人应按设计人所耗工作量向设计人增付设计费。

4）发包人应保护设计人的投标书、设计方案、文件、资料图纸、数据、计算软件和专利技术。未经设计人同意，发包人对设计人交付的设计资料及文件不得擅自修改、复制或向第三人转让或用于本合同外的项目。如发生以上情况，发包人应负法律责任，设计人有权向发包人提出索赔。

（2）承包人的义务。

1）设计单位要根据已批准的设计任务书（或可行性研究报告）或之前阶段设计的批准文件，以及有关设计的经济技术文件、设计标准、技术规范、规程、定额等提出勘察技术要求，并进行设计，按合同规定的进度和质量提交设计文件（包括概预算文件、材料设备清单等），并对其负责。

2）初步设计经上级主管部门审查后，在原定任务书范围内的必须修改，由设计单位负责。如果原定任务书有重大变更而重做或修改设计时，须具有审批机关或设计任务书批准机关的议定书，经双方协商后另订合同。

3）设计单位应配合所承担设计任务的建设项目施工，施工前进行设计技术交底，解决工程施工过程中有关设计的问题，负责设计变更和修改预算，参加试车考核及工程竣工验收。对于大中型工业项目和复杂的民用工程应派现场设计代表，参加隐蔽工程验收。

4）设计人交付设计文件后，按规定参加有关上级的设计审查，并根据审查结论负责对不超出原定范围的内容做必要调整补充。

5）设计人按合同规定时限交付设计文件1年内项目开始施工，负责向发包人及施工单位进行设计交底、处理有关设计问题和参加竣工验收。在1年内项目尚未开始施工，设计人仍负责上述工作，可按所需工作量向发包人适当收取咨询服务费，收费额由双方商定。

2. 双方的责任

（1）发包人的责任。

1）在未签合同前发包人已同意，设计人为发包人所做的各项设计工作，应按收费标准，支付相应设计费。

2）发包人要求设计人比合同规定时间提前交付设计资料及文件时，如果设计人能够做到，发包人应根据设计人提前投入的工作量，向设计人支付赶工费。

3）在设计人员进入现场指导和配合施工时，发包人应负责提供必要的工作、生活及交通等方便条件。

4）发包人应向承包人明确设计的范围和深度。

5）负责及时向有关部门办理各设计阶段设计文件的审批工作。

6）发包人应负责引进项目的设计任务，从询价、对外谈判、国内外技术考察直到建成投产的各阶段，应通知承担有关设计任务的单位参加。

7）按照国家有关规定和合同的约定支付设计费用，按规定收取费用的设计合同生效后，发包人向承包人支付定金。设计合同履行后，定金抵作设计费。设计任务的定金为估算设计费的20%。设计工作的取费，一般应根据工程种类、建设规模和工程的繁简程度确定。

8）发包人应承担承包人规定的设计文件中保密条款的保密责任。

（2）承包人的责任。

1）如果建设项目的设计任务由两个以上的设计单位配合设计，如委托其中一个设计单位为总承包时，签订总承包合同，总承包单位对发包人负责。总包单位和各分包单位签订分包合同，分包单位对总包单位负责。

2）发包人或承包人不履行合同造成违约行为，应承担违约责任。

8.2 建设工程监理合同管理

8.2.1 概述

1. 基本概念

建设工程监理合同管理又称工程委托监理合同，它是委托合同的一种，是指工程建设单位聘请监理单位对工程建设实施监督管理，明确双方权利、义务的协议。建设单位称为委托人，监理单位称为受托人。

我国建筑法明确规定实行监理的建筑工程，由建设单位委托具有相应资质条件的工程监理单位监理。建设单位与其委托的工程监理单位应当订立书面委托监理合同。

2. 建设工程监理合同的特征

（1）监理合同的当事人双方应当是具有民事权利能力和民事行为能力、取得法人资格的企事业单位、其他社会组织，个人在法律允许范围内也可以成为委托监理合同当事人。

作为委托人必须是具有国家批准的建设项目，落实投资计划的企事业单位、其他社会组织及个人；作为受托人必须是依法成立具有法人资格的监理单位，并且所承担的工程监理业务应与单位资格符合。

（2）监理合同的标的是服务。在监理工作实施的过程中，监理工程师凭借自己的知识、经验、技能受业主委托为其所签订的其他合同的履行实施监督和管理。而其他合同，如勘察设计合同、施工承包合同、加工承揽合同的标的物是产生新的物质成果或信息成果。因此《中华人民共和国合同法》将建设工程监理合同划入委托合同的范畴。《中华人民共和国合同法》第267条规定："建设工程实施监理的，发包人应当与监理人采用书面形式订立委托监理合同。发包人与监理人的权利和义务以及法律责任，应当依照本法以及其他有关法律、行政法规中有关委托合同的规定。"

（3）工程监理合同与施工合同、勘察设计合同等是配合履行的，而不能与其他合同相矛盾。

（4）建设工程监理合同是诺成合同，即当事人意思表示一致（双方签字盖章后），合同即告成立，无须以物之交付当事人为履行合同作为合同成立的要件。

3. 工程监理合同中有关词语定义

词语定义是建设工程委托监理合同中专用名词的含义，这些名词的含义是根据合同的特殊需要而定的，它可能不同于其他文件或词典内的定义或解释。在“监理合同”中，这些专用名词只能按特定的含义去理解，不能任意去解释。

(1)“工程”是指委托人实施监理的工程。

(2)“委托人”是指承担直接投资责任和委托监理业务的一方以及其合法继承人。

(3)“监理人”是指承担监理业务和监理责任的一方，以及其合法继承人。

1)“监理人”和“委托人”构成了合同的“主体”。主体是指法律关系的主体，是参加法律关系，依法享有权利和承担义务的当事人。

2)“委托人”和“监理人”在合同当中具有平等的法律地位。“监理人”和“委托人”经协商一致签订委托监理合同，在履行合同过程中双方都依法享有权利和义务，他们都处于委托监理合同这一民事法律关系的主体地位，这种主体地位是平等的。它不同于政府对经济活动的管理，因此即使签订合同的双方存在上下级的关系，但在履行合同当中也互为平等主体。合同双方当事人是法律关系，即按照《中华人民共和国合同法》规定具有法律约束力，当事人必须全面履行合同规定义务。

3) 由于委托监理合同是双方当事人协商一致后签订的，因此无论是委托人还是监理人，未经双方的书面同意，均不能将所签订合同的一定权利和义务转让给第三者，而单方面变更合同主体。

(4)“监理机构”是指监理人派驻本工程现场实施监理业务的组织。

(5)“总监理工程师”是指经委托人同意，监理人派到监理机构全面履行本合同的全权负责人。

(6)“承包人”是指除监理人以外，委托人就工程建设有关事宜签订合同的当事人。

(7)“工程监理的正常工作”是指双方在专用条件中约定，委托人委托的监理工作范围和内容。大致包括以下几个方面的内容：

1) 工程技术咨询服务。如进行可行性研究，各种方案的成本效益分析等。

2) 协助委托人选择承包人，组织设计、施工、设备采购招标等。

3) 进行设计监理。如审查工程设计概算、预算、验收设计文件等。

4) 进行施工监理。包括质量控制、投资控制、进度控制等。

但就具体项目而言，应根据工程的特点、监理人的能力、建设阶段的监理等诸方面因素，将委托的监理业务详细写入合同专用条件中。

(8)“工程监理的附加工作”是指委托人委托监理范围以外，通过双方书面协议另外增加的工作或由于委托人或承包人的原因，使监理工作受到阻碍或延误，因增加工作量或持续时间而增加的工作。

(9)“工程监理的额外工作”是指正常工作和附加工作以外，根据有关规定监理人必须完成的工作，或非监理人自己的原因而暂停或终止监理业务，其善后工作及恢复监理业务的工作。

(10)“日”是指任何一天零时至第二天零时的时间段。

(11)“月”是指根据公历从一个月份中任何一天开始到下一个月相应日期的前一天的时间段。

4. 监理合同适用的法律法规及语言使用

(1) 适用的法律法规。建设工程委托监理合同适用的法律是指签订合同和履行合同时所依据的法律。在我国境内开展监理，理所当然应遵守中国的法律和行政法规。但我国幅员辽阔，各地根据自己的经济和社会文化发展水平制定了一系列地方性的法规、规章；另外我国的专业部门管理的分界也很明显，如交通、水利电力等系统就有自己的一套有关建设的规章和制度。所以监理合同依据工程所在地的法规还是工程所属部门的规章，这就需要在专用条件的相应条款中说明。

(2) 合同语言。“合同”使用汉语语言文字书写、解释和说明。如专用条件约定使用两种以上（含两种）语言文字时，汉语应为解释和说明本合同的标准语言文字。

8.2.2 工程监理合同的订立与履行

8.2.2.1 订立监理合同的程序

1. 合同签订前双方的相互考察

签订监理合同是一种法律行为，合同一经签订，意味着委托关系的形成，双方的行为将受到合同的约束。为慎重起见，在签订合同前，签约双方应对对方的资格、资信及履约能力等情况进行充分调查了解。

(1) 业主对监理单位的资格考察，主要考察以下几个方面：

1) 监理单位是否有经建设行政主管部门审查并签发的具有承担监理合同内规定的建设工程资格的资质等级证书。

2) 监理单位是否是经工商行政管理机关审查注册、取得营业执照、具有独立法人资格的正式企业。

3) 考察监理单位是否具有对拟委托的建设工程进行监理的实际能力，包括监理人员的素质、主要检测设备情况。

4) 财务情况（包括资金情况和近几年的经营效益）是否满足要求：社会信誉及已承接的监理任务的完成情况；承担类似业务的监理业绩、经历及合同的履行情况是否满足要求等。

(2) 监理单位对业主的考察。监理单位在决定是否参加某项业务的竞争并与之签订合同之前，要对业主进行考察。

1) 考察项目业主是否具有签订合同的合法资格。

2) 考察业主是否具有与签订合同相适应的财产和经费，这是履行合同的基础和承担经济责任的前提。

3) 考察监理合同的标的是否符合国家政策，是否违反国家的有关法律法规。

2. 合同的谈判

无论是直接委托还是通过招标选定监理单位，业主和监理人都要对监理合同的主要条款和应负责任进行谈判，如业主对工程的工期、质量的具体要求必须具体提出。

谈判的顺序通常是先谈工作计划、人员配备、业主的投入等问题，这些问题谈完后再进行价格谈判。在谈判时，双方应本着诚实信用、公平等原则，内容要具体，责任要明确，对谈判内容双方应达成一致意见，要有准确的文字记录。

3. 合同的签订

经过谈判，双方就监理合同的各项条款达成一致，即可正式签订合同文件。签订的合同文件参照《建设工程委托监理合同（示范文本）》。

8.2.2.2 双方的权利

1. 委托人的权利

（1）授予监理人权限的权利。委托监理合同是要求监理人对委托人与第三方签订的各种承包合同的履行实施监理，监理人在委托人授权范围内对其他合同进行监督管理，因此委托监理合同内除需明确委托的监理任务外，还应规定监理人的权限。

在委托人授权范围内，监理人可以对所监理的合同自主地采取各种措施进行监督、管理和协调，如果超越权限时，应首先征得委托人同意后方可发布有关指令。委托人授予监理人权限的大小，要根据自身的管理能力、工程建设项目的特点及需要等因素考虑。监理合同内授予监理人的权限，在执行过程中可随时通过书面附加协议予以扩大或减小。

（2）选定工程总承包人，以及与其订立合同的权利。委托人是建设资金的持有者和建筑产品的所有人，因此对设计合同、施工合同、加工制造合同等的承包单位有选定权和订立合同的签字权。监理人在选定其他合同承包单位的过程中仅有建议权而无决定权。

监理人协助委托人选择承包人的工作包括：邀请招标时提供有资格和能力的承包人名录；帮助起草招标文件；组织现场考察；参与评标以及接受委托代理招标等。但标准条件中规定，监理人对实际和施工等总包单位所选定的分包单位，拥有批准权或否决权。

（3）委托监理工程重大事项的决定权。委托人有对工程规模、设计标准、规划设计、生产工艺设计和设计使用功能要求的认定权，以及对工程设计变更的审批权。

监理人调换总监理工程师须事先经委托人同意。

（4）对监理人履行合同的监督控制权。委托人对监理人履行合同的监督权利体现在以下几个方面：

1）对监理人员的控制监督。合同开始履行时，监理人应向委托人报送委派的总监理工程师及其监理机构主要成员的名单，以保证完成监理合同专用条件中约定的监理工作范围内的任务。当委托人发现监理人员不按监理合同履行监理职责，或因承包人串通而给委托人或工程造成损失的，委托人有权要求监理人更换监理人员，直到终止合同并要求监理人承担相应的赔偿责任或连带赔偿责任。

2）对监理人合同转让和分包的监督。除了支付款的转让外，未经委托人的书面同意，监理人不得将所签合同涉及到的利益或规定的义务转让给第三方。监理人所选择的监理工作分包单位必须事先征得委托人的认可。在没有取得委托人的书面同意前，监理人不得开始实行、更改或终止全部或部分服务的任何分包合同。

3）对合同履行的监督权。委托人有权要求监理人提交监理工作月报及监理业务范围内的专项报告。

2. 监理人的权利

（1）完成监理任务获得酬金的权利。

1）监理人不仅可获得完成合同内规定的正常监理任务酬金，如完成额外工作后，有权按照专用条件中议定的计算方法，得到额外时间的酬金。

2）对于附加工作，如果是委托人未按原议定提供职员或服务人员或者是应提供的设施，监理人完成工作后，委托人应按监理人实际用于这方面的费用给予全部补偿。若由于委托人或承包人的阻碍或延误而导致监理人发生附加工作，则附加酬金应等于附加工作天数之和乘以监理任务日平均酬金额，以及中途终止合同而必须进行的善后工作时间。

3）额外工作天数为非监理人员因所发生监理任务暂停时间和恢复监理服务的时间。额外服务酬金为额外工作天数乘以监理任务日平均酬金额。

4）如果监理合同生效后，因国家的法规、政策变化而导致监理工作期限的改变，则应相应的调整商定的报酬和工作完成时间。

（2）获得奖励的权利。监理人如果在工作过程中作出了显著成绩，如由于监理人提出的合理化建议，使委托人获得实际经济利益，则应按照合同中规定的奖励办法，得到委托人给予的适当奖励。奖励办法通常参照国家颁布的合理化建议奖励办法，写明在专用条件相应的条款内。

（3）终止合同的权利。如由于委托人违约严重拖欠应付监理人的酬金，或由于非监理人责任而使监理暂停的期限超过半年以上，监理人可按照终止合同规定程序，单方面提出终止合同，以保护自己的合法权益。

（4）建设工程有关事项和工程设计的建议权。建设工程有关事项包括工程规模、设计标准、规划设计、生产工艺设计和使用功能要求。

工程设计建议权是指按照安全和优化方面的要求，就某些技术问题自主向设计单位提出建议。但如果由于提出的建议提高了工程造价或延长工期，应事先征得委托人的同意。如果发现工程设计不符合建筑工程质量标准或约定的要求，应当报告委托人要求设计单位更改，并向委托人提出书面报告。

（5）对实施项目的质量、工期和费用的监督控制权。主要表现为以下几个方面：

1）对承包人报的工程施工组织设计和技术方案，按照保质量、保工期和降低成本要求，自主进行审批和向承包人提出建议。

2）征得委托人同意，发布开工令、停工令、复工令；对工程上使用的材料和施工质量进行检验。

3）对施工进度进行检查、监督，未经监理工程师签字，建筑材料、建筑构配件和设备不得在工地上使用，施工单位不得进行下一道工序的施工。

4）工程实施竣工日期提前或延误期限的鉴定。

5）在工程承包合同确定的工程范围内，工程款支付的审核和签认权，以及结算工程款的复核确认与否定权。未经监理人签字确认，委托人不支付工程款，不进行竣工验收。

（6）工程建设有关协作单位组织协调的主持权。

（7）在业务紧急情况下，为了工程和人身安全，尽管变更指令已超越了委托人授权而又不能事先得到批准时，也有权发布变更指令，但应尽快通知委托人。

（8）审核承包人索赔的权利。

在委托的工程范围内，委托人或承包人对对方的任何索赔要求，均必须首先向监理机构提出，由监理机构研究处置意见，再同双方协商确定。

8.2.2.3 双方的义务

1. 委托人的义务

（1）委托人应负责建设工程的所有外部关系的协调工作，满足开展监理工作所需外部条件的提供。

（2）与监理人做好协调工作。委托人应当授权一名熟悉工程情况、能在规定时间内作出决定的常驻代表（在专用条款中约定）负责与监理人联系。更换常驻代表时，要提前通知监理人。

（3）监理人若单方面向承包人下达质量整改通知书，是很难得到贯彻执行的，必须与委托人取得一致意见才能落实。所以，委托人应当在专用条款约定的时间内就监理人书面提交并要求作出决定的一切事宜作出书面决定。

（4）协助监理人顺利履行合同义务。协助工作包括以下几方面内容：

1）将授予监理人的监理权利，以及监理人主要成员的职能分工、监理权限及时书面通知已选定的第三方，并在与第三方签订的合同中予以明确；

2）在双方议定的时间内，免费向监理人提供与工程有关的监理服务所需要的工程资料；

3）为监理人驻工地监理机构开展正常工作提供协助服务。服务内容包括信息服务、物质服务和人员服务三方面。

信息服务是指协助监理人获取工程使用的原材料、构配件、机械设备等生产厂家名录。

物质服务是指免费向监理人提供合同专用条件约定的设备、设施、生活条件等。一般包括检测试验设备、测量设备、通信设备、交通设备、气象设备、照相录像设备、打字复印设备、办公用房及生活用房等。

人员服务是指如果双方议定，委托人应免费向监理人提供职员和服务人员，应在监理合同专用条件中写明人数和服务时间。当涉及监理服务工作时，委托人所提供的职员只应从监理工程师处接受指示。

2. 监理人的义务

（1）按合同约定，派出监理工作需要的监理机构及监理人员，向委托人报送委派的总监理工程师及其监理机构主要成员名单、监理规划，完成监理合同专用条件中约定的监理工程范围内的监理业务。在履行合同义务期间，应按合同约定定期向委托人报告监理工作。

（2）监理人在履行本合同的义务期间，应认真、勤奋地工作，为委托人提供与其水平相适应的咨询意见，公正地维护各方面的合法权益。

（3）在监理工作完成或中止时，监理人应将委托人提供的设施和物品按合同约定时间和方式移交给委托人。

（4）在合同期内或合同终止后，未征得有关方同意，不得泄露与本工程、本合同业务有关的保密资料。

（5）未经委托人书面同意，监理人及其职员不应接受委托监理合同约定以外的与监理工程有关的报酬，以保证监理行为的公正性。

8.2.2.4 双方的责任

1. 委托人的责任

(1) 委托人应当履行委托监理合同约定的义务，如有违反则应当承担违约责任，赔偿给监理人造成的经济损失。主要有以下方面：

1）委托人（业主）未能按计划提供条件，导致设计延误、施工不能按时开工，拖延了工期。

2）委托人所订设备（材料）未能按计划到达现场，或质量不合格，延误工期，导致索赔。

3）委托人不听从监理人劝阻，从而发生质量事故。

4）委托人未能按合同向监理人提供必需的资料、文件引起的事件。

5）人力不可抗拒的事件等。

监理人处理委托业务时，因非监理人原因的事由受到损失的，可以向委托人要求补偿损失。

(2) 委托人如果向监理人提出赔偿的要求不能成立，则应当补偿由该索赔所引起的监理人的各种费用支出。

2. 监理人的责任

(1) 监理人的责任期即委托监理合同有效期。在监理过程中，如果因工程建设进度的推迟或延误而超过书面约定的日期，双方应进一步约定相应延长的合同期。

(2) 监理人在责任期内，应当履行约定的义务。如果因监理人过失而造成了委托人的经济损失，应当向委托人赔偿。累计赔偿总额不应超过监理报酬总额（除去税金）。

(3) 监理人对承包人违反合同规定的质量要求和完工（交图、交货）时限，不承担责任。因不可抗力导致委托监理合同不能全部或部分履行，监理人不承担责任。

(4) 监理人向委托人提出赔偿要求不能成立时，监理人应当补偿由于该索赔所导致委托人的各种费用支出。

(5) 监理人一般不承担承包人施工中出现的人身安全责任。

8.2.2.5 合同的生效、变更与终止

1. 合同生效

自合同签字之日起生效。

2. 合同的开始和完成

合同的开始和完成以专用条件中订明的监理准备工作开始和完成时间为准。如果合同履行过程中双方商定延期时间时，完成时间相应顺延。自合同生效时起至合同完成之间的时间为合同的有效期。

3. 合同变更

建设工程中难免出现许多不可预见的事项，因而经常会出现要求修改或变更合同条件的情况。任何一方申请并经双方书面同意时，可对合同进行变更。在实际履行中，可以采取正式文件、信件协议或委托单等几种方式对合同进行修改。如果变动范围太大，也可重新制定一个合同取代原有合同。

4. 延误

如果有与委托人或第三方的原因使监理工作受到阻碍或延误，以致增加了工程量或持续时间，应由监理人将此情况与可能产生的影响及时通知委托人。增加的工作量应视为附加的工作，完成监理业务的时间应相应延长，并得到附加工作酬金。

5. 情况的改变

如果在监理合同签订后，出现了不应由监理人负责的情况，导致监理人不能全部或部分执行监理任务，则该项服务的完成期限应予以延长，直到这种情况不再持续。当恢复监理工作时，还应增加不超过 42 天的合理时间，用于恢复执行监理业务，并按双方约定的数量支付监理酬金。

6. 合同的暂停或终止

（1）监理人向委托人办理完竣工验收或工程移交手续，承包人和委托人已签订工程保修合同，监理人收到监理酬金尾款结清监理酬金后，本合同即告终止。

（2）当事人一方要求变更或解除合同时，应当提前 42 天通知对方。因变更或解除合同使一方遭受损失的，除依法可免除责任者外，应由责任方负责赔偿。

（3）变更或解除合同的通知或协议必须采取书面形式，协议未达成前，原合同仍然有效。

（4）如果委托人认为监理人无正当理由而未履行监理义务时，可向监理人发出指明其未履行义务的通知。若委托人在 21 天内没收到答复，可在第 1 个通知发出后 35 天内发出终止监理合同的通知，合同即行终止。

（5）监理人在应当获得监理酬金之日起 30 天内仍未收到支付单据，而委托人又未对监理人提出任何书面解释，或暂停监理业务权限已超过半年时，监理人可向委托人发出终止合同通知。如果 14 天内仍未得到委托人答复，可进一步发出终止合同的通知。如果第 2 份通知发出后 42 天内仍未得到委托人答复，监理人可终止合同，也可自行暂停履行部分或全部监理业务。

7. 争议的解决

因违反或终止合同而引起的对损失或损害的任何赔偿，应首先通过双方协商友好解决。如协商未能达成一致，可提交主管部门协调。仍不能达成一致时，根据约定提交仲裁机构仲裁或向法院起诉。

8.3 建设工程材料、设备采购合同

建设工程物资采购合同一般分为材料采购合同和设备采购合同。

所谓建设工程物资采购合同，是指具有平等主体的自然人、法人、其他组织之间为实现建设工程物资买卖，设立、变更、终止相互权利义务关系的协议。依照协议，出卖人（简称卖方）转移建设工程物资的所有权于买受人（简称买方），买受人接受该项建设工程物资并支付价款。

8.3.1 建设工程材料采购合同

材料采购合同，是指平等主体的自然人、法人、其他组织之间，以工程项目所需材料

为标的、以材料买卖为目的，供货人转移材料的所有权于采购人，采购人支付材料价款的合同。

8.3.1.1　建设工程材料采购合同的订立

1. 材料采购合同的主要条款

(1) 双方当事人的名称、地址，法定代表人的姓名，委托代订合同的，应有授权委托书并注明委托代理人的姓名、职务等。

(2) 合同标的。它是供应合同的主要条款，其内容应符合施工合同的规定。主要包括购销材料的名称、型号、品种、规格、等级等其他相关的技术标准。

(3) 技术标准和质量要求。质量条款应明确各类材料的技术要求、试验项目、试验方法、试验频率以及国家法律规定的国家强制性标准和行业强制性标准。

(4) 材料数量及计量方法。材料数量的确定由当事人协商，应以材料清单为依据，并规定交货数量的正负尾差、合理磅差和在途自然减（增）量及计量方法。计量单位采用国家规定的度量标准。计量方法按国家的有关规定执行，一般有理论换算计量、检斤计量和计件计量等方法，没有规定的，可由当事人协商执行。

(5) 材料的包装。材料的包装是保护材料在储运过程中免受损坏所不可缺少的重要环节。材料的包装条款包括包装的标准和包装物的供应及回收。

包装标准是指材料包装的类型、规格、容量以及印刷标记等。材料的包装标准可按国家和有关部门规定的标准签订，当事人有特殊要求的，可由双方商定标准，但应保证材料包装适合材料的运输方式，并根据材料特点采取防潮、防雨、防锈、防震、防腐蚀等保护措施。

同时，在合同中规定提供包装物的当事人及包装品的回收等。除国家明确规定由买方供应外，包装物应由建筑材料的卖方负责供应。包装费用一般不得向需方另外收取，如买方有特殊要求，双方应当在合同中商定。如果包装超过原定的标准，超过部分由买方负担费用；低于原定标准的，应相应降低产品价格。

(6) 材料交付方式。材料交付可采取送货、自提和代运 3 种不同方式。由于工程用料数量大、体积大、品种繁杂、时间性较强，当事人应采取合理的交付方式，明确交货地点，以便及时、准确、安全、经济地履行合同。

(7) 材料的交货期限。

(8) 材料的价格和结算。

材料的价格可以是约定价格，也可以是政府指定价或指导价。

我国现行结算方式分为现金结算和转账结算两种。转账结算在异地之间进行，可分为托收承付、委托收款、信用证、汇兑或限额结算等方法；转账结算在同城进行，有支票、付款委托书、托收无承付和同城托收承付等方式。

(9) 违约责任。

(10) 特殊条款。如果双方当事人对一些特殊条件或要求达成一致意见，也可在合同中明确规定，成为合同的条款。当事人对以上条款达成一致意见形成书面协议后，经当事人签名盖章即产生法律效力，若当事人要求鉴证或公证的，则经鉴证机关或公证机关盖章后方可生效。

（11）争议的解决。

2. 材料采购合同的订立方式

（1）公开招标。公开招标即由招标单位通过报刊、广播、电视等新闻媒体公开发表招标广告。采用公开招标方式进行材料采购适用于大宗材料采购合同。对于标的数额较大的，采用招标方式。

（2）邀请招标。邀请招标即招标人以投标邀请书的方式邀请特定的法人或者其他组织投标，只有接到投标邀请书的法人或其他组织才能参加投标的一种招标方式，其他潜在的投标人则被排除在投标竞争之外。一般的，邀请招标必须向 3 个以上的潜在投标人发出邀请。在标的数额不是太大，且工期较紧的情况下可以采取这种招标方式。

（3）询价、报价、签订合同。建设材料买受人向若干建材厂商或建材经销商发出询价函，表明其所需材料的品种、规格、质量、数量，要求他们在规定的期限内作出报价，在收到厂商的报价后，经过充分比较及实地考察，选定报价合理、社会信誉高、有充分生产能力的厂商签订合同。

（4）直接定购。所谓直接定购是指建设材料买受人直接向材料生产厂商或材料经销商报价，生产厂商或经销商接受报价，签订合同。对于标的数额较少的、用时很紧的建设材料，可采用直接定购方式。

8.3.1.2 建设工程材料采购合同的履行

材料采购合同依法订立后，当事人应当全面履行合同规定的义务。

1. 按约定的标的履行

供货人交付的货物必须与合同规定的名称、品种、规模、型号相一致，这是贯彻实际履行原则的根本要求。除非采购人同意，供货人不得以其他货物代替合同的标的，也不允许以支付违约金或赔偿金的方式，代替履行合同。特别是在有些材料的供求波动比较大的情况下，强调这一原则，更具重要意义。

2. 按合同规定的期限、地点交付货物

交付货物的日期应在合同规定的交付期限内，交付的地点应符合合同指定的地点。如果实际交付日期早于或迟于合同规定的交付期限，即视为提前交付或逾期交付。

提前交付，采购人可拒绝接受；逾期交付，应承担逾期交付的责任。如果逾期交货，采购人不再需要，应在接到供货人通知后 15 天内通知供货人，逾期未通知，则视为同意延期交货。

交付标的应视为买卖双方的行为，只有在双方协调配合下才能完成货物的移交，而不应视为只是供货人的义务。对于采购人来说，依据合同规定接受货物既是权利，也是义务，不能按合同规定接受货物同样应当承担责任。

3. 按合同规定的数量和质量交付货物

对于交付货物的数量应当当场检验，清点账目后，由双方当事人签字。对质量的检验，外在质量可当场检验，对内在质量，需做物理或化学试验的，试验的结果为验收的依据。卖方在交货时，应将产品合格证随同产品交买方据以验收。

材料的检验，对买方来说既是一项权利也是一项义务，买方在收到标的物时，应当在约定的检验期间内检验，没有约定检验期间的，应当及时检验。

当事人约定检验期间的，买方应当在检验期间内将标的物的数量或者质量不符合约定的情形通知卖方。买方怠于通知的，视为标的物的数量或者质量符合约定。当事人没有约定检验期间的，买方应当在发现或者应当发现标的物的数量或者质量不符合约定的合理期间内通知卖方。买方在合理期间内未通知或者自标的物收到之日起两年内未通知卖方的，视为标的物的数量或者质量符合约定，但对标的物有质量保证期的，适用质量保证期，不适用该两年的规定。卖方知道或者应当知道提供的标的物不符合约定的，买方不受前两款规定的通知时间的限制。

8.3.1.3 材料采购合同履行中的违约责任

1. 承担违约责任的形式

当事人任何一方不能正确履行合同义务时，均应以违约金的形式承担违约赔偿责任。双方应通过协商，将具体采用的比例数写明在合同条款内。

2. 供货方的违约责任

(1) 未能按合同约定交付货物。这类违约行为可能包括不能供货和不能按期供货两种情况，由于这两种错误行为给对方造成的损失不同，因此承担违约责任的形式也不完全一样。

如果因供货方应承担责任原因导致不能全部或部分交货，应按合同约定的违约金比例乘以不能交货部分货款计算违约金。若违约金不足以偿付采购方所受到的实际损失，可以修改违约金的计算方法，使实际受到的损害能够得到合理的补偿。如施工承包人为了避免停工待料，不得不以较高价格紧急采购不能供应部分的货物而受到的价差损失等。

供货方不能按期交货的行为，又可以进一步区分为逾期交货和提前交货两种情况。只要发生供货方逾期交货的情况，即不论合同内规定由他将货物送达指定地点交接，还是采购方去自提，均要按合同约定依据逾期交货部分货款总价计算违约金。对约定由采购方自提货物而不能按期交付时，若发生采购方的其他额外损失，这笔实际开支的费用也应由供货方承担。如采购方已按期派车到指定地点接收货物，而供货方又不能交付时，则派车损失应由供货方支付费用。发生逾期交货事件后，供货方还应在发货前与采购方就发货的有关事宜进行协商。采购方仍需要时，可继续发货照数补齐，并承担逾期付货责任；如果采购方认为已不再需要，有权在接到发货协商通知后的 15 天内，通知供货方办理解除合同手续。但逾期不予答复视为同意供货方继续发货。

对于提前交付货物的情况，属于约定由采购方自提货物的合同，采购方接到对方发出的提前提货通知后，可以根据自己的实际情况拒绝提前提货；对于供货方提前发运或交付的货物，采购方仍可按合同规定的时间付款，而且对多交货部分，以及品种、型号、规格、质量等不符合合同规定的产品，在代为保管期内实际支出的保管、保养等费用由供货方承担。代为保管期内，不是因采购方保管不善原因而导致的损失，仍由供货方负责。

(2) 产品的质量缺陷。交付货物的品种、型号、规格、质量不符合合同规定，如果采购方同意利用，应当按质论价；当采购方不同意使用时，由供货方负责包换或包修。不能修理或调换的产品，按供货方不能交货对待。

(3) 供货方的运输责任。主要涉及包装责任和发运责任两个方面。凡因包装不符合规定而造成货物运输过程中的损坏或灭失，均由供货方负责赔偿。

供货方如果将货物错发到货地点或接货人时，除应负责运交合同规定的到货地点或接货人外，还应承担对方因此多支付的一切实际费用和逾期交货的违约金。供货方应按合同约定的路线和运输工具发运货物，如果未经对方同意私自变更运输工具或路线，要承担由此增加的费用。

3. 采购方的违约责任

（1）不按合同约定接受货物。合同签订以后或履行过程中，采购方要求中途退货，应向供货方支付按退货部分货款总额计算的违约金。对于实行供货方送货或代运的物资，采购方违反合同规定拒绝接货，要承担由此造成的货物损失和运输部门的罚款。合同约定为自提的产品，采购方不能按期提货，除需支付按逾期提货部分货款总值计算延期付款的违约金之外，还应承担逾期提货时间内供货方实际发生的代为保管、保养费用。逾期提货，可能是未按合同约定的日期提货，也可能是已同意供货方逾期交付货物，而接到提货通知后未在合同规定的时限内去提货两种情况。

（2）逾期付款。采购方逾期付款，应按照合同内约定的计算办法，支付逾期付款利息。

（3）延误提供包装物。如果合同约定由采购方提供包装物，其未能按约定时间和要求提供给对方而导致供货方不能按期发运时，除交货日期应予顺延外，还应比照延期付款的规定支付相应的违约金。如果不能提供的话，按中途退货处理。但此项规定，不适用于应由供货方提供多次使用包装物的回收情况。

（4）货物交接地点错误的责任。不论是由于采购方在合同内错填到货地点或接货人，还是未在合同约定的时限内及时将变更的到货地点或接货人通知对方，导致供货方送货或代运过程中不能顺利交接货物，所产生的后果均由采购方承担。责任范围包括：自行运到所需地点或承担供货方及运输部门按采购方要求改变交货地点的一切额外支出。

8.3.1.4 监理工程师对材料采购合同的管理

1. 对材料采购合同及时进行统一编号管理

2. 监督材料采购合同的订立

工程师虽然不参加材料采购合同的订立工作，但应监督材料采购合同符合项目施工合同中的描述，指令合同中标的质量等级及技术要求，并对采购合同的履行期限进行控制。

3. 检查材料采购合同的履行

工程师应对进场材料做全面检查和检验，对检查或检验的材料认为有缺陷或不符合合同要求，工程师可拒收这些材料，并指示在规定的时间内将材料运出现场；工程师也可指示用合格适用的材料取代原来的材料。

4. 分析合同的执行

对材料采购合同执行情况的分析，应从投资控制、进度控制或质量控制的角度对执行中可能出现的问题和风险进行全面分析，防止由于材料采购合同的执行原因造成施工合同不能全面履行。

8.3.2 建设工程设备采购合同

设备采购合同是指平等主体的自然人、法人、其他组织之间，以工程项目所需设备的标的、以设备买卖为目的，出卖人（简称卖方）转移设备的所有权于买受人（简称买方），买受人支付设备价款的合同。设备采购合同的标的物可能是非标准产品，需要专门加工制作，也可能为标准产品。

8.3.2.1 建设工程设备采购合同的订立

1. 设备采购合同的内容

设备采购合同的内容可分为以下3部分：

（1）约首。约首即合同开头部分，包括项目名称、合同号、签约日期、地点、双方当事人名称和地址等条款。

（2）正文。正文部分是合同的主要内容，包括合同文件、合同范围和条件、货物及数量、合同金额、付款条件、交货时间和交货地点及合同生效等条款。

（3）约尾。约尾即合同的结尾部分，包括双方的名称、签字盖章及签字时间、地点等。

2. 设备采购合同的主要条款

（1）定义。定义对合同中的术语做统一解释，主要有以下几个方面：

1）"合同"系指买卖双方签署的，合同格式中载明的买卖双方所达成的协议，包括所有的附件、附录和构成合同的所有文件。

2）"合同价"系指根据合同规定，供货人在完全履行合同义务后采购人应付给的金额。

3）"货物"系指供货人根据合同规定须向采购人提供的一切设备、机械、仪表、备件、工具、手册和其他技术资料及其他资料。

4）"服务"系指根据合同规定供货人承担与供货有关的辅助服务，如运输、保险以及其他的服务，如安装、调试、提供技术援助、培训和其他类似义务。

5）"采购人"系指根据合同规定支付货款的需方单位。

6）"供货人"系指根据合同规定提供货物和服务的法人、其他组织或自然人。

（2）技术规范。技术规范除应注明成套设备系统的主要技术性能外，还要在合同后附各部分设备的主要技术标准和技术性能的文件。提供和交付的货物和技术规范应与合同文件的规定相一致。

（3）专利权。若合同中的设备涉及到某些专利权的使用问题，卖方应保证买方在使用该货物或其他任何一部分时不受第三方提出侵犯其专利权、商标权和工业设计权的起诉。

（4）包装要求。卖方提供货物的包装应适应于运输、装卸、仓储的要求，确保货物安全无损运抵现场，并在每份包装箱内附一份详细装箱单和质量合格证，在包装箱表面做醒目的标志。

（5）装运条件及装运通知。卖方应在合同规定的交货期前30天以电报或电传形式将合同号、货物名称、数量、包装箱号、总毛重、总体积和备妥交货日期通知买方。同时，应用挂号信将详细交货清单以及对货物运输和仓储的特殊要求和注意事项通知买方。如果卖方交货超过合同的数量或重量，产生的一切法律后果由卖方负责。卖方在货物装完24小时内以电报或电传的方式通知买方。

（6）保险。出厂价合同，货物装运后由买方办理保险。目的地交货价合同，由卖方办理保险。

（7）支付。合同中应规定卖方交付设备的期限、地点、方式，并规定买方支付货款的时间、数额、方式。

（8）质量保证。卖方须保证货物是全新的、未使用过的，并完全符合合同规定的质量、规格和性能的要求，在货物最终验收后的质量保证期内，卖方应对由于设计、工艺或材料的缺陷而发生的任何不足或故障负责，费用由卖方负担。

（9）检验与保修。在发货前，卖方应对货物的质量、规格、性能、数量和重量等进行准确而全面的检验，并出具证书，但检验结果不能视为最终检验。成套设备是否保修、保修期限、费用负担者都应在合同中明确规定。

（10）违约罚款。在履行合同过程中，如果卖方遇到不能按时交货或提供服务的情况，应及时以书面形式通知买方，并说明不能交货的理由及延误时间。买方在收到通知后，经分析可通过修改合同，酌情延长交货时间。如果卖方毫无理由地拖延交货，买方可没收履约保证金，加收罚款或终止合同。

（11）不可抗力。发生不可抗力事件后，受事故影响一方应及时书面通知另一方，双方协商延长合同履行期限或解除合同。

（12）履约保证金。卖方应在收到中标通知书 30 天内，通知银行向买方提供相当于合同总价 10％的履约保证金，其有效期到货物保证期满为止。

（13）争议解决。执行合同中发生的争议，双方应通过友好的协商解决，如协商不能解决时，当事人应原则仲裁解决或诉讼解决，具体解决方式应在合同中明确规定。

（14）破产终止合同。卖方破产或无清偿能力时，买方可以书面形式通知卖方终止合同，并有权请求卖方赔偿有关损失。

（15）转让或分包。双方应就卖方能否完全或部分转让其应履行的合同义务达成一致意见。

（16）其他。包括合同生效时间，合同正副本份数，修改或补充合同的程序等。

8.3.2.2　设备采购合同的履行

1. 交付货物

卖方应按合同规定，按时、按质、按量地履行供货义务，并做好现场服务工作，及时解决有关设备的技术质量、缺损件等问题。

2. 验收交货

买方对卖方交货应及时进行验收，依据合同规定，对设备的质量及数量进行核实检验，如有异议，应及时与卖方协商解决。

3. 结算

买方对卖方交付的货物检验没有发现问题，应按合同的规定及时付款：如果发现问题，在卖方及时处理达到合同要求后，也应及时履行付款义务。

4. 违约责任

在合同履行过程中，任何一方都不应借故延迟履约或拒绝履行合同义务，否则，应追究违约当事人的法律责任。

（1）由于卖方交货不符合合同规定，如交付的设备不符合合同标的，或交付设备未达到质量技术要求，或数量、交货日期等与合同规定不符时，卖方应承担违约责任。

(2) 由于卖方中途解除合同，买方可采取合理的补救措施，并要求卖方赔偿损失。

(3) 买方在验收货物后，不能按期付款的，应按中国人民银行有关延期付款的规定交付违约金。

(4) 买方中途退货，卖方可采取合理的补救措施，并要求买方赔偿损失。

5. 监理工程师对设备采购合同的管理

(1) 对设备采购合同及时编号，统一管理。

(2) 参与设备采购合同的订立。工程师可参与设备采购的招标工作，参加招标文件的编写，提出对设备的技术要求及交货期限的要求。

(3) 监督设备采购合同的履行。在设备制造期间，工程师有权对根据合同提供的全部工程设备的材料和工艺进行检查、研究和检验，同时检查其制造进度。根据合同规定或取得承包人的同意，工程师可将工程设备的检查和检验授权给一名独立的检验单位。

8.4 加 工 合 同

8.4.1 加工合同的概念

在建筑工程中加工合同是很常见的。加工合同指委托方（或称定做方）与承揽方（或制作方、加工人）之间，以委托方需要的定做物（可以是建筑构件或建筑施工用的物品）为标的，承揽方完成定做物加工，委托方支付加工、材料等费用的合同。

加工定做物所需的材料可以由委托方提供，即我们通常所说的来料加工，这样承揽方只需完成加工工作即可。另外一种形式就是，委托方仅需提出所需定做物的详细要求，双方商定价格，由承揽方全面负责材料供应和加工工作。

8.4.2 加工合同的主要内容

(1) 定作物的名称或项目、定作物数量、质量、包装和加工方法。

(2) 原材料的提供以及规格、质量和数量。

(3) 合同价款或酬金的约定、结算方式等。

(4) 合同履行的期限、地点和履行方式、交货地点和方式等。

(5) 标的物的验收标准、验收方法。

(6) 违约责任。

(7) 双方商定的其他条款。

8.4.3 加工合同的当事双方责任

1. 委托方的责任

(1) 对于来料加工，委托方应按合同规定的时间、数量、质量和规格提供原材料。对于包工包料的加工合同，委托方有权对材料进行检验，对不符合合同规定的原材料，有权要求返工、减款、退货等。

(2) 委托方应提供合理的技术资料，对于承担方对技术资料提出的疑问，委托方应在规定时间内给予答复。

(3) 委托方可在加工过程中对标的物进行检查，但不能影响承担方的正常工作。加工完成后，委托方应按合同规定的期限验收。

（4）委托方应向承揽方交付定金或预付加工款，具体数额由双方协商确定。

2. 承担方的责任

（1）对于来料加工，承揽方应按合同规定及时检验，对不符合要求的材料，应立即通知委托方调换或补充。对于包工包料的加工合同，承揽方必须依照合同规定选用原材料，并接受委托方的检验。

（2）承揽方应按照委托方的要求进行加工，如果发现委托方提供的技术资料有不合理之处，应当及时通知委托方。如委托方在规定的时间内未得到答复，其有权停止工作。

（3）未经委托方允许，承担方不得将标的物转让给第三方加工。

（4）承揽方应按质、按量、按时交货，并在标的物验收前，向委托方提交有关技术资料和质量证明。在保证期限内发生的非委托方原因（不可抗力除外）造成的质量问题，应由承揽方负责。

8.4.4 加工合同的违约责任

（1）委托方未按合同规定的时间和要求向承揽方提供原材料、技术资料等，或未完成必要的准备工作，承揽方有权解除合同，委托方应赔偿由此造成的损失。

（2）委托方中途变更定作物的数量、规格、质量或设计，应赔偿承揽方因此造成的损失。

（3）委托方不得超期领取定做物，不得无故拒收定做物，不得超期付款，否则将给予承揽人相应的经济赔偿。

（4）承揽方不能交付定做物或完成工作，应向委托方支付违约金。

（5）承揽方交付的定做物的数量少于合同规定，应当照数补齐，补交部分按逾期交付处理。因此给委托方造成的损失，由承揽方赔偿。

（6）承揽方交付的定做物质量不合格时，委托方可以不同意接受，承揽方应当负责修整或调换，并承担逾期交付的责任；经过修整或调换后仍不符合合同规定，委托方有权拒收。由此造成的损失由承揽方负责。

（7）因包装不符合合同规定造成定作物毁损、灭失，由承揽方赔偿损失。

（8）在合同履行期间，由于不可抗力致使定作物或原材料毁损、灭失，承揽方在取得合法证明后，可免予承担违约责任。

8.5 劳务合同

8.5.1 劳务合同的概念

劳务合同是一种雇佣合同，是以雇佣人对受雇佣人的劳动行为的支配为合同标的，受雇人为雇佣人提供服务的合同。

8.5.2 劳务合同的主要内容

1. 签约双方的单位名称、地点、代表姓名、合同期限、合同生效及终止日期等条款

2. 劳务内容和规模

主要包括：劳务种类、规模及技术要求、具体专业、工种、人数、派遣日期和工作期

限等具体要求。

3. 签约双方的义务

4. 费用和支付

合同中必须明确规定各项费用的范围、标准、承担者、支付期限、支付方法、手续以及派遣方的收款银行、账号等。对于动员、交通、住宿、膳食、工资、加班、医疗、预付款等有关费用要有专门的规定。

合同中应明确规定业主支付各种费用的货币。还应明确规定业主支付各种费用的日期、支付办法和手续。派遣方按商定的格式填写工作日报表、月报表、支付清单以及支付通知书，于规定期限送交业主。业主应在若干天内付款，一般不必办理确认手续。

对没有动员费的合同，可争取业主在派遣方劳务人员启程前一个月或抵达现场后预付每人一定数额的生活费用，并规定该款项分几次从以后每月工资中扣除。

5. 节假日及病、事假、休假

合同中要对劳务人员所应享有的病、事假权利予以说明，并且不能违反国家相关规定，对于休假时间及待遇，应在平等自愿的基础上协商确定。

6. 人身伤残、死亡

一般规定，如遇意外不幸或工伤事故，业主在头 3 个月照付技术服务费，以后每月支付 1/3～1/2，直至其能重新工作。如因此造成派出人员部分或全部失去工作能力，业主应支付一笔抚恤金。

合同中还应写明工作人员若发生死亡，将如何处理，由双方协商处理办法，费用一般由业主支付。

7. 人员更换

在合同履行期间，由于各种原因引起派遣人员更换，所发生的费用由谁承担，应针对不同情况作出具体的规定。

8. 涉外事宜

派遣方劳务人员因工作需要同当地政府部门交涉事宜。可由双方一齐或单独出面，但由此发生的费用应由业主负担；与工程无关的事宜，由派遣方交涉并承担费用。

9. 其他

关于劳务合同的税金、保密、保险、不可抗力、仲裁、修改和终止合同等条款，与国际工程承包合同相似。

复习指导☞

建设工程勘察设计合同是委托方（主要指建设单位或项目管理部门）与承包方（勘察、设计单位）为完成一定的勘察设计任务，明确相互权利和义务关系的协议。

建设工程监理合同管理又称工程委托监理合同，它是委托合同的一种，是指工程建设单位聘请监理单位对工程建设实施监督管理，明确双方权利、义务的协议。

建设工程物资采购合同，是指具有平等主体的自然人、法人、其他组织之间为实现建设工程物资买卖，设立、变更、终止相互权利义务关系的协议。

加工合同指委托方（或称定做方）与承揽方（或制作方、加工人）之间，以委托方需要的定做物（可以是建筑构件或建筑施工用的物品）为标的，承揽方完成定做物加工，委托方支付加工、材料等费用的合同。

劳务合同是一种雇佣合同，是以雇佣人对受雇佣人的劳动行为的支配为合同标的，受雇人为雇佣人提供服务的合同。

8.6 习　　题

1. 何谓建设工程勘察设计合同？
2. 简述勘察设计合同的组成及构成要素。
3. 简述勘察合同中承发包人的义务与责任。
4. 简述监理合同中双方的义务与责任。
5. 合同双方如何履行监理合同？
6. 简述设计合同中承发包人的义务与责任。
7. 简述材料采购合同的概念、主要条款和履行要点。
8. 简述加工合同的概念和主要内容。
9. 加工合同中当事人的责任有哪些？
10. 简述劳务合同的概念和主要内容。

第9章 工 程 索 赔

本章要点

1. 了解索赔的概念
2. 掌握索赔的特点
3. 掌握索赔原因与依据
4. 掌握索赔的分类
5. 理解并掌握索赔的程序
6. 掌握工期索赔、费用索赔的计算方法
7. 能针对不同案例正确计算索赔费用

9.1 索 赔 概 述

9.1.1 索赔的概念及特点

1. 索赔的概念

“索赔”一词对人们来说已不陌生，它经常出现在我们的经济中，其一般含义是指对某事、某物权利的一种主张、要求、坚持等。

所谓工程索赔，是指在工程施工过程中，合同一方根据合同和法律的规定，对并非由于自己的过错所造成的损失，或承担了合同规定之外的工作所付的额外支出，要求合同另一方在经济或时间上给予补偿的权利。

2. 索赔的特点

(1) 索赔是一种合法的正当权利要求，不是无理争利。

(2) 索赔事件的发生，可以是一定行为造成的，也可以是不可抗力造成的。

(3) 索赔是双向的，不仅承包人可以向发包人索赔，发包人同样也可以向承包人索赔。同时，被索赔方可以对索赔方提出异议，阻止对方的不合理的索赔要求。

(4) 索赔的依据是法律法规、合同文件及工程建设惯例，但主要是合同文件。

(5) 索赔是单方行为，是某一方认为自己应该获得补偿的一种申请或请示，双方还没有达成协议。

(6) 大部分索赔都可以通过和解或调解等方式获得解决，只有少数是在无法协商一致的情况下才会提交仲裁或诉诸法院以求解决。

9.1.2 索赔的原因与依据

1. 索赔的原因

由于建筑产品的特殊性、建筑生产过程的复杂性以及建筑市场的激烈竞争等原因，使得建筑业成为索赔多发的行业。在工程实施过程中，导致索赔发生的原因很多，主要有以下几种：

（1）合同缺陷。由于建设工程承包合同是基于对未来情况的预测和历史经验做出的。而工程本身和工程环境有许多不确定性，合同不可能对所有的问题都做出预见和规定，合同中总会出现一些考虑不周的条款、缺陷和不足，如技术规范或图纸的缺陷、合同条款中的措词不当、某些条款不明确、构成合同文件的各部分文件规定不一致等，从而导致合同履行过程中其中一方合同当事人的利益受到损害而向另一方提出索赔。

一般情况下，对于合同的缺陷，但如果承包商执行工程师的解释后引起成本增加或工期延长，则承包商可以为此提出索赔，工程师应给予证明，业主应给予补偿。一般情况下，业主作为合同起草人，他要对合同中的缺陷负责，除非其中有非常明显的含糊不清或其他缺陷，根据法律可以推断承包商有义务在投标前发现并及时向业主指出。

（2）当事人违约。合同规定了合同当事人双方权利、义务和责任，由于合同当事人双方中的一方违约，造成合同的另一方损失，则其可以向违约方要求赔偿，即索赔。如业主未按规定时限向承包商提供有关材料、场地使用权、支付工程款等，工程师未按规定时间提供图纸、发出有关指示、指令或批复等，承包商有权就这些业主方的原因而引起的施工费用增加或工期延长向业主提出索赔。反之，如果承包商未按合同约定的质量或工期交付工程等情况，则业主可以向承包商索赔。

（3）合同理解差异。由于合同文件复杂，分析困难，合同双方的立场和角度不同，工程经验不同。尤其在国际工程承包工程中，由于合同双方可能来自不同的国家，使用不同的语言，采用不同的工程习惯，以及不同的法律体系，使得合同双方对合同理解产生差异，从而造成工程实施行为的失调而引起索赔。

（4）施工条件变化。由于土木工程承包施工工期长，受环境影响大。尽管在开始施工前承包商已分析了地质勘察资料，并且也进行了现场实地考察，但很难准确无误地发现施工现场的全部问题，业主不可能将极其准确的施工条件，如工程地质条件资料，提供给承包商，而承包商也不可能通过现场查勘等方式将施工条件准确无误地确定下来。况且还有很多的自然条件和技术经济条件，不是人力所能控制得了的。因此，伴随施工现场条件的变化，往往会导致设计变更、暂停施工或工程成本的大幅度上升，从而使承包商蒙受损失。承包商只有通过索赔来弥补自己不应承担的损失。

（5）风险分担不均。土木工程建设市场在相当长的时期内一直是买方市场，虽然施工的风险相对于施工合同的双方均存在，但是业主和承包商承担的合同风险并不均等，承包商承担着更大的风险。因此，承包商必须通过施工索赔，弥补风险引起的损失。

（6）工程变更。在土木工程施工中，经常会发现许多招标文件中没有考虑或估算不准确的工程量，因而不得不改变施工项目或增减工程量，或者是由于一些客观原因导致工程变更。总之，当工程师发现设计、质量标准或施工顺序等方面的问题时，通常会进行工程变更，指示增加新工作，暂停施工或加速施工，改变材料或工程质量等，这些变更指令往往导致工程费用增加或工期拖延，使承包商蒙受损失。因此，承包商会提出索赔要求以弥补自己不该承担的损失。

（7）土木工程的特殊性。由于土木工程本身具有工期长、技术结构复杂、露天作业、投资多、材料设备需求量大、涉及的单位和环节多，影响工程本身和其环境的因素多等特殊的技术经济特点，使工程施工中经常会出现工程本身发生变化，如设计变更或者工程环境发生变化，如自然条件变化或建筑市场物价变化等，这些变化均造成工程费用的变化，都可能引起索赔。

另外，由于土木工程项目建设中，参与的单位多，除了承包商与业主之外，可能还有其他的承包商、分包商、材料设备供应商及设计单位。在工程施工过程中，可能由于某一个单位的工作出现失误，就会造成一系列的连锁反应，造成其他方面的损失，从而引起索赔。

(8) 工程拖期。在土木工程施工中，由于受到气候、水文地质等自然条件和施工图等原因，经常造成工程不能按原计划进行，从而使工程竣工时间拖延。如果拖延的责任应由业主承担，则承包商有权就工期和费用的损失提出索赔。如果拖延的责任在承包商一方，则业主有权向承包商提出索赔，即由承包商承担误期损害赔偿费。

(9) 法律法规变化及市场影响。工程所在国家的法律和法规的变化，如外汇管制、汇率提高、提出更严格的强制性质量标准等，这些情况都可能使施工成本发生变化。如果法律法规的变化是在承包商投标报价前发生的（如 FIDIC 合同条件中规定投标截止日的 28 天以前），则认为此种变化已经在投标时考虑了。若此种变化在此时间之后发生，则按国际惯例，允许调整合同价格。

建筑产品由于生产周期比较长，在施工过程中，市场物价的变化会对工程成本产生比较大的影响。当物价上涨，承包商的成本增加，会提出索赔要求（可调价合同），如果市场物价下降，则应该由业主受益。

2. 索赔的依据

(1) 招标文件、投标书、施工合同文本及附件，其他各种备忘录、修正案、工程图纸、技术规范等。这些索赔的依据可在索赔报告中直接引用。

(2) 双方的往来信件及各种会谈纪要。在合同履行过程中，各项目参与方会有大量往来信件，这些信件大多牵涉技术问题。而且，各方还会定期或不定期召开会议，每次会议结束后，各方都会接收到记录会议主要内容的会谈纪要，这同样也可作为索赔的依据。

(3) 施工现场记录。主要包括施工日志、进度计划、气象资料、工程检查验收报告、各种技术鉴定报告、工程中送停电、送停水、道路开通和封闭的记录及证明等。

(4) 工程师指示。有书面指示和口头指示，如果是口头指示应自指示发出后尽快以书面形式进行确认，否则将不能作为索赔依据。

(5) 国家有关法律、法令、政策文件，官方的物价指数、工资指数，各种会计核算资料，材料的采购、订货、运输、进场、使用方面的凭据。

可见，索赔要有证据，证据是索赔报告的重要组成部分，证据不足或没有证据，索赔就不可能成立。

3. 索赔证据的基本要求

(1) 真实性。索赔证据必须是在实施合同过程中确实存在和实际发生的，是施工过程中产生的真实资料，能经得住推敲。

(2) 及时性：索赔证据的取得及提出应当及时。这种及时性反映了承包人的态度和管理水平。

(3) 全面性：所提供的证据应能说明事件的全部内容。索赔报告中涉及的索赔理由、事件过程、影响、索赔值等都应有相应证据，不能零乱和支离破碎。

(4) 关联性：索赔的证据应当与索赔事件有必然联系，并能够互相说明、符合逻辑，不能互相矛盾。

(5) 有效性：索赔证据必须具有法律效力。一般要求证据必须是书面文件，有关记录、协议、纪要必须是双方签署的；工程中重大事件、特殊情况的记录、统计必须由工程师签证认可。

9.1.3 索赔的分类

1. 按索赔的主体分类

合同的双方都可以提出索赔，从提出索赔的主体出发，将索赔分为以下两类：

(1) 承包商索赔，即承包商向业主索赔。

(2) 业主索赔，即业主向承包商索赔。

2. 按合同类型分类

按所签订的合同的类型，索赔可以分为：

(1) 总承包合同索赔，即承包商和业主之间的索赔。

(2) 分包合同索赔，即总承包商和分包商之间的索赔。

(3) 联营合同索赔，即联营成员之间的索赔。

(4) 劳务合同索赔，即承包商与劳务供应商之间的索赔。

(5) 其他合同索赔，如承包商与设备材料供应商、与保险公司、与银行等之间的索赔。

3. 按索赔的合同依据分类

(1) 合同中明示的索赔。指承包人所提出的索赔要求，在该工程项目的合同文件中有文字依据，承包人可以据此提出索赔要求，并取得经济补偿。这些在合同文件中有文字规定的合同条款，称为明示条款。

(2) 合同中默示的索赔。承包人的该项索赔要求，虽然在工程项目的合同条款中没有专门的文字叙述，但可以根据该合同的某些条款的含义，推论出承包人有索赔权。这种索赔要求，同样有法律效力，有权得到相应的经济补偿。默示条款是一个广泛的合同概念，它包含合同明示条款中没有写入、但符合双方签订合同时设想的愿望和当时环境条件的一切条款。这些默示条款，或者从明示条款所表述的设想愿望中引申出来，或者从合同双方在法律上的合同关系引申出来，经合同双方协商一致，或被法律和法规所指明，都成为合同文件的有效条款，要求合同双方遵照执行。

4. 按索赔目的分类

(1) 工期索赔。由于非承包人责任的原因而导致施工进程延误，要求批准顺延合同工期的索赔，称之为工期索赔。工期索赔形式上是对权利的要求，以避免在原定合同竣工日不能完工时，被发包人追究拖期违约责任。一旦获得批准合同工期顺延后，承包人不仅免除了承担拖期违约赔偿费的严重风险，而且可能提前工期得到奖励，最终仍反映在经济收益上。

(2) 费用索赔。费用索赔的目的是要求经济补偿。当施工的客观条件改变导致承包人增加开支，要求对超出计划成本的附加开支给予补偿，以挽回不应由他承担的经济损失。

5. 按索赔事件的性质分类

(1) 工程延误索赔。因发包人未按合同要求提供施工条件，如未及时交付设计图纸、施工现场、道路等，或因发包人指令工程暂停或不可抗力事件等原因造成工期拖延的，承包人对此提出索赔。

(2) 工程变更索赔。由于发包人或监理工程师指令增加或减少工程量或增加附加工程、修改设计、变更工程顺序等，造成工期延长和费用增加，承包人对此提出索赔。

(3) 合同被迫终止的索赔。由于发包人或承包人违约以及不可抗力事件等原因造成合同非正常终止，无责任的受害方因其蒙受经济损失而向对方提出索赔。

(4) 工程加速索赔。由于发包人或工程师指令承包人加快施工速度，缩短工期，引起承包人人、财、物的额外开支而提出的索赔。

(5) 以外风险和不可预见因素索赔。在工程实施过程中，因人力不可抗拒的自然灾害。特殊风险以及一个有经验的承包人通常不能合理预见的不利施工条件或外界障碍，如地下水、地质断层、溶洞、地下障碍物等引起的索赔。

(6) 其他索赔。如因货币贬值、汇率变化、物价、工资上涨、政策法令变化等原因引起的索赔。

6. 按索赔的处理方式和时间不同分类

(1) 单项索赔。它是指在工程实施过程中，出现了干扰原合同的索赔事件，承包商为此一事件提出的索赔。如业主发出设计变更指令，造成承包商成本增加、工期延长。承包商为变更设计这一事件提出索赔要求，就可能是单项索赔。应当注意，单项索赔往往在合同中规定必须在索赔有效期内完成，即在索赔有效期内提出索赔报告，经监理工程师审核后交业主批准。如果超过规定的索赔有效期，则该索赔无效。因此对于单项索赔，必须有合同管理人员对日常的每一个合同事件跟踪，一旦发现问题即应迅速研究是否对此提出索赔要求。

单项索赔由于涉及的合同事件比较简单，责任分析和索赔值计算不太复杂，金额也不会太大，双方往往容易达成协议，获得成功。

(2) 总索赔。总索赔又称一揽子索赔。它是指承包商在工程竣工前后，将施工过程中已提出但未解决的索赔汇总在一起，向业主提出一份总索赔报告的索赔。

这种索赔是在合同实施过程中，一些单项索赔问题比较复杂，不能立即解决，经双方协商同意留待以后解决。有的是业主对索赔迟迟不作答复，采取拖延的办法，使索赔谈判旷日持久，或有的承包商对合同管理的水平差，平时没有注意对索赔的管理，忙于工程施工，当工程快完工时，发现自己亏了本，或业主不付款时，才准备进行索赔，甚至提出仲裁或诉讼。

由于以上原因，在处理总索赔时，因许多干扰事件交织在一起，影响因素比较复杂，有些证据已时过境迁，责任分析和索赔值的计算发生困难，使索赔处理和谈判很艰难。加上一揽子索赔的金额较大，往往需要承包商做出较大让步才能解决。

9.1.4 索赔的意义

(1) 索赔是合同管理的重要环节。索赔和合同管理有直接的联系，合同是索赔的依据。整个索赔处理的过程就是执行合同的过程，从项目开工后，合同人员就必须将每日的实施合同的情况与原合同分析，若出现索赔事件，就应当研究是否提出索赔。索赔的依据在于日常合同管理的证据，要想索赔就必须加强合同管理。

（2）索赔有利于建设单位、施工单位双方自身素质和管理水平的提高。工程建设索赔直接关系到建设单位和施工单位的双方利益，索赔和处理索赔的过程实质上是双方管理水平的综合体现。作为建设单位为使工程顺利进行，如期完成，早日投产取得收益，就必须加强自身管理，做好资金、技术等各项有关工作，保证工程中各项问题及时解决；作为施工单位要实现合同目标，取得索赔，争取自己应得利益，就必须加强各项基础管理工作，对工程的质量、进度、变更等进行更严格、更细致的管理，进而推动建筑行业管理的加强与提高。

（3）索赔是合同双方利益的体现。从某种意义上讲，索赔是一种风险费用的转移或再分配，如果施工单位利用索赔的方法使自己尽可能的损失得到补偿，就会降低工程报价中的风险费用，从而使建设单位得到相对较低的报价，当工程施工中发生这种费用时可以按实际支出给予补偿，也使工程造价更趋于合理。作为施工单位，要取得索赔，保证自己应得的利益，就必须做到自己不违约，全力保证工程质量和进度，实现合同目标。同样，作为建设单位，要通过索赔的处理和解决，保证工程质量和进度，实现合同目标。同样，作为建设单位，要通过索赔的处理和解决，保证工程顺利进行，使建设项目按期完工，早日投产取得经济收益。

（4）索赔是挽回成本损失的重要手段。在合同实施过程中，由于建设项目的主客观条件发生了与原合同不一致的情况，使施工单位的实际工程成本增加，施工单位为了挽回损失，通过索赔加以解决，显然，索赔是以赔偿实际损失为原则的，施工单位必须准确地提供整个工程成本的分析和管理，以便确定挽回损失的数量。

（5）索赔有利于国内工程建设管理与国际惯例接轨。索赔是国际工程建设中非常普遍的做法，尽快学习、掌握运用国际上工程建设管理的通行作法，不仅有利于我国企业工程建设管理水平的提高，而且对我国企业顺利参与国际工程承包、国外工程建设都有着重要的意义。

9.2 施工索赔程序

9.2.1 发出索赔意向通知

在索赔事件发生后，承包商应抓住索赔机会，迅速作出反应。承包商应在索赔事件发生后的28天内向工程师递交索赔意向通知，即索赔通知书，声明将对此事件提出索赔。该意向通知是承包商就具体的索赔事件向工程师和业主表示的索赔愿望和要求。如果超过这个期限，工程师和业主有权拒绝承包商的索赔要求。

索赔通知书没有统一的要求，一般包括以下内容：

（1）指明合同依据。

（2）索赔事件发生的时间、地点。

（3）事件发生的原因、性质、责任。

（4）承包商在事件发生后所采取的控制事件进一步发展的措施。

（5）说明索赔事件的发生已经给承包商带来的后果，如工期的延长，费用的增加。

（6）申明保留索赔的权利。

当索赔事件发生，承包商就应该进行索赔处理工作，直到正式向工程师和业主提交索赔报告。这一阶段包括许多具体的复杂的工作，主要有以下几方面。

1. 事件原因调查分析

通过对合同实施的跟踪、分析、诊断，以了解事件经过、前因后果、掌握事件详细情况。然后分析这些损害事件是由谁引起的，责任应由谁来承担。一般只有非承包商责任的损害事件才有可能提出索赔。在实际工作中，损害事件的责任往往是多方面的，故必须进行责任分解，划分责任范围，按责任大小，承担损失。这里特别容易引起合同双方的争执。

2. 索赔根据

索赔根据即索赔理由，主要指合同文件。必须按合同判明这些索赔事件是否违反合同，是否在合同规定的索赔范围之内。只有符合合同规定的索赔要求才有合法性、才能成立。例如，某合同规定，在工程总价15%的范围内的工程变更属于承包商承担的风险。则业主指令增加的工程量在此范围内时，承包商不能提出索赔。

3. 损失调查

损失调查即为索赔事件的影响分析。它主要表现为工期的延长和费用的增加。如果索赔事件不造成损失，则无索赔可言。损失调查的重点是收集、分析、对比实际和计划的施工进度、工程成本和费用方面的资料，在此基础上计算索赔值。

4. 搜集证据

索赔事件发生，承包商就应抓紧搜集证据，并在索赔事件持续期间一直保持有完整的同期记录。同样，这也是索赔要求有效的前提条件。如果在索赔报告中提不出证明其索赔理由、索赔事件的影响、索赔值的计算等方面的详细资料，索赔要求是不能成立的。在实际工作中，许多索赔要求都因没有或缺少书面证据而得不到合理的解决。因此，承包商必须对这个问题有足够的重视。通常，承包商应按工程师的要求做好并保持同期记录，并接受工程师的审查。

5. 起草索赔报告

索赔报告是上述各项工作的结果和总括。它表达了承包商的索赔要求和支持这个要求的详细依据。它决定了承包商索赔的地位，是索赔要求能否获得有利和合理解决的关键。

6. 索赔报告的递交

（1）索赔报告的编写。承包商的索赔可分为工期索赔和费用索赔。一般的，对大型、复杂工程的索赔报告应分别编写和报送，对小型工程可合二为一。一个完整的索赔报告应包括如下内容：

1）总论部分，即概括地叙述索赔事项，包括事件发生的具体时间、地点、原因、产生持续影响的时间等。

2）合同论述部分，即说明依据合同条件中的哪些条款提出该项索赔。

3）索赔款额和工期延长的计算论证部分。

4）证据部分，包括收据、发票、照片等。

（2）有关规定。对于报送索赔资料和索赔报告，FIDIC“新红皮书”有如下规定：

1）“如果承包商认为根据本条件任何条款或与合同有关的其他文件，他有权取得竣工时间的任何延长期和（或）任何追加付款，承包商应向工程师发出通知，说明引起索赔的事件或情况。该通知应该在承包商察觉或应已察觉该事件或情况后28天内发出”。“如果承包商未能在上述28天期限内发出索赔通知，则竣工时间不得延长，承包商无权获得追加付款，而雇主应免除有关该索赔的全部责任”。

2）“承包商还应提交所有有关此事件或情况的合同要求的任何其他通知，以及支持索赔的详细资料。承包商应在现场或工程师认可的其他地点，保持用以证明任何索赔可能需要的此类同期记录。工程师收到根据本款发出的任何通知后，未承认雇主责任前，可检查记录保持情况，并可指示承包商保持进一步的同期记录。承包商应允许工程师检查所有这些记录，并应向工程师（若有指示要求）提供复印件。”

3）“在承包商察觉（或应已察觉）引起索赔的事件或情况后28天内，或在承包商可能建议并经工程师认可的其他期限内，承包商应向工程师递交一份充分详细的索赔报告，包括索赔的依据、要求延长的时间和（或）追加付款的全部详细资料。如果引起索赔的事件或情况具有连续性，则上述充分详细索赔报告应被视为中间的报告”。“承包商应按月递交进一步的中间索赔报告，说明累计索赔的延误时间和（或）金额，以及工程师可能合理要求的此类进一步详细资料；以及承包商就在索赔的事件或情况产生影响结束后28天内，或在承包商可能建议并经工程师认可的此类其他期限内，递交一份最终索赔报告。”

4）“每份付款证书应包括已经根据合同有关规定合理证明是有依据的、对任何索赔的此类应付款额。除非并直到提供的详细资料足以证明索赔的全部要求是有依据的以前，承包商只可以得到索赔中他已能证明是有依据的部分”。

（3）索赔报告的一般要求。

1）事件真实准确。索赔报告对索赔事件的描述应该真实准确，这关系到承包商的信誉和索赔的成功与否。对索赔事件描述不实，主观臆测，或缺乏证据，都会影响到业主和工程师对承包商的信任，给索赔工作造成困难。为了证明事实的准确性，在索赔报告的后面要附上相应的证据资料，以便于业主和工程师核查。

2）逻辑性强，责任划分明确。对于引起索赔事件的原因，要清楚明白。承包商对于干扰事件的不可预见性，索赔通知书的按时提交，该事件对承包商造成的影响，以及相应的合同支持都应明确说明，以使业主和工程师接受承包商的索赔要求。

索赔报告要有逻辑性，将索赔要求同干扰事件、责任、合同条款、影响形成明确的逻辑关系。索赔报告的文字论述要有明确的、必然的因果关系，要说明在客观事实与索赔费用损失之间的必然联系。例如：从原因上划分，如果是业主方面的责任，则承包商可以同时得到工期延长和经济补偿；如果是客观原因造成，则承包商只能得到适当的工期延长；如果是承包商的责任，则承包商不但得不到相应的工期、费用补偿，还要自费弥补相应对业主造成的损失。只有合乎逻辑的因果关系才具有法律上的意义。

3）条理清楚，层次分明。索赔报告通常在最前面简明扼要地说明索赔的事项、理由和要求的款额或工期延长，让工程师一开始就了解你的全部要求。接着再逐步地比较详细地论述事实和理由，展示具体的计算方法或计算公式，列出详细的费用清单，并附以必要的证据资料。这样，业主或工程师即可以了解索赔的全貌，又可以逐项深入地审阅索赔报告，审查数据，检查证据资料，较快地对承包商的索赔报告提出自己的评审意见及决策建议。

4）文字简洁，用词礼貌。作为承包商，在索赔报告中尤其应避免使用强硬的不友好的抗议式的语言。你所写的索赔报告的读者，除了业主代表和工程师以外，还可能是业主的上级领导部门，他们是索赔的决策者。因此，索赔报告一定要清晰简练，用词婉转有礼，避免文字生硬和不友好的语言。

索赔的目的就是取得赔偿，说服对方承认自己索赔要求的合理性，而不能损害对方的面子。所以在索赔报告以及索赔谈判中应强调干扰事件的不可预见，强调不可抗力的原因或应由对方负责的第三者责任，应避免出现对业主代表和工程师当事人个人的指责。

9.2.2 工程师审核索赔报告

（1）工程师审核承包商的索赔申请。接到承包商的索赔意向通知后，工程师应建立自己的索赔档案，密切关注事件的影响。检查承包商的同期记录时，随时就记录内容提出他的不同意见之处或他希望应予以增加的记录项目。

在接到正式索赔报告以后，认真研究承包商报送的索赔资料。首先，在不确认责任归属的情况下，客观地分析事件发生的原因，重温合同的有关条款，研究承包商的索赔证据，并检查他的同期记录。其次，通过对事件的分析，工程师再依据合同条款划清责任界限，如果必要时还可以要求承包商进一步提供补充资料。尤其是对承包商与业主或工程师都负有一定责任的事件影响，更应划出各方应该承担合同责任的比例。最后，再审查承包商提出的索赔补偿要求，剔除其中的不合理部分，拟定自己计算的合理索赔款额和工期延展天数。

（2）工程师审核承包商索赔申请的时间要求。工程师应在收到索赔报告或对过去索赔的任何进一步证明资料后42天内，也可在工程师可能建议并经承包商认可的此类其他期限内，作出回应，表示批准或不批准并附具体意见。他还可以要求任何必需的进一步资料，但他仍要在上述期限内对索赔的要求做出回应。如果在规定期限内既未予以答复，也未对承包商做进一步要求的话，则视为承包商提出的该项索赔要求已经认可。

9.2.3 工程师与承包商协商解决索赔问题

工程师核查后初步确定应予以补偿的额度，往往与承包商的索赔报告中要求的额度不一致，甚至差额较大。其原因大多为对承担事件损害责任的界限划分不一致：索赔证据不充分；索赔计算的依据和方法分歧较大等。因此，双方应就索赔的处理进行协商。通过协商达不成共识时，承包商仅有权得到所提供的证据满足工程师认为索赔成立那部分的付款和工期延展。不论工程师通过协商与承包商达到一致，还是他单方面作出的处理决定，批准给予补偿的款额和延展工期的天数如果在授权范围之内，则可将此结果通知承包商，并抄送业主。补偿款将计入下月支付工程进度款的支付证书内，延展的工期加到原合同工期中去。如果批准的额度超过工程师权限，则应报请业主批准。

对于持续影响时间超过 28 天以上的工期延误事件，当工期索赔条件成立时，对承包商每月报送的阶段索赔临时报告审查后，每次均应作出批准临时延长工期的决定，并于事件影响结束后 28 天内承包商提出最终索赔报告后，批准延展工期总天数。应当注意的是，最终批准的总延展天数，不应少于以前各阶段已同意延展天数之和。规定承包商在事件影响期间必须每月提出一次阶段索赔报告，可以使工程师能及时根据同期记录批准该阶段应予延展工期的天数，避免事件影响时间太长而不能准确确定索赔值。

9.2.4 工程师索赔处理决定

在经过认真分析研究，并与承包商、业主进行充分讨论后，工程师应向业主和承包商提出自己的《索赔处理决定》。工程师收到承包商送交的索赔报告和有关资料后，于 42 天内给予答复，或要求承包商进一步补充索赔理由和证据。工程师在 42 天内未予答复或未对承包商作出进一步要求，则视为该项索赔已经认可。

工程师在《索赔处理决定》中应该简明地叙述索赔事件、理由和建议给予补偿的金额及（或）延长的工期。《索赔评价报告》则是作为该决定的附件提供的。它根据工程师所掌握的实际情况详细叙述索赔的事实依据、合同及法律依据，论述承包商索赔的合理方面及不合理方面，详细计算应给予的补偿。《索赔评价报告》是工程师站在公正的立场上独立编制的。

通常，工程师的处理决定不是终局性的，对业主和承包商都不具有强制性的约束力。在收到工程师的《索赔处理决定》后，无论业主还是承包商，如果认为该处理决定不公正，都可以在合同规定的时间内提请工程师重新考虑。工程师不得无理拒绝这种要求。一般来说，对工程师的处理决定，业主不满意的情况较少，而承包商不满意的情况较多。承包商如果持有异议，应该提供进一步的证明材料，向工程师进一步表明为什么其决定是不合理的。有时甚至需要重新提交索赔申请报告，对原报告做一些修正，补充或做一些让步。如果工程师仍然坚持原来的决定，或承包商对工程师的新决定仍然不满意，则可以按合同中的仲裁条款提交仲裁机构仲裁（或向人民法院提起诉讼）。

9.2.5 业主审查索赔处理

当工程师确定的索赔额超过其权限范围时，必须报请业主批准。

业主首先根据事件发生的原因、责任范围、合同条款审核承包商的索赔申请和工程师的处理报告，再依据工程建设的目的、投资控制、竣工投产日期要求以及针对承包商在施工中的缺陷或违反合同规定等的有关情况，决定是否批准工程师的处理意见，而不能超越合同条款的约定范围。例如，承包商某项索赔理由成立，工程师根据相应条款规定，既同意给予一定的费用补偿，也批准延展相应的工期。但业主权衡了施工的实际情况和外部条件的要求后，可能不同意延展工期，而宁可给承包商增加费用补偿额，要求他采取赶工措施，按期或提前完工。这样的决定只有业主才有权作出。索赔报告经业主批准后，工程师即可签发有关证书。

9.2.6 承包商是否接受最终索赔处理

承包商接受最终的索赔处理决定，索赔事件的处理即告结束。如果承包商不同意，就会导致合同争议。通过协商双方达到互谅互让的解决方案，是处理争议的最理想方式。如达不成谅解，承包商有权提交仲裁解决或向人民法院提起诉讼。

9.3 施工索赔计算

9.3.1 工期索赔

9.3.1.1 工期索赔的原因

在工程施工中，常常会发生一些未能预见的干扰事件，使得施工不能顺利进行。工期延长意味着工程成本的增加，对合同双方都会造成损失：业主会因工程不能及时投入使用、投入生产而不能实现预计的投资目的，减少盈利的机会，同时会增加各种管理费的开支；承包商则会因为工期延长而增加支付工人工资、施工机械使用费、工地管理费以及其他一些费用，如果超出合同工期，最终可能还要支付合同规定的拖期的违约金。

因此，承包商进行工期索赔的目的，一个是弥补工期拖延造成的费用损失，另一个是免去自己对已经形成的工期延长的合同责任，使自己不必支付或尽可能少支付工期延长的违约金（误期损害赔偿金）。工期索赔的原因主要有以下两个方面。

1. 承包商原因

(1) 对施工条件估计不充分，制定的进度计划过于乐观。

(2) 施工组织不当。

(3) 其他承包商自身的原因。

2. 非承包商原因

(1) 业主的原因，包括以下几点：

1) 合同文件含义模糊或歧义。

2) 业主未能按合同规定的时间提供施工所需的现场和道路。

3) 业主违约。

4) 工程变更。

(2) 工程师的原因，包括以下几点：

1) 工程师未在合同规定的时间内颁发图纸和指示。

2) 工程师指示进行合同中未规定的检验。

3) 工程师指示暂时停工。

(3) 不可抗力的原因，包括以下几点：

1) 承包商遇到一个有经验的承包商无法合理预见到的障碍或条件。

2) 处理现场发掘出的具有地质或考古价值的遗迹或物品。

3) 异常恶劣的气候条件。

4) 其他不可抗力事件。

9.3.1.2 工程拖期的分类及处理措施

工程拖期可分为如下3种情况。

1. 承包商原因

由于承包商造成的工程拖期，称为工程延误，承包商必须向业主支付误期损害赔偿费。工程延误，也称为不可原谅的工程拖期。在这种情况下，承包商无权获得工期延长。

2. 非承包商原因

由于非承包商原因造成的工程拖期，称为工程延期，承包商有权要求业主给予工期延长。工程延长也称为可原谅的工程拖期。它是由于业主、工程师或其他客观因素造成的，承包商有权获得工期延长，但是否能获得经济补偿要视具体情况而定。因此，可原谅的工程拖期下又分为可原谅并给予补偿的拖期和可原谅但不给予补偿的拖期，前者拖期的责任者是业主或工程师，而后者拖期往往是由于客观因素造成的。

3. 共同延误下工期索赔的有效期处理

承包商、工程师或业主，或某些客观因素均可造成工程拖期，但在实际施工过程中，工程拖期经常是由上述两种以上的原因共同作用产生的，称为共同延误。

在共同延误情况下，要具体分析哪一种延误是有效的，即承包商可以得到工期延长，或既可延长工期，又可得到经济补偿。在确定拖期索赔的有效期时，可依据下述原则：

（1）首先判别造成拖期的哪一种原因是最先发生的，即确定“初始延误”者，它应对工程拖期负责。在初始延误发生作用期间，其他并发的延误者不承担拖期责任；

（2）如果初始延误者是业主，则在业主造成的延误期内，承包商既可得到工期延长，也可得到经济补偿；

（3）如果初始延误者是客观因素，则在客观因素发生影响的时间段内，承包商可以得到工期延长，但很难得到经济补偿。

9.3.1.3 工期索赔的计算方法

工期索赔的计算主要有网络图分析和比例计算法两种。

（1）网络分析法是利用进度计划的网络图，分析其关键线路。如果延误的工作为关键工作，则总延误的时间为批准顺延的工期；如果延误的工作为非关键工作，当该工作由于延误超过时差限制而成为关键工作时，可以批准延误时间与时差的差值；若该工作延误后仍为非关键工作，则不存在工期索赔问题。

（2）比例计算法的公式为：对于已知部分工程的延期的时间：工期索赔值＝受干扰部分工程的合同价÷原合同总价×该受干扰部分工期拖延时间

对于已知额外增加工程量的价格：工期索赔值＝额外增加的工程量的价格÷原合同总价×原合同总工期

比例计算法简单方便，但有时不尽符合实际情况，比例计算法不适用于变更施工顺序、加速施工、删减工程量等事件的索赔。

9.3.2 费用索赔

9.3.2.1 索赔费用的构成

索赔费用的构成，同施工合同价格所包括的内容一致。从原则上说，只要是承包商有索赔权的事项，导致了工程成本的增加，承包商都可以提出费用索赔，因为这些费用是承包商完成超出合同范围的工作而实际增加的开支。一般索赔费用中主要包括以下内容。

1. 人工费

人工费主要包括生产工人的工资、津贴、加班费、奖金等。对于索赔费用中的人工费部分来说，主要是指完成合同之外的额外工作所花费的人工费用；由于非承包人责任的工效降低所增加的人工费用；超过法定工作时间的加班费用；法定的人工费增长以及非承包人责任造成的工程延误导致的人员窝工费；相应增加的人身保险和各种社会保险支出等。

在以下几种情况下，承包人可以提出人工费的索赔：

(1) 因业主增加额外工程，或因业主或工程师原因造成工程延误，导致承包人人工单价的上涨和工作时间的延长。

(2) 工程所在国法律、法规、政策等变化而导致承包人人工费用方面的额外增加，如提高当地雇佣工人的工资标准、福利待遇或增加保险费用等。

(3) 若由于业主或工程师原因造成的延误或对工程的不合理干扰打乱了承包人的施工计划，致使承包人劳动生产率降低，导致人工工时增加的损失，承包人有权向业主提出生产率降低损失的索赔。

2. 材料费

可索赔的材料费主要包括：

(1) 由于索赔事项导致材料实际用量超过计划用量而增加的材料费。

(2) 由于客观原因导致材料价格大幅度上涨。

(3) 由于非承包人责任工程延误导致的材料价格上涨。

(4) 由于非承包人原因致使材料运杂费、采购与保管费用的上涨。

(5) 由于非承包人原因致使额外低值易耗品使用等。

在以下两种情况下，承包人可提出材料费的索赔：

(1) 由于业主或工程师要求追加额外工作、变更工作性质、改变施工方法等，造成承包人的材料耗用量增加，包括使用数量的增加和材料品种或种类的改变。

(2) 在工程变更或业主延误时，可能会造成承包人材料库存时间延长、材料采购滞后或采用代用材料等，从而引起材料单位成本的增加。

3. 机械设备使用费

可索赔的机械设备费主要包括：

(1) 由于完成额外工作增加的机械设备使用费。

(2) 非承包人责任致使的工效降低而增加的机械设备闲置、折旧和修理费分摊、租赁费用。

(3) 由于业主或工程师原因造成的机械设备停工的窝工费。机械设备台班窝工费的计算，如系租赁设备，一般按实际台班租金加上每台班分摊的机械调进调出费计算；如系承包人自有设备，一般按台班折旧费计算，而不能按全部台班费计算，因台班费中包括了设备使用费。

(4) 非承包人原因增加的设备保险费、运费及进口关税等。

4. 现场管理费

现场管理费是某单个合同发生的、用于现场管理的总费用，一般包括现场管理人员的费用、办公费、通信费、差旅费、固定资产使用费、工具用具使用费、保险费、工程排污费、供热、水及照明费等。它一般约占工程总成本的5%～10%。索赔费用中的现场管理费是指承包人完成额外工程、索赔事项工作以及工期延长、延误期间的工地管理费。在确定分析索赔费用时，有时把现场管理费具体又分为可变部分和固定部分。所谓可变部分是指在延期过程中可以调到其他工程部位（或其他工程项目）上去的那部分人员和设施；所谓固定部分是指施工期间不易调动的那部分人员或设施。

5. 总部管理费

总部管理费是承包人企业总部发生的、为整个企业的经营运作提供支持和服务所发生的管理费用，一般包括总部管理人员费用、企业经营活动费用、差旅交通费、办公费、通信费、固定资产折旧、修理费、职工教育培训费用、保险费、税金等。它一般约占企业总营业额的3％～10％。索赔费用中的总部管理费主要指的是工程延误期间所增加的管理费。

6. 利息

利息，又称融资成本或资金成本，是企业取得和使用资金所付出的代价。融资成本主要有两种：额外贷款的利息支出和使用自有资金引起的机会损失。只要因业主违约（如业主拖延或拒绝支付各种工程款、预付款或拖延退还扣留的保留金）或其他合法索赔事项直接引起了额外贷款，承包人有权向业主就相关的利息支出提出索赔。利息的索赔通常发生于下列情况：

（1）业主拖延支付预付款、工程进度款或索赔款等，给承包人造成较严重的经济损失，承包人因而提出拖付款的利息索赔。

（2）由于工程变更和工期延误增加投资的利息。

（3）施工过程中业主错误扣款的利息。

7. 分包商费用

索赔费用中的分包费用是指分包商的索赔款项，一般也包括人工费、材料费、施工机械设备使用费等。因业主或工程师原因造成分包商的额外损失，分包商首先应向承包人提出索赔要求和索赔报告，然后以承包人的名义向业主提出分包工程增加费及相应管理费用索赔。

8. 利润

对于不同性质的索赔，取得利润索赔的成功率是不同的。在以下几种情况下，承包人一般可以提出利润索赔：

（1）因设计变更等变更引起的工程量增加。

（2）施工条件变化导致的索赔。

（3）施工范围变更导致的索赔。

（4）合同延期导致机会利润损失。

（5）由于业主的原因终止或放弃合同带来预期利润损失等。

9. 相应保函费、保险费、银行手续费及其他额外费用的增加等

9.3.2.2 费用索赔的计算

1. 索赔费用的计算方法

（1）分项计算法。分项计算法是以每个索赔事件为对象，按照承包商为某项索赔工作所支付的实际开支为根据，向业主提出经济补偿。而每一项索赔费用应计算由于该事项的影响，导致承包商发生的超过原计划的费用，也就是该项工程施工中所发生的额外的人工费、材料费、机械费，以及相应的管理费，有些索赔事项还可以列入应得的利润。

分项计算法可以分3步：

1）分析每个或每类索赔事件所影响的费用项目。这些费用项目一般与合同价中的费用项目一致，如直接费、管理费、利润等。

2）用适当方法确定各项费用，计算每个费用项目受索赔事件影响后的实际成本或费用，与合同价中的费用相对比，求出各项费用超过原计划的部分。

3）将各项费用汇总，即得到总费用索赔值。也就是说在直接费（人工费、材料费和施工机械使用费之和）超出合同中原有部分的额外费用部分基础上，再加上应得的管理费（工地管理费和总部管理费）和利润，即是承包商应得的索赔款额。这部分实际发生的额外费用客观地反映了承包商的额外开支或者实际损失，是承包商经济索赔的证据资料。

为了准确计算实际的成本支出，承包商在现场的成本记录或者单据等资料都是必不可少的，一定要在项目施工过程中注意收集和保留。

（2）总费用法。总费用法基本上是在总索赔的情况下才采用的计算索赔款的方法。也就是说当发生多次索赔事项以后，这些索赔事项的影响相互纠缠，无法区分，则重新计算出该工程项目的实际总费用，再从这个实际的总费用中减去中标合同价中的估算总费用，即得到了要求补偿的索赔总款额。即索赔款总额：实际总费用－合同价中估算的总费用。

这里要明确，只有当无法采用分项计算法时，才使用总费用法。一般采用总费用法，需要有以下几个条件：

1）在合同实施过程中所发生的总费用是准确的，工程成本核算符合普遍认可的会计原则，实际总成本与合同价中的总成本的内容项目是一致的。

2）承包商对工程项目的报价是合理的，能反映实际情况。如果报价计算不合理，索赔款额是不能用这种方法计算的，因为这里可能包含有承包商为了中标压低报价的成分，而承包商在报价时压低报价是应该由承包商承担的风险。

3）费用损失的责任或者索赔事件的责任是属于非承包商的责任，也不是应该由承包商承担的风险。

4）由于该项索赔事件或者是几项索赔事件在施工时的特殊性质，不可能逐项精确计算出承包商损失的款额。

在采用总费用法时要注意，管理费的计算一般要考虑实际损失，所以理论上应该按照实际的管理费率进行计算与核实。但是鉴于具体计算的困难，通常都采用合同价中的管理费率或者双方商定的费率。由于实际工程成本的增加导致承包商支出的增加，必然增加承包商的融资成本，所以承包商可以在索赔中计算利息支出。

2. 各项费用的计算

（1）人工费的计算。要计算索赔的人工费，就要知道人工费的单价和人工的消耗量。

人工费的单价，首先要按照报价单中的人工费标准确定。如果是额外工作，要按照国家或地区统一制定发布的人工费定额计算。随着物价的上涨，人工费也要不断上涨。如果是可调价合同，在进行索赔人工费计算时，也要考虑到人工费的上涨可能带来的影响。如果因为工程拖期，使得大量工作推迟到人工费涨价以后的阶段进行，人工费会大大超过计划标准。这时在进行单价计算时，一定要明确工程延期的责任，以确定相应的人工费的合理单价。如果施工现场同时有人工费单价的提高和施工效率的降低，则在人工费计算时要分别考虑两种情况对人工费的影响，分别进行计算。

人工的消耗量，要按照现场实际记录、工人的工资单据以及相应定额中的人工的消耗量定额来确定。如果涉及到现场施工效率降低，要做好实际效率的现场记录，与报价单中的施工效率相比较，确定出实际增加的人工数量。

(2) 材料费的计算。要计算索赔的材料费，同样要知道增加的材料用量和相应材料的单价。

材料单价的计算，首先要明确材料价格的构成。材料的价格一般包括材料供应价、包装费、运输费、运输损耗费、采购保管费五部分。如果不涉及材料价格的上涨，可以直接按照投标报价中的材料价格进行计算。如果涉及材料价格的上涨，则要按照材料价格的构成，按照正式的订货单、采购单，或者官方公布的材料价格调整指数，重新计算材料的市场价格。

$$\text{材料单价}=(\text{供应价}+\text{包装费}+\text{运输费}+\text{运输损耗费})\times(1+\text{采购保管费率})-\text{包装品回收值}$$

增加材料用量的计算，要依据增加的工程量和相应材料消耗定额规定的材料消耗量指标确定实际增加的材料用量。

材料费＝工程量×每单位工程量材料消耗量标准×材料单价

(3) 施工机械使用费的计算。施工机械使用费的计价，按照不同机械的具体情况采用不同的处理方法。

1) 如果是工程量增加，可以按照报价单中的机械台班费用单价和相应工程增加的台班数量，计算增加的施工机械使用费。如果因工程量的变化双方协议对合同价进行了调整，则按照调整以后的新单价进行机械使用费的计算。

2) 如果是由于非承包商的原因导致施工机械窝工闲置，窝工费的计算要区别是承包商自有机械还是租赁机械分别进行计算。

对于承包商自有机械设备，窝工机械费仅按照折旧台班费计算。如果使用租赁的设备，如果租赁价格合理，又有正式的租赁收据，就可以按租赁价格计算窝工的机械台班使用费。

3) 施工机械降效。如果实际施工中因为受到非承包商的原因导致的施工效率降低，承包商将不能按照原定计划完成施工任务。工程拖期后，会增加相应的施工机械费用。确定机械降低效率导致的机械费的增加，可以考虑按以下公式计算增加的机械台班数量：

$$\text{实际台班数量}=\text{计划台班数量}\times\left(1+\frac{\text{原定效率}-\text{实际效率}}{\text{原定效率}}\right)$$

其中的原定效率是合同报价中所报的施工效率，实际效率是受到干扰以后现场的实际施工效率。知道了实际所需的机械台班数量，可以按下式计算出施工机械降效导致增加的机械台班数量：

$$\text{增加的机械台班数量}=\text{实际台班数量}-\text{计划台班数量}$$

则机械降效增加的机械费为：

$$\text{机械降效增加的机械费}=\text{机械台班单价}\times\text{增加的机械台班数量}$$

3. 管理费的计算

(1) 工地管理费。工地管理费是按照人工费、材料费、施工机械使用费之和的一定百分比计算确定的。所以当承包商完成额外工程或者附加工程时，索赔的工地管理费也是按照同样的比例计取。但是如果是其他非承包商原因导致现场施工工期延长，由此增加的工地管理费，可以按原报价中的工地管理费平均计取，如下式：

$$索赔的工地管理费总额=\frac{合同价中工地管理费总额}{合同总工期}\times 工程拖延的天数$$

(2) 总部管理费。总部管理费的计算，一般有以下几种计算方法。

1) 按照投标书中总部管理费的比例计算，即：

总部管理费=合同中总部管理费率×（直接费索赔款+工地管理费索赔款）

2) 按照原合同价中的总部管理费平均计取，即：

总部管理费=合同价中总部管理费总额/合同总工期×工程延期的天数

4. 利润的计算

上一节讲述了在 FIDIC 合同条件下承包商可以索赔利润的几种主要情况。一般说来，对于工程延误的索赔，由于利润通常是包括在每项实施的工程内容的价格之内，而单纯的延误工期并未影响或者减少某些项目的实施从而导致利润的减少，所以一般工程师很难同意在延误的费用索赔中加进利润损失。

索赔利润款额的计算通常是与原中标合同价中的利润率保持一致，即：

利润索赔额= 合同价中的利润率 ×（直接费索赔额
+ 工地管理费索赔额 + 总部管理费索赔额）

5. 利息的计算

承包商对利息索赔额可以采用以下方法计算：

1) 按当时的银行贷款利率计算。

2) 按当时的银行透支利率计算。

3) 按合同双方协议的利率计算。

无论具体采用哪一种利率计算，都应在合同文件的专用条款中或者投标书附录中加以明确。

9.4 工程索赔案例

【案例一】

某建设工程系外资贷款项目，业主与承包商按照 FIDIC《土木工程施工合同条件》签订了施工合同。施工合同《专用条件》规定：钢材、木材、水泥由业主供货到现场仓库，其他材料由承包商自行采购。

当工程施工至第五层框架柱钢筋绑扎时，因业主提供的钢筋未到，使该项作业从 10 月 3 日至 10 月 16 日停工（该项作业的总时差为零）。10 月 7 日至 10 月 9 日因停电、停水使第三层的砌砖停工（该项作业的总时差为 4 天）。10 月 14 日至 10 月 17 日因砂浆搅拌机发生故障使第一层抹灰迟开工（该项作业的总时差为 4 天）。

为此，承包商于 10 月 20 日向工程师提交了一份索赔意向书，并于 10 月 25 日送交了一份工期、费用索赔计算书和索赔依据的详细材料。其计算书的主要内容如下：

1. 工期索赔：

(1) 框架柱扎筋：10 月 3 日至 10 月 16 日停工，计 14 天。

(2) 砌砖：10 月 7 日至 10 月 9 日停工，计 3 天。

(3) 抹灰：10 月 14 日至 10 月 17 日迟开工，计 4 天。

总计请求顺延工期：21 天。

2. 费用索赔：

(1) 窝工机械设备费：

一台塔吊	14×468=6552 元；
一台混凝土搅拌机	14×110=1540 元；
一台砂浆搅拌机	7×48= 336 元；
小计：	8428 元。

(2) 窝工人工费：

扎筋	35 人×40.30 ×14=19747 元；
砌砖	30 人×40.30 ×3= 3627 元；
抹灰	35 人×40.30×4= 5642 元；
小计：	29016 元。

(3) 保函费延期补偿：$\frac{1500\times10\%\ \times6‰}{365}\times21=517.81$ 元。

(4) 管理费增加：(8428+29016+517.81) ×15%=5694.27 元。

(5) 利润损失：(8428+29016+517.81+5694.27) ×5%=2182.80 元。

经济索赔合计：45838.88 元。

问题 1. 承包商提出的工期索赔是否正确？应予批准的工期索赔为多少天？

答：承包商提出的工期索赔不正确。

(1) 框架柱绑扎钢筋停工 14 天，应予工期补偿。这是由于业主原因造成的，且该项作业位于关键路线上。

(2) 砌砖停工，不予工期补偿。因为该项停工虽属于业主原因造成的，但该项作业不在关键路线上，且未超过工作总时差。

(3) 抹灰停工，不予工期补偿，因为该项停工属于承包商自身原因造成的。

同意工期补偿：14+0+0=14 天。

问题 2. 假定经双方协商一致，窝工机械设备费索赔按台班单价的 65%计；考虑对窝工人工应合理安排工人从事其他作业后的降效损失，窝工人工费索赔按每工日 20 元计；保函费计算方式合理；管理费、利润损失不予补偿。试确定经济索赔额。

答：经济索赔审定：

(1) 窝工机械费：

塔吊 1 台：14×468×65%=4258.80 元（按惯例闲置机械只应计取折旧费）。

混凝土搅拌机 1 台：14×110×65%=1001.00 元（按惯例闲置机械只应计取折旧费）。

砂浆搅拌机 1 台：3×48×65%=93.60 元（因停电闲置只应计取折旧费）。

因故障砂浆搅拌机停机 4 天应由承包商自行负责损失，故不给补偿。

小计：4258.80＋1001.00＋93.60＝5353.40元。

（2）窝工人工费：

扎筋窝工：35×20×14＝9800.00元（业主原因造成，但窝工工人已做其他工作，所以只补偿工效差）。

砌砖窝工：30×20×3＝1800.00元（业主原因造成，只考虑降效费用）。

抹灰窝工：不应给补偿，因系承包商责任。

小计：9800.00＋1800.00＝11600.00元。

（3）保函费补偿：

1500×10%×6‰÷365×14＝0.035万元。

经济补偿合计：5353.40＋11600.00＋350.00＝17303.40元。

【案例二】

某工程项目施工采用了包工包全部材料的固定价格合同。工程招标文件参考资料中提供的用砂地点距工地4km。但是开工后，检查该砂质量不符合要求，承包商只得从另一距工地20km的供砂地点采购。而在一个关键工作面上又发生了几种原因造成的临时停工：

5月20日至5月26日，承包商的施工设备出现了从未出现过的故障；应于5月24日交给承包商的后续图纸直到6月10日才交给承包商；6月7日到6月12日施工现场下了罕见的特大暴雨，造成了6月11日到6月14日的该地区的供电全面中断。

问题：

1. 承包商的索赔要求成立的条件是什么？

2. 由于供砂距离的增大，必然引起费用的增加，承包商经过仔细认真计算后，在业主指令下达的第3天，向业主的造价工程师提交了将原用砂单价每吨提高5元人民币的索赔要求。作为一名造价工程师你批准该索赔要求吗？为什么？

3. 若承包商对因业主原因造成窝工损失进行索赔时，要求设备窝工损失按台班计算，人工的窝工损失按日工资标准计算是否合理？如不合理应怎样计算？

4. 由于几种情况的暂时停工，承包商在6月25日向业主的造价工程师提出延长工期26天，成本损失费人民币2万元/天（此费率已经造价工程师核准）和利润损失费人民币2000元/天的索赔要求，共计索赔款57.2万元。作为一名造价工程师你批准延长工期多少天？索赔款额多少万元？

5. 你认为应该在业主支付给承包商的工程进度款中扣除因设备故障引起的竣工拖期违约损失赔偿金吗？为什么？

分析要点：

对该案例的求解首先要弄清工程索赔的概念，工程索赔成立的条件，施工进度拖延和费用增加的责任划分与处理原则，特别是在出现共同延误情况下工期延长和费用索赔的处理原则与方法，以及竣工拖期违约损失赔偿金的处理原则与方法。

答案：

问题1.

答：承包商的索赔要求成立必须同时具备如下4个条件：

(1) 与合同相比较，已造成了实际的额外费用或工期损失。

(2) 造成费用增加或工期损失的原因不是由于承包商的过失。

(3) 造成的费用增加或工期损失不是应由承包商承担的风险。

(4) 承包商在事件发生后的规定时间内提出了索赔的书面意向通知和索赔报告。

问题 2.

答：因砂场地点的变化提出的索赔不能被批准，原因是：

(1) 承包商应对自己就招标文件的解释负责。

(2) 承包商应对自己报价的正确性与完备性负责。

(3) 作为一个有经验的承包商可以通过现场踏勘确认招标文件参考资料中提供的用砂质量是否合格，若承包商没有通过现场踏勘发现用砂质量问题，其相关风险应由承包商承担。

问题 3.

答：不合理。因窝工闲置的设备按折旧费或停滞台班费或租赁费计算，不包括运转费部分；人工费损失应考虑这部分工作的工人调做其他工作时工效降低的损失费用；一般用工日单价乘以一个测算的降效系数计算这一部分损失，而且只按成本费用计算，不包括利润。

问题 4.

答：可以批准的延长工期为 19 天，费用索赔额为 32 万元人民币。原因是：

(1) 5 月 20 日至 5 月 26 出现的设备故障，属于承包商应承担的风险，不应考虑承包商的延长工期和费用索赔要求。

(2) 5 月 27 日至 6 月 9 日是由于业主迟交图纸引起的，为业主应承担的风险，应延长工期为 14 天。成本损失索赔额为 14 天×2 万/天=28 万元，但不应考虑承包商的利润要求。

(3) 6 月 10 日至 6 月 12 日的特大暴雨属于双方共同的风险，应延长工期为 3 天，但不应考虑承包商的费用索赔要求。

(4) 6 月 13 日至 6 月 14 日的停电属于有经验的承包商无法预见的自然条件变化，为业主应承担的风险，应延长工期为 2 天，索赔额为 2 天×2 万/天=4 万元。但不应考虑承包商的利润要求。

问题 5.

答：业主不应在支付给承包商的工程进度款中扣除竣工拖期违约损失赔偿金。因为设备故障引起的工程进度拖延不等于竣工工期的延误。如果承包商能够通过施工方案的调整将延误的工期补回，不会造成工期延误。如果承包商不能通过施工方案的调整将延误的工期补回，将会造成工期延误。所以，工期提前奖励或拖期罚款应在竣工时处理。

【案例三】

某厂（甲方）与某建筑公司（乙方）订立了某工程项目施工合同，同时与某降水公司订立了工程降水合同。甲乙双方合同规定：采用单价合同，每一分项工程的实际工程量增加（或减少）超过招标文件中工程量的 10%以上时调整单价；工作 B、E、C 作业使用的主导施工机械一台（乙方自备），台班费为 400 元/台班，其中台班折旧费为 50 元/台班。施工网络计划见图 9-1（单位：天）。

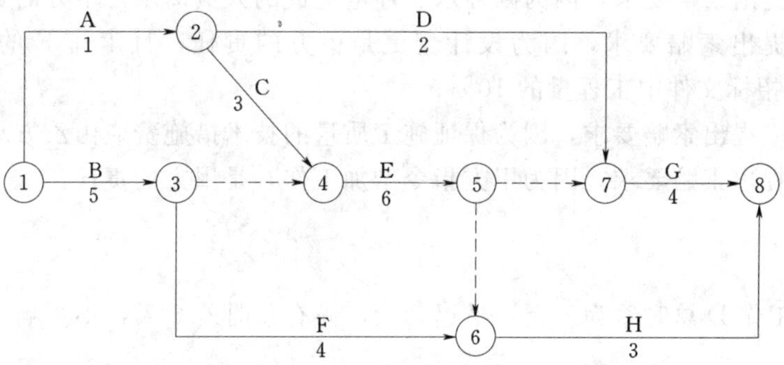

图 9-1　施工网络计划图

甲乙双方合同约定 8 月 15 日开工。工程施工中发生如下事件：

(1) 降水方案错误，致使工作 D 推迟 2 天，乙方人员配合用工 5 个工日，窝工 6 个工日；

(2) 8 月 21 日至 8 月 22 日，场外停电，停工 2 天，造成人员窝工 16 个工日；

(3) 因设计变更，工作 E 工程量由招标文件中的 $300m^3$ 增至 $350m^3$，超过了 10%；合同中该工作的综合单价为 55 元/m^3，经协商调整后综合单价为 50 元/m^3；

(4) 为保证施工质量，乙方在施工中将工作 B 原设计尺寸扩大，增加工程量 $15m^3$，该工作综合单价为 78 元/m^3；

(5) 在工作 D、E 均完成后，甲方指令增加一项临时工作 K，经核准，完成该工作需要 1 天时间，机械 1 台班，人工 10 个工日。

问题：

1. 上述哪些事件乙方可以提出索赔要求？哪些事件不能提出索赔要求？说明其原因。

2. 每项事件工期索赔各是多少？总工期索赔多少天？

3. 工作 E 结算价应为多少？

4. 假设人工工日单价为 25 元/工日，合同规定窝工人工费补偿标准为 12 元/工日，因增加用工所需管理费为增加人工费的 20%，工作 K 的综合取费为人工费的 80%。试计算除事件 3 外合理的费用索赔总额。

分析要点：

本案例考核合同的计价及价格调整方式，索赔的分类，索赔事件的责任划分，工期索赔、费用索赔的计算及应用网络计划技术处理工程索赔的方法。

问题 1 的解答要求逐项事件说明乙方能否提出索赔要求，是什么原因造成的，属于谁的责任。

问题 2.4 的解答要求正确计算出每项可索赔事件的工期索赔和费用索赔值，要求列出计算式计算。

问题 3 的解答要求理解单价合同计价方式下，单价调整的方法，正确列出计算式计算。

答案：

问题 1.

答：

事件 1 可提出索赔要求，因为降水工程由甲方另行发包，是甲方的责任；

事件 2 可提出索赔要求，因为因停水、停电造成的人员窝工是甲方的责任；

事件 3 可提出索赔要求，因为设计变更是甲方的责任，且工作 E 的工程量增加了 $50m^3$，超过了招标文件中工程量的 10%；

事件 4 不应提出索赔要求，因为保证施工质量的技术措施费应由乙方承担；

事件 5 可提出索赔要求，因为甲方指令增加工作，是甲方的责任。

问题 2.

答：

事件 1：工作 D 总时差为 8 天，推迟 2 天，尚有总时差 6 天，不影响工期，因此可索赔工期 0 天；

事件 2：8 月 21 日至 8 月 22 日停工，工期延长，可索赔工期：2 天；

事件 3：因工作 E 为关键工作，可索赔工期：(350～300) m^3/ ($300m^3$/6 天) =1 天；

事件 5：因 E、G 均为关键工作，在该两项工作之间增加工作 K，则工作 K 也为关键工作，索赔工期：1 天；

总计索赔工期：0 天+2 天+1 天+1 天=4 天。

问题 3.

答：

按原单价结算的工程量：$300m^3$ × (1 + 10%) = $330m^3$；

按新单价结算的工程量：$350m^3$ − $330m^3$ = $20m^3$；

总结算价：$330m^3$ ×55 元/m^3 + $20m^3$ ×50 元/m^3 =19150 元。

问题 4.

答：

事件 1：人工费：6 工日×12 元/工日+5 工日×25 元/工日× (1+20%) =222 元；

事件 2：人工费：16 工日×12 元/工日=192 元；

机械费：2 台班×50 元/台班=100 元；

事件 5：人工费：10 工日×25 元/工日× (1+80%) =450 元；

机械费：1 台班×400 元/台班=400 元；

合计费用索赔总额为：222 元+192 元+100 元+450 元+400 元=1364 元。

复习指导☞

工程索赔，是指在工程施工过程中，合同一方根据合同和法律的规定，对并非由于自己的过错所造成的损失，或承担了合同规定之外的工作所付的额外支出，要求合同另一方在经济或时间上给予补偿的权利。

索赔可以分为承包商索赔、业主索赔，也可以分为工期索赔和费用索赔。

工程索赔的程序包括发出索赔意向通知、工程师审核索赔报告、工程师与承包商协商解决索赔问题、工程师索赔处理决定、业主审查索赔处理、承包商是否接受最终索赔处理。

工期索赔的计算主要有网络图分析和比例计算法两种。

费用索赔的计算方法有分项计算法、总费用法。

9.5 习　　题

1. 索赔的概念、作用是什么？
2. 索赔的依据有哪些？
3. 简述索赔的原因、特点是什么？
4. 详述索赔的具体程序。
5. 简述索赔的意义及索赔的分类。
6. 工期索赔的计算方法有哪些？
7. 费用索赔的计算方法有哪些？
8. 简述索赔费用的构成。

参　考　文　献

[1]　史商于，陈茂明．工程招投标与合同管理．北京：科学出版社，2004.
[2]　孙加保，董海涛．工程招标投标与合同管理．北京：化学工业出版社，2006.
[3]　朱永详，陈茂明．工程招投标与合同管理．武汉：武汉理工大学出版社，2004.
[4]　张水波，何伯森．FIDIC 新版合同条件导读与解析．北京：中国建筑工业出版社，2003.
[5]　成虎等．建筑工程合同管理与索赔．南京：东南大学出版社，2000.
[6]　刘黎红．工程招投与合同管理．北京：机械工业出版社，2007.
[7]　刘伊生．建设工程招投标与合同管理．北京：机械工业出版社，2007.
[8]　林密．工程项目招投标与合同管理．北京：中国建筑工业出版社，2007.
[9]　李永光．合同管理与工程索赔．北京：中国建筑工业出版社，2007.
[10]　全国造价工程师培训教材编写委员会．工程造价案例分析．北京：中国城市出版社，2006.
[11]　中国建设监理协会．建设工程合同管理．北京：知识产权出版社，2003.
[12]　张毅．工程招标投标十日通．北京：中国建筑工业出版社，2002.
[13]　中国工程建设信息网．http：//www. cein. gov. cn/.
[14]　筑龙网．http：//www. sinoaec. com/.
[15]　成虎．建筑工程合同管理与索赔．南京：东南大学出版社.
[16]　李启明．建设工程合同管理．北京：中国建筑工业出版社.
[17]　林密．工程项目招投标与合同管理．北京：中国建筑工业出版社.